山东省大运河

国家文化公园建设与发展研究

丁延峰　主编

U1005524

全国百佳图书出版单位
ARTIME 时代出版
时代出版传媒股份有限公司
黄　山　书　社

图书在版编目(CIP)数据

山东省大运河国家文化公园建设与发展研究 / 丁延峰主编. — 合肥：黄山书社，2023.11

ISBN 978-7-5737-0978-3

Ⅰ.①山… Ⅱ.①丁… Ⅲ.①大运河-国家公园-建设-研究-山东 Ⅳ.①S759.992

中国国家版本馆 CIP 数据核字(2023)第 203977 号

山东省大运河国家文化公园建设与发展研究
SHANDONG SHENG DAYUNHE GUOJIA WENHUA GONGYUAN JIANSHE YU FAZHAN YANJIU

丁延峰 主编

出品人	葛永波
责任编辑	周振华
责任印制	李 磊
装帧设计	熙宇文化
出版发行	黄山书社(http://www.hspress.cn)
地址邮编	安徽省合肥市蜀山区翡翠路 1118 号出版传媒广场 7 层 230071
印 刷	合肥锐达印务有限责任公司
版 次	2023 年 11 月第 1 版
印 次	2023 年 11 月第 1 次印刷
开 本	700 mm×1000 mm 1/16
字 数	260 千字
印 张	16
书 号	ISBN 978-7-5737-0978-3
定 价	59.00 元

服务热线 0551-63533706

销售热线 0551-63533761

官方直营书店(https://hsss.tmall.com)

版权所有 侵权必究

凡图书出现印装质量问题，
请与承印厂联系。

联系电话 0551-65859525

《山东省大运河国家文化公园建设与发展研究》

编　委　会

主　　　编：丁延峰

常务副主编：胡梦飞

编委会委员：胡克诚　郑民德　周广骞

　　　　　　周　嘉　高元杰

前　言

中国大运河贯穿南北，连通古今，是祖先留给我们的宝贵遗产，也是中华民族文化基因和中国特色社会主义文化的重要载体。党和国家高度重视大运河文化，习近平总书记多次就大运河文化保护、传承与利用作出重要指示批示，为大运河文化带建设指明了努力方向。中办（中国共产党中央委员会办公厅）、国办（中华人民共和国国务院办公厅）印发了《大运河文化保护传承利用规划纲要》，国家发改委（中华人民共和国国家发展和改革委员会）编制了《大运河国家文化公园建设保护规划》，为加快大运河国家文化公园建设，更好推进大运河文化保护、传承与利用，充分彰显中华优秀传统文化持久影响力，发挥了重要的指导作用。

近年来，沿运各省（市）充分结合国家相关规划，深入挖掘域内大运河文化资源，在大运河国家文化公园建设方面做了大量工作。中央统筹、省负总责、分级管理、分段负责的工作格局已经形成；扬州中国大运河博物馆正式建成开放；沧州中国大运河非遗展示中心、无锡江南运河文化公园、安徽柳孜运河遗址区建设等项目正在稳步推进；天津杨柳青，山东临清、枣庄，江苏徐州、宿迁、无锡，浙江杭州等地大运河国家文化公园建设也在如火如荼地进行。大运河国家文化公园建设在理论体系构建与实践活动探索方面取得了显著成效，同时也需要从理论与实践相结合的层面，开展深入系统的专题研究。

聊城大学运河学研究院充分发挥运河学研究专业优势，紧密对接国家战略，充分发挥智库作用，积极融入大运河文化带和大运河国家文化公园建设，取得了显著成绩。我院专家先后参与国家发改委组织的《大运河国家文化公园建设保护规划》前期讨论和规划评审工作；受山东省发展和改革委员会委托，编制完成《山东省大运河国家文化公园建设保护规划（建议稿）》；“山东省大运河国家文化公园建设路径及对策研究”成功获批山东社科智库沙龙重大调研咨询项目，结项研究报告获原省委书记刘家义同志、省委宣传部原部长于杰同志肯定性批示；“大运河文化数据平台”获批省委宣传部中华优秀传统文化传承发展工程重点项目。这些都为我院深入推进大运河国家文化公园专题研究，提供了重要的学术积累和研究基础。

理论性与实践性的融合是大运河国家文化公园建设的显著特色。加快大运河国家文化公园建设，离不开对大运河国家文化公园的整体把握和理论概括，同时也需要深入细致的个案研究。为此，我院与大运河沿运地市运河研究专家和大运河文化遗产保护与国家文化公园建设职能部门的同志进行了深入的沟通交流，形成了这本专门探讨大运河国家文化公园建设与发展的研究论文集。总体上，本论文集分为“研究篇”“政策篇”两个部分。“研究篇”既包括对大运河国家文化公园建设的理念、原则及实施路径的整体概括与思考，同时也包括对德州、聊城、临清等地大运河国家文化公园建设的具体实践及其成效的专题研究，充分体现了点面结合、层级互补与注重实践的特色。“政策篇”为我院受山东省发改委委托起草的《大运河国家文化公园（山东段）建设保护规划》送审稿。这一规划经相关部门修改完善后，于 2022 年 7 月正式发布。编写《大运河国家文化公园（山东段）建设保护规划》是我院发挥专业优势，服务社会发展的重要成果，也是我院大运河国家文化公园建设相关研究成果的集中展现。

目前，大运河国家文化公园建设正在不断推进中，在保护和弘扬丰富灿烂的运河文化方面，必将发挥越来越重要的作用。我们衷心希望这本论文集能对大运河国家文化公园建设提供有益借鉴。同时我们也将继续密切关注大运河国家公园建设的新进展，积极开展更为深入的专题研究，并形成新的后续研究成果，为大运河国家文化公园建设作出新的更大的贡献！

编者

2022 年 9 月 26 日

目 录

研究篇

政策篇

研究篇

大运河国家文化公园建设的理论与实践[①]

王　健　王明德　孙　煜[②]

一、大运河国家文化公园的基础研究亟待展开

2019年7月24日，习近平主持的中央全面深化改革委员会第九次会议，正式审议通过了《长城、长征、大运河国家文化公园建设方案》，标志着以长城、长征、大运河为核心的线性文化遗产保护传承与利用将进一步完善。会议指出：建设长城、大运河、长征国家文化公园，对坚定文化自信，彰显中华优秀传统文化的持久影响力、革命文化的强大感召力具有重要意义。要结合国土空间规划，坚持保护第一、传承优先，对各类文物本体及环境实施严格保护和管控，合理保存传统文化生态，适度发展文化旅游、特色生态产业。早在2018年2月，为深入贯彻落实《国民经济和社会发展第十三个五年规划纲要》《国家"十三五"时期文化发展改革规划纲要》中关于建设国家文化公园的规划要求，中央文化体制改革和发展工作领导小组把"开展国家文化公园建设试点"列为年度工作要点，国家文化公园试点建设正式提上工作日程。随后中宣部下发了《长城、大运河、长征国家文化公园建设方案（讨论稿）》，提出河北省开展长城国家文化公园的试点建设，江苏省开展大运河国家文化公园试点建设，贵州省开展长征国家文化公园试点建设。江苏省积极行动，根据相关文件精

---

① 本文系王健主持的2018年江苏省重点智库课题"大运河国家文化公园建设路径与策略研究"；江苏省社科基金重大委托项目"大运河精神与大运河文化带建设"（18WTD004）阶段性成果。

② 王健（1959—），男，安徽泾县人，大运河文化带建设研究院、江苏省社会科学院历史研究所研究员。王明德（1960—），男，河南遂平人，潍坊学院历史文化学院教授，主要研究方向为中国近现代史、城市史和文化地理等。孙煜（1983—），女，东南大学经管学院博士研究生、江苏省社科联助理研究员，主要研究方向为产业经济。

神，率先制定了《大运河国家文化公园（江苏段）建设保护规划》，并通过专家评审。此后不断进行修改完善，目前虽然还没有正式公布，但大运河国家公园建设一直在积极推进。2019 年 9 月 27 日，中宣部、国家发改委、文旅部在江苏扬州召开了大运河国家文化公园建设推进会，充分肯定了江苏省在大运河国家文化公园建设的扎实工作和显著成效。虽然"国家文化公园"的概念刚刚提出，理论和实践都在起步阶段，但相关的指导性文件、规划和项目工作已经走在基础理论研究的前面。大运河国家文化公园完成了从概念构想，到规划编制，项目落地，拉开建设帷幕的过程①。现在，迫切需要结合实践有针对性地加强基础理论的系统研究。因为作为一项创新事物，也会遇到很多未知的理论难题和实际问题，许多基础问题尚未开题，未雨绸缪认真谋划和探讨解决是当务之急。

长城、大运河、长征均为超大型长距离重大题材文化线路，线路所涉及的空间范围十分辽阔。长城国家文化公园，包括战国、秦、汉长城，北魏、北齐、隋、唐、五代、宋、西夏、辽具备长城特征的防御体系，金界壕，明长城。涉及北京、天津、河北、山西、内蒙古、辽宁、吉林、黑龙江、山东、河南、陕西、甘肃、青海、宁夏、新疆 15 个省（区、市）。大运河国家文化公园，包括京杭大运河、隋唐大运河、浙东运河 3 个部分，通惠河、北运河、南运河、会通河、中（运）河、淮扬运河、江南运河、浙东运河、永济渠（卫河）、通济渠（汴河）10 个河段。涉及北京、天津、河北、江苏、浙江、安徽、山东、河南 8 个省（市）。长征国家文化公园，

---

① 本课题在研究中参考的资料有：1.党中央国务院层面：习近平重要批示指示。中共十八届三中全会：《中共中央关于全面深化改革若干重大问题的决定》；中共中央办公厅、国务院办公厅《关于实施中华优秀传统文化传承发展工程的意见》，2017 年；中共中央办公厅、国务院办公厅《国家"十三五"时期文化发展改革规划纲要》，2017 年；中办调研室《调研要报》第 48 期《打造展示中华文明的金名片——关于建设大运河文化带的若干思考》；中共中央办公厅《中共中央办公厅文件》（中办发［2019］10 号）、《中共中央办公厅 国务院办公厅关于印发〈大运河文化保护传承利用规划纲要〉的通知》、《大运河文化保护传承利用规划纲要》（2019 年 2 月）。2019 年 7 月 24 日，习近平主持中央全面深化改革委员会第九次会议，通过了《长城、大运河、长征国家文化公园建设方案》。《国家文化公园试点建设工作方案》（2019 年 7 月）。2.国家部委级：国家文物局《大遗址保护"十三五"专项规划》，2016 年；国家文物局《国家考古遗址公园管理办法（试行）》，2016 年；国家文物局《大运河文化带文物保护利用专题研究报告》，2017 年 12 月；长城、大运河、长征国家文化公园建设相关资料。3.课题主持人作为评审专家，参与评审江苏省大运河文化带建设工作领导小组办公室《大运河国家文化公园（江苏段）建设保护规划（报审稿）》、江苏省发改委《江苏省大运河保护传承利用规划》等规划（包括内部资料）。对提供资料的部门表示感谢。

以中国工农红军一方面军（中央红军）长征路线为主，兼顾红二、四方面军和红二十五军长征路线。涉及福建、江西、河南、湖北、湖南、广东、广西、重庆、四川、贵州、云南、陕西、甘肃、青海、宁夏15个省（区、市）。

三大文化线路跨越时代悠久漫长，地域广袤，有的省市还重叠交叉。其中长城和大运河整体或部分有明确的线路标识和空间边界，但其沿革演变也极其复杂。长征线路，始终处在流动变迁之中，没有明确的空间边界。三大国家文化公园范围包括除上海、海南、西藏及台港澳之外中国的28个省市自治区，上百万平方公里的国土面积，线路空间如何确定、展示线路如何梳理、呈现，怎么建设，如何管理，都是十分复杂的问题，需要扎实的基础研究作为支撑。亟待研究的问题包括：什么是国家文化公园？为什么要建设国家文化公园？国家文化公园的功能定位是什么？国家文化公园的展现形式怎样设计？国家文化公园的空间及其边界如何确定？三大国家文化公园建设的目标是什么？是将整个线路建成一个整体的、超大规模的国家文化公园，还是选择其中的某些重点段落进行建设？保护传承利用之间的关系怎样体现？经济建设与文物和文化遗产的保护之间的矛盾关系如何协调？国家文化公园与国家公园是什么关系？大运河国家文化公园与大运河文化带建设之间的关系？园带点与文化带的交汇融合？未来国家文化公园的管理模式？国家文化公园土地产权关系？文化公园内社会生产生活生态的平衡，各方利益保障问题，建设投资资金及其利益问题，相关的法律法规协调配套，等等。以大运河为例，现在大运河文化带建设很热，但关于大运河国家文化公园的研究很少，有针对性的基础研究更加缺乏，亟待加强。建设方案要求加强长城文化、大运河文化、长征精神系统研究，突出"万里长城""千年运河""二万五千里长征"整体辨识度。加大国家社会科学基金等支持力度，构建与国家文化公园建设相适应的理论体系和话语体系。江苏作为大运河国家文化公园试点建设省份，应当加强前瞻性研究[①]。

---

① 笔者曾撰写《推动大运河国家文化公园（江苏段）试点区建设的对策建议》，刊发在江苏省委宣传部《智库专报》2019年第10期；另外撰写了《推动大运河国家文化公园江苏段建设》，发表在《群众》2019年第10期。但篇幅较短，本文是对大运河国家文化公园建设的理论与实践进行完整的探讨，以期学界有更多的研究成果。

二、大运河国家文化公园建设的江苏试点

国家文化公园的提出是党中央保护自然文化遗产资源的重要战略布局。党的十八届三中全会制定了《中共中央关于全面深化改革若干重大问题的决定》，其中明确提出“建立国家公园体制”，第一次将“国家公园”的概念写入党的重要文件，显示出在我国全面深化改革重要历史时期，党中央谋划保护自然文化遗产资源的战略布局、顺应国际自然文化遗产保护潮流、勇于承担资源保护历史责任的担当精神。习近平总书记对大运河历史文化保护传承、大运河文化带建设多次作出重要指示，强调要认真“保护好、传承好、利用好”大运河历史文化资源。党的十九大后，中央文化体制改革和发展工作领导小组召开会议，对贯彻党的十九大精神和习近平总书记重要指示批示精神作出部署，起草了《国家文化公园建设试点工作方案》，选择长城、大运河和长征文化线路开展试点。2018 年 8 月，中宣部发布《关于开展长城、大运河和长征三大国家文化公园试点建设的实施意见（征求意见稿）》，建议河北省开展长城国家文化公园试点工作，大运河国家文化公园试点建设由江苏省实施，长征国家文化公园在贵州省试点。

国家文化公园的提出具有重大战略意义，建设国家文化公园势在必行。其根据如下：第一，建设国家文化公园与世界文化遗产、重点文物及大遗址保护的特点密切相关。这些文物遗产是人类活动的产物，许多分布在城市人口密集区，其保护方法应与自然保护、封闭式保护有所不同。不但是遗产本体的保护，而且涉及与本体相关的生态区域。遗产本体面积相对较小，而缓冲区、遗产生态区面积比较大，可能比本体面积大数倍或数十倍。由此可见，单体保护方法已经难以为继。第二，世界文化遗产由单纯的消极的保护，向传承与合理利用转变，这是世界文化遗产和文物保护的发展趋势。第三，近年来，像丝绸之路、运河等大型的长距离的文化线路申遗成功，被列入遗产保护名录，其保护范围空间广阔，跨地区甚至跨国，保护的难度加大，特别是治理难度加大，原有的管理模式和框架已经不再适应现实需要，亟须在管理体制上改革创新，借鉴国际上比较成熟的国家公园体制，创新性提出国家文化公园概念，先行试点，探索新型管理体制，不仅必要，而且势在必行。

江苏先行开展大运河国家文化公园试点建设，走在前列，起了示范带头作用。作为运河河道最长、文化遗产点最多、活态利用最好的段落省份，江苏具备率先开展大运河国家文化公园建设试点的良好条件。省委书记娄勤俭在省委十三届五次全会上对大运河文化带江苏段建设给予肯定并作出部署，指出要谋划推进一批牵动全局的重大项目，不断增强区域发展的战略支撑，展开大运河文化带江苏段建设的新布局，举办世界运河城市论坛等，特别提出要将“大运河国家文化公园建设列入国家先行试点区”。江苏省委省政府高度重视大运河国家文化公园建设的先试先行，省委宣传部和省大运河文化带建设工作领导小组办公室（以下简称领导小组办公室）积极行动，先行实践，于2018年4月16日正式启动了《大运河国家文化公园（江苏段）建设规划》编制工作。由领导小组办公室牵头，会同省住建厅、省城市规划设计院编制大运河国家文化公园（江苏段）试点建设规划。在没有实践经验，没有现成规划文本的情况下，规划院领导组成精干专家团队，深入实地调研，查阅大量文献资料，广泛征求意见，专家群策群力，集思广益。规划得到专家组的高度评价。同年6月，规划通过了专家论证会，这是国内首个大运河国家文化公园建设编制规划。《大运河国家文化公园（江苏段）建设规划》对跨区域线性文化遗产保护与利用进行了有益探索，规划设计凝结了省委省政府领导、专家和实际工作部门人员的智慧与力量。体系完善，层次清晰，有战略规划和具体实施的指导作用，真正实现了顶层设计，规划先行。11月，“大运河国家文化公园（江苏段）国际设计工作坊”在苏州举行，旨在通过国内外跨领域、跨学科专家共同参与，探索大运河国家文化公园的规划方法和实施路径。从国家公园到国家文化公园建设，是中国国家文化建设的重大工程，选择大运河国家文化公园试点建设非常必要，这是大运河文化带建设的拳头项目。江苏先行试点，没有先例可循，需要做艰苦的探索工作。

三、大运河国家文化公园建设中存在或潜在的问题

无论在理论研究还是在实践建设方面，国家公园在国外已经非常成熟。近年来，国家公园引入中国，在国内也受到越来越多的关注。国家公园研究成果比较丰富，出版了大量著作、论文等，包括介绍国外国家公园演变、中外国家公园比较、中国国家公园试点建设情况等各种成果①。例如,仅有关居民问题的研究,学者通过中国知网等平台整理了2010年以来的文献达70篇②。而国家文化公园的命题,还未引起学术界关注,相关的研究尚未开始。一切尚在探索中,实践再次走在理论前面。

由于"国家公园体制"和"国家文化公园"概念尚引入不久,我们现有的知识储备和研究成果以及实践经验还不足以满足运河国家文化公园建设的需要,在大运河国家文化公园建设中难免会存在这样或那样的问题。如对国家公园和国家文化公园概念认识不清、定位模糊、文化内涵挖掘不够、文化公园建设过程中的统筹协调能力不强等问题。这些问题不解决,将会严重制约运河国家文化公园建设的顺利开展。故理清思路,找准问题症结所在,是顺利推进运河国家文化公园建设的前提。

(一)普遍存在国家文化公园概念不清的问题

运河文化公园建设在某种意义上说是一个认识水平、见识高低和自觉意识的问题,只有深入发掘运河国家文化公园的文化内涵,认识它的精髓,才能谈得上对运河文化的传承保护和利用,才能顺利开展运河国家文化公园建设。应当说国家公园和运河国家文化公园对我们来说是一个新概念、新课题,需要有一个深刻的认识过程。事实上国家文化公园是由国家公园引申而来,从国家公园到国家文化公园,应是国家公园新的发展形式,两者既相互联系又相互区别,故极易混淆。目前普遍存在两者概念界定不清的问题,或者简单将国家

---

① 国家公园引入后引起学术界广泛关注,目前的研究成果相对丰富,专著或译著有:王维正:《国家公园》,中国林业出版社2000年版;张友伦:《美国西进运动探要》,人民出版社2005年版;李如生:《美国国家公园管理体制》,中国建筑工业出版社2005年版;张金泉:《国家公园运作的经济学分析》,四川大学出版社2006年版;缪尔:《我们的国家公园》,江苏人民出版社2012年版;弗罗斯特:《旅游与国家公园》,商务印书馆2014年版;张希武,唐芳林:《中国国家公园的探索与实践》,中国林业出版社2014年版;张立:《三江源自然保护区生态保护立法问题研究》,中国政法大学出版社2014年版;李春晓,于海波:《国家公园——探索中国之路》,中国旅游出版社2015年版;李俊生等编著:《国家公园体制研究与实践》,中国环境出版集团2018年版。学位论文有:杨锐:《建立完善中国国家公园和保护区体系的理论与实践研究》,清华大学硕士学位论文,2003年;唐芳林:《中国国家公园建设的理论与实践研究》,南京林业大学硕士学位论文,2010年;刘亮亮:《中国国家公园评价体系研究》,福建师范大学硕士学位论文,2010年;罗金华:《中国国家公园设置及其标准研究》,福建师范大学硕士学位论文,2013年。相关的论文,较早有谢凝高:《世界国家公园的发展和对我国风景区的思考》,《城乡建设》1995年第8期,等等,不再一一举例。

② 范银苹、姚国荣、胡文倩:《国外国家公园建设中的居民问题综述》,《洛阳师范学院学报》2018年第1期。

文化公园理解为国家公园甚至是只突出“公园”二字，很容易让地方在建设过程中联想到一般公园里游乐设施、商业网点、旅游纪念品销售等的固定配置问题，这就不利于明确国家文化公园发展定位。应当说国家公园是相对封闭的系统，而国家文化公园则是半封闭半开放的系统。除了具有国家公园最重要的生态保护、科学研究、旅游功能，国家文化公园还包括遗产保护、文化传承利用、科普教育功能，它更加讲求还生态、还文化、还园于民的理念。与此同时，我们又常将大运河国家文化公园建设与大运河文化带建设混为一谈，甚至以大运河国家文化公园建设来替代大运河文化带建设，或以大运河文化带建设代替大运河国家文化公园建设。这些都不利于运河国家文化公园建设的顺利开展。

（二）对大运河国家文化公园的复杂性和独特性认识不够

大运河国家文化公园建设的相关理论是对国家公园相关理论的延续和发展，而国家文化公园比国家公园更加复杂。大运河国家文化公园与一般国家公园不同，甚至与长城、长征国家文化公园所涉及的区域也不相同。它将面对的是几千年人类活动最活跃、人口分布最密切、生产生活最发达的区域，即长三角经济发达地区；还将面对更多的居民、企业、单位和不同级别的政区，不同职能的部门。建设的难度可想而知，其复杂性和艰巨性也将是前所未有的。采取何种模式，需要认真调查。既不能简单采取北美、澳洲模式，这种模式缺乏可操作性，也不能采取英国等欧洲国家的模式，那样根本无法建立国家文化公园。在中国，名义上的土地所有权是国家的，但实际的权属或经营权力归各级行政区、行业部门、单位、企业和居民，大量的利益冲突会随之而来。这需要我们认真对待。这就要求我们深入认识运河国家文化公园建设的复杂性和独特性，探索出一种既与国际通行的国家公园理念和发展目标相一致，又符合中国国情的国家文化公园建设和管理模式。

（三）运河国家文化公园建设的文化内涵挖掘梳理不够充分

由于我们对运河文化内涵的挖掘不充分，对运河文化底蕴研究不透彻，文化家底梳理不到位，直接导致我们在运河国家文化公园建设中的知识储备不够，公园建设定位不准、规划不清、建设缺乏方向感等。一是我们对江苏段运河文化内涵挖掘不够。目前,我们掌握的是江苏拥有世界文化遗产区7个、遗产点22个、遗产河段325公里、分布214处全国重点文物保护单位和131项国家级非物质文化遗产,但我们的家底绝不仅仅只是这些,还有那些深埋于历史尘埃之中、散落于民间闾巷、遗失于田头旷野、内化于江苏文化血脉之中的众多运河文化事象。二是对运河文化特色认识不清。最早的大运河河段源于江苏,大运河塑造了江苏的城镇格局,孕育了江苏的文化特质,演绎出漕运、水工、盐业、工商、园林、水乡人居等各具特色的文化形态,塑造了江苏"水韵""书香"的人文特色。但运河文化江苏段地域特色仍需进一步提炼。三是运河文化研究缺乏将传统文化、革命文化和社会主义先进文化有效贯通。目前规划设计的江苏运河国家文化公园展示空间中,核心展示园22个、集中展示带25个、特色展示点148个,多以代表文化遗产的园、带、点为主,代表近代革命文化、现代革命文化、社会主义文化的较少。

(四)运河文化公园建设过程中的统筹协调能力与现实需要之间存在矛盾

一是各部门统筹协调不够,存在多头管理。在实际的保护和发展利用过程中,存在着部门利益纠葛等问题。如河道水工设施属于水利部门,航道属于交通运输部门,非物质文化遗产属于文化部门,物质文化遗产属于文物部门等,统筹协调不够,这给运河文化遗产保护利用和文化公园建设等造成巨大压力。二是各个地方各自为政,以经济利益为首要关注点的情况仍然存在。各个地方各自为政、多干快干,把运河国家文化公园建设粗略认识为简单搞商业开发、搞旅游,导致同质化严重,破坏文化遗产、生态环境和人文环境的情况可能出现。同时,实际工作中也存在"上面雷声大,下面雨点小;行政宣传多,实际进展少;会议研讨多,重要成果少;调研表态热,实际工作冷"的情况。

四、大运河国家文化公园的内涵与特色建设

大运河国家文化公园建设是一项文化建设工程,这项工程应建立在公园文化、运河传统文化和革命文化、社会主义先进文化基础之上。我们只有深入把握其文化内涵与特色及其发展规律,将世界知识与地方知识融会贯通,才能精准定位,科学施策,建设好经得起历史检验的运河国家文化公园。

（一）大运河国家文化公园的文化内涵与特质

从国家公园到国家文化公园，是国家公园新的发展形式，国家文化公园建设的文化理论是国家公园文化理论的延续与发展。大运河国家文化公园的文化内涵与特质比国家文化公园更加复杂，把握其文化内涵与特质，是我们开展运河国家文化公园建设的基础。首先，我们要深入把握大运河国家文化公园建设的主题和内涵特质。大运河国家文化公园应当有明确的主题和清晰的内涵。不厘清这个问题，运河国家文化公园建设定位就会出现偏差，文化公园建设就会混同于一般公园建设，甚至只注重“公园”建设而轻视其文化内涵的发掘，或只热衷于游乐设施、商业设施等的配置而淡忘了运河文化内涵的展示。这样就有违运河国家文化公园建设的初衷，甚至淹没了文化公园建设的主题。事实上，运河国家文化公园是由国家批准设立并主导建设，以彰显中华文化中具有代表性和重要标志性的文化精神价值，以焕发中华文化时代风采为主要目的，实现中华优秀传统文化资源科学保护与合理利用的特定文化遗产文化资源核心地区或核心地带。其主要功能就是要维护和彰显运河文化遗产的历史真实性、风貌完整性、文化延续性，兼具文化教育、公共服务、旅游休闲、科学研究等作用。这就需要有针对性地选择运河文化带中那些在全国乃至世界范围内具有突出文化价值、鲜明文化特色、重要文化影响，能够充分体现中华文化真实性、完整性、延续性，连片、连线或分散的文化遗产资源富集区或核心带，依据相关法律法规和保护传承利用的实际需要，从国家层面实施全方位保护、持久性传承、综合性利用、精准化管理，积极打造文化遗产文化资源保护、展示、传播和服务的平台，形成文化遗产、文化资源主体功能区和文化建设、文化治理综合示范区。

其次，深入把握运河国家文化公园与国家公园之间的区别与联系。国家文化公园源自国家公园。国家公园是由国家批准设立并主导管理，以保护具有国家代表性的大面积自然生态系统为主要目标，实现自然资源科学保护和合理利用的特定陆地或海洋区域。国家公园主要用以保护大尺度生态过程以及这一区域的物种和生态系统特征，同时提供与其环境和文化相容的精神的、科学的、教育的、休闲的和游憩的机会。其宗旨是加强自然保护，以自然保护为主要目标,保护区必须防止或消除可能会对保护目标造成危害的任何自然资源开发或管理活动,同时努力维持或尽量增加受保护生态系统的自然程度。国家公园实践在我国刚刚开始,但类似的保护区、保护范围早就有了。它主要以生态自然为主,现在又衍生出各种类型。国家文化公园兼具国家公园和文化公园两类空间的特性,除了国家公园最重要的生态保护、科学研究、旅游功能外,还包括遗产保护、文化传承利用、科普教育功能等,而且更加讲求还生态、还文化、还园于民。国家公园注重强调生态保护,实现对自然及其所拥有的生态系统服务和文化价值的长期保护。而国家文化公园文化更注重强调文化内涵的挖掘和提炼。

再次,深入把握大运河国家文化公园的文化功能。文化公园是依托原有的文化遗产和文化故事资源,以“文化”为主的设计理念和设计实践,通过文化主题,结合各种文化元素在景观上的运用和表达,构建集文化传播、休闲为一体的新型公共空间。建立以世界遗产保护区为基础的国家文化公园,是在国家公园基础上的一种新尝试。国家文化公园兼具国家公园和文化公园两类空间的特性,实行“公有、公管、公益、公享”,倡导建设与民共享的公共文化空间,具有保护、科研、宣教、旅游等功能。首先是保护功能:国家文化公园保存了重要的生态系统和自然系统,是生态安全格局的骨架和重要节点;文化公园拥有完整、健康的生态系统,区域生态调节功能强,具有维持和提升区域生态环境质量的重要作用,是维系我国生态功能的关键区域。其次是科研功能:文化公园具有极其重要的科学和研究价值,可直观反映关键区域生态系统和自然资源的现状和演变趋势,为生态环境保护与恢复提供科学的背景数据,是最重要的科研平台。再者是宣教功能:文化公园蕴含着丰富的生物、地质、环境、历史文化等知识,是人们了解、学习自然科学和人文历史,激发环境保护意识,增加民族自豪感,培育爱国主义精神的重要基地。最后是旅游功能:文化公园景观独特、观赏价值高,代表国家形象,国民认同度高,在降低人为因素干扰和影响的前提下,给国民提供了亲近自然、了解自然、愉悦身心的场所。

(二)大运河国家文化公园建设中的江苏运河文化内涵与底蕴

大运河国家文化公园建设强调对运河文化内涵的挖掘和提炼。如何将大运河文化遗产的精华及其人文生态环境在一个广阔的、相对固定的空间区域内完整保留下来，有效解决大运河保护与沿线地方、部门经济、社会发展之间的矛盾，将是一个长期的课题，也是难题，而将国家公园试点纳入大运河文化带建设中，不仅必要，而且紧迫。只有充分挖掘江苏大运河的文化内涵，摸清其文化家底，我们的运河国家文化公园建设才能定位准确、规划长远、目标明确。

江苏运河文化遗产种类多样。江苏是大运河河道路线最长、流经城市最多、文化遗产数量最多，内容最丰富、类型最完整，遗产等级价值最高，保护现状最好的省份。在中国大运河中，运河江苏段是最具国家文化公园条件的活态运河。江苏运河文化生态环境条件最好，保护与发展的矛盾也较为突出，运河文化遗产面临破坏的危险也较为严重，建设运河国家文化公园，传承保护好运河文化遗产，不仅必要而且急需办理。江苏运河沿线城市物质和非物质文化遗产资源十分丰富，有 9 座中国历史文化名城、19 座中国历史文化名镇、7 座中国历史文化名村，有 149 处全国重点文物保护单位、101 项国家级非物质文化遗产。列入世界文化遗产的河段长 325 公里，占运河全线的 1/3；遗产区 7 个，占大运河遗产区总面积的 46%；遗产点 22 处，占大运河遗产点总数的 40%。

江苏运河文化内涵丰富。江苏保存了大运河从开凿迄今最为完整的文化遗产类型，其航道及航运功能从最原始的功能及风貌到最现代化的风采都能呈现，迄今仍然保持着“活性”特征和工程性特征。代表古代科技最高水平的大型水利水工遗产，代表运河管理的制度性漕运总督署衙等，代表多元区域的楚汉文化、淮扬文化、吴文化以及园林文化、江南水乡文化、近代民族工商业文化等，都由运河有机串联，形成了兼收并蓄、包容多样、独具魅力的江苏运河文化。目前江苏运河沿线城市拥有全省 60%的人口、66.3%的经济总量，形成一条人口稠密、经济繁荣、文化昌盛的城市走廊，涌现出常州“运河五号”创意产业园、淮安古淮河文化生态产业园区等典型案例；沿线城市拥有 8 个国家级文化产业示范基地，4 个国家级动画产业基地、影视基地，2 个国家级文化和科技融合示范基地以及江苏国家数字出版基地；沿线 8 市均为国家园林城市和中国优秀旅游城市，拥有以扬州瘦西湖为代表的5A级景区13个，占全省的76.5%；4A级景区、省级及以上旅游度假区均占全省的70%以上。这些都极大地丰富了运河文化的内涵。

（三）大运河国家文化公园建设中的江苏运河文化特色与亮点

江苏大运河全面、典型地展示了大运河文化的文化特色。建设大运河文化带，打造高品位的国家文化公园，应当深入发掘江苏运河文化特色，将江苏运河文化丰富的内涵和元素，通过国家文化公园及其文化地标、文化景观等，全方位、多角度、多形式地展示出来，体现出江苏运河文化的独特魅力，引领全国大运河文化带建设。江苏大运河在长期的历史发展中形成了自己独有的价值和特色。其主要特色有以下几个方面：

第一，江苏大运河是历史发展的贯通之河，镌刻着社会演进的悠久年轮。沿线运河文化历史悠久，新石器以来运河沿线文化都很发达。如邳州刘林、大墩子文化，高邮龙虬庄文化、兴化南荡文化，太湖流域马家浜文化、松泽文化和良渚文化等，其历史皆可追溯到史前。自大运河开挖以来，至今已有2500余年的历史，见证了战国、秦汉、魏晋南北朝、隋唐、两宋、元明清、民国以及新中国的发展历史。明清以来，江苏运河沿线成为最发达的地区。大运河的功能也从最初的军事性向政治性的统一和维持都城的漕粮运输发展。同时，交通运输和经济商业功能日渐强大。新中国成立70年，江苏运河"在保护中发展，在发展中保护"，其复兴历史值得关注，不能忽视。

第二，江苏大运河是区域文化的纽带之河，串联了地域文化的多元类型。江苏的太湖、长江、淮河诸水系将江苏南北分为吴文化、金陵、淮扬、徐海等四大文化区域，南北八个运河城市，几乎涵盖了主要文化区域。各区域间既存在着巨大的文化差异，体现在地理物产、生产水平、生活状态、语言文化、民风习俗、思想文学等各方面，包括不同风格的菜系，"吴韵汉风""南船北马""南蛮北侉"等，都在这条生命廊道上保持个性。同时，由于运河的交通流动功能，又使运河沿线文化具有许多共性，沟通整合，不断发展。如明清苏州与扬州的园林、工艺。明清小说内容丰富，立体展现了运河沿岸的不同风情和相互交流。淮扬、苏州等菜系虽然口味不同，但原材料大多以湖、河水鲜为主，均体现了共性。

第三,江苏大运河是沿线城市的母亲之河,见证了古今江苏城市的兴衰变迁。大运河对沿岸城市而言,不是生母便是乳娘,大运河孕育了江苏的众多城市。苏州(吴)、扬州(邗)都有约 2500 年的建城史,与大运河同生共进。徐州(彭城)、淮安(末口)、淮阴、高邮、镇江(朱方)、常州(延陵)等都曾是运河重要的节点。明清更是诞生了大量的运河城镇,正准备申遗的江南名镇同里、周庄、角直、木渎等皆为推动江南工商文明发展的杰出代表。

第四,江苏大运河是中华文脉的传承之河,引导着文明的繁衍传播。大运河沿岸是文化繁衍传播的交融之地,诸子百家,特别是儒家孔孟思想曾在运河沿线发展壮大,两汉经学,宋明理学在运河沿线都有活动。清代的各个重要经学流派、诗社词派、画派医派等,也主要活动于运河城市。经学中的吴学、皖学、常州学派、扬州学派,都以运河城市为主要的活动地点;相关人物也是相互交往,形成思想碰撞。明代的王艮、徐霞客、无锡东林党,清代的顾炎武,庄存与、刘逢禄、龚自珍、魏源、包世臣等思想家,近代的革命家瞿秋白、张太雷、恽代英都受到运河文化之深刻底蕴的熏陶濡染。运河的风采在国内及中外文化交流中熠熠生辉,圆仁、成寻、马可波罗、郑和、利玛窦、马戛尔尼等,都在运河沿线留下足迹。“水脉连着文脉,水运连着国运”,大运河丰富的文化资源,是新时代的大运河文化带建设取之不尽,用之不竭的金山银山。

第五,江苏大运河是统一交流之河,支撑着国家政治与经济重心分离状态下的民族融合。中国古代疆域的形成与发展和大运河有密切关系,从春秋战国的分裂到区域性统一、最后的全国统一;从东西之争,到南北对峙,最后到南北一体,元明清大一统形成,江苏大运河都曾发挥重要作用。大运河支撑了中国政治、军事中心与经济重心的长期分离;元明清多民族国家的统一融合,辽阔疆域的形成,大运河起了不可替代的积极作用。今天,江苏大运河对南北区域发展,北煤南运、南水北调,区域协调发展,仍然具有重要作用。大运河塑造了江苏的城镇格局,孕育了江苏的文化特质,演绎出漕运、水工、盐业、工商、园林、水乡人居等各具特色的文化形态,塑造了江苏“水韵”“书香”的人文特色。但运河文化江苏段地域特色仍需进一步提炼。

五、大运河国家文化公园建设中需要协调的五种关系

大运河国家文化公园建设是事关子孙后代的千秋大业，其工作千头万绪，纷繁复杂，需要我们立意高远，准确定位，高起点规划，精心实施，对一些事关全局的各种关系问题需要协调好，解决好。

（一）协调好文化公园建设与运河文化带建设之间的关系

大运河文化带建设是适应大运河文化传承保护和利用的需要，以文化建设为引领，带动经济、社会、生态等各项建设发展的国家文化建设工程。具体而言就是打造“四条长河”，即文化方面打造“魅力长河”，加强对大运河非物质文化遗产，所流经省、市、区地域特色文化等文化形态的保护、挖掘和弘扬；生态方面打造“美丽长河”，以大运河遗产保护为基础，划定生态红线，加大运河流域和建设力度；经济方面打造“高端长河”，依托运河“黄金水道”和良好的人文生态环境，重点发展旅游休闲、文化创意产业，促进产业聚焦和协同发展；社会方面打造“共享长河”，发动广大群众积极参与建设，共享大运河文化带带来的美好生活。大运河国家文化公园建设与大运河文化带建设两者之间在指导思想、建设目标、内涵外延、功能定位、规划设计、重大工程、重要任务、制度保障等方面具有一致性，彼此相互依存，互为表里，能够融合发展。但也应该看到两者之间具有一定的差异性，各有特色，互有侧重。大运河文化带建设是带有整体性、全局性的国家综合工程，涉及运河文化传承、保护和利用的多个领域。而文化公园则是运河文化带建设中的重要组成部分，主要以园、区、点等建设为重点，以文博园馆展示区为载体，展示运河文化的丰富内容。文化公园是文化带建设的中心工作、重要抓手。因此说两者之间应相互兼容、协同发展。在具体实践中，我们既不能以文化带建设代替文化公园建设，也应避免以大运河国家文化公园建设替代大运河文化带建设。

大运河文化带保护是一项庞大的系统工程，对运河这样大型、跨地域空间的文化遗产的保护将是一个世界性的难题，既无法采取传统的保护形式，也不能放任地方无序发展。特别是对大运河这样仍然在使用，始终处于变化之中的运河遗产的保护，更是难中之难。如何切实保护运河文化遗产，让自然与人类社会共生同长，让大运河生态系统可持续发展，实现经济社会发展与生态环

境保护共赢的目标，需要我们深入探讨，找准切入点，统筹解决。为此我们建议将国家文化公园试点纳入大运河文化带建设之中，以国家大运河文化建设规划为指导，以省级统筹协调为基础，沿线各省市设区市为单元，以国家文化公园建设为突破口，建好大运河文化带，为改革和完善我国文化遗产保护体系探索一条保护传承利用大型线性遗产的中国道路、经验和模式。江苏省在大运河文化带建设方面拥有全方位的、得天独厚的、无可比拟的优势。从国家文化公园建设入手，推动大运河文化带建设的全面展开，不仅是为了推动江苏文化强省战略的实现，更是要有责任担当，引领全国，在整个大运河文化工程中发挥先行示范作用。充分把握大运河文化带江苏段的内涵与特质、历史与现实，认识其在整个文化带建设当中扮演的角色及其所具有的共性与特色，是开展相关建设的前提。

不仅如此，我们还应将运河国家文化公园放在一个更宏阔的战略视野下来统筹谋划，如与“一带一路”、长江经济带、长三角一体化等国家战略，“1+3”功能区建设等区域发展战略等对接起来，综合施策，高规格、大视角布局运河文化公园总体建设和各地文化公园建设。应当看到，大运河是一条东部沿海经济文化发达区的生命线，在国家经济文化中占有举足轻重的地位，具有与“一带一路”、长江经济带、京津冀一体化、长三角一体化、雄安新区建设等多个国家战略部署相互交叉重叠的特性，也与各省的发展战略紧密相连。江苏大运河沿线作为经济文化中心区，在省内所占比重之大，其他省市无法与之相比。它是一条通江达海、纵贯南北、将全省连接为一个有机整体的轴线，实为江苏社会经济文化发展之轴线；江苏之水运已经成为综合交通运输体系中不可或缺的一环，具有得天独厚的优势。江苏已经将13个城市中的11个城市纳入文化带建设，这是一项综合性的长期的复杂的重大工程，已经不是单纯的文物和文化资源的文化工程。大运河国家文化公园的建设时间更长、任务更重、难度也更大。

（二）协调好运河传统文化与革命文化、社会主义先进文化之间的关系

江苏大运河的航道、船闸等，集中体现了大运河古代文化、近代文化和社会主义文化的时代烙印，也是展示新时代大运河文化带新风貌的创新舞台，弘

扬航运人艰苦奋斗创业精神的平台，讲好大运河江苏故事的生动讲坛，更是让人民共享运河文化带建设成果的旅游休闲胜地。在规划设计的江苏大运河国家文化公园展示空间中，核心展示园22个、集中展示带25个、特色展示点148个，多以代表文化遗产的园、带、点为主，重点展示古代运河文化遗产，而对代表近代革命文化、现代革命文化、社会主义文化的现当代运河文化成果关注较少，甚至忽略了新中国京杭运河改扩建工程所形成的新运河及运河文化。如镇江谏壁船闸，新的通江口门。常州四改三绕城运河所形成的26公里新运河景观。淮安重点关注里运河而忽略了京杭运河两淮段。扬州重视城内古运河而忽视了新运河及六圩出江口门。徐州古运河已经难觅踪迹，现在在古运河沿岸投入重金，大拆大建，但新建57公里湖西航道的新运河受到冷落，几近视而不见。而真正风景优美，地域开阔，较少遗产点文物保护压力的恰恰是新运河沿岸，特别是苏北运河沿线11座现代船闸资源。在京杭运河关键节点建设代表大运河文化带的文化标识，既是整个大运河文化带的地标性工程，也是物化大运河精神的核心文化元素。这就要求我们应当重视传统文化与现当代文化的融合，在此基础上推出若干重点建设项目。大运河国家文化公园建设要以优秀传统文化为基础，以红色文化和社会主义文化为统摄，三种文化相融合，使之成为弘扬优秀传统文化、展示从古至今的水工水利文化，寓生态保护、文化展示、教育科普、文化旅游、科学研究于一体的综合平台。

（三）协调好大运河自然生态保护与文化生态保护之间的关系

大运河国家文化公园建设应更加注重文化生态和自然生态的保护。文化公园的周边环境包括周边的自然生态和文化生态，即孕育这种文化的固有人文生态，这是运河本体与周边人文环境的有机结合。像大运河这样仍然可用的活的遗产部分，需要维持传统的水上运输、水上生活、水上渔业等人文生态，这些都是固有的文化生态，如果完全禁运输、禁船舶、禁渔业，只搞些旅游项目，只允许建旅游项目，让游船在上面揽客观光，那就不是活的大运河。因为这种游艇游船观光，只要是水面都可以进行，湖泊、自然河流，城市河道，都可以的，哪里看得出是运河文化，流动的文化呢？运河文化生态与自然生态应该是融合一体的，不能偏颇。现在有的地方保护过了头，一刀切，消灭了正常的航运,还要消灭渔业养殖。要科学测算,不能过度养殖,造成水质污染、富氧化,但不能禁止养殖。过犹不及,运河生机在于"运",流动的文化,指的就是"运",有"运"才有流动。文化的流动要靠"运"。除非水运完全无用了。但现在还不是,要在政策上扶持、鼓励发展绿色水运,不能完全走高速公路、各类公路。宜水则水,宜路则路。沿运湖泊,例如微山湖完全禁渔的做法不可取,要保护当地原住民的基本生存权利,而这种生态恰恰是更接近古运河的生态,人与自然的和谐相处。五位一体,经济第一位,没有经济基础,文化建设没有根基。金山银山,藏在深山,仍然不能转化为财富。不搞大开发,是指不能滥搞开发,不顾生态承受力的开发,违背自然规律的开发。有些地方政府可能会在"国家文化公园""生态保护区"等名义下,以强行拆迁来改善生态环境,运河两岸长期形成的人文景观必然遭到破坏。虽然整体的生态环境改善了,可人文生态、文化生态全没了,这是非常令人担心的状况。自大运河申遗以来,许多地方存在这种状况。在新一轮大运河文化带建设和大运河国家文化公园建设热潮中,原本已经脆弱的人文生态可能会再次遭受灭顶之灾。所以,应当特别注意,未雨绸缪。大运河国家文化公园的打造,应在保护原有运河文化遗产和生态环境的基础上,充分挖掘优秀文化资源,包括传统文化、革命文化、社会主义先进文化、近现代工业文化、当代市民文化等。解释宣传科普文化的部分,应多一些生态资源的修复和完善。

大运河国家文化公园建设更加注重运河公园点线的协同发展。运河是一条生命活水,生生不息,含有流动、联通、传承的意蕴。江苏段运河形态多样,既有古运河正线、古运河支线、城市运河(市河)等,又有新运河正线、改道绕城运河、联结的支线运河等。对主题线路的设计不应局限于简单的设计命名,而应将文化历史故事、主题发展脉络梳理清楚,整合起来,使这条文旅线路的旅游更具有人文熏陶感、主体体验感、知识获得感等。

大运河国家文化公园建设更加注重文化品牌的打造。针对目前运河景观同质化趋势严重的问题,如简单复制古民居、历史街区、小桥、河道、乌篷船、古树、古板路、园林等情况,应把握好重要节点、重点文化标识的打造。如设立地标性建筑、营造新的运河景观等。应精心打磨出大运河上的八达岭、居庸关、山海关、嘉峪关等。根据各个区域的文化、生态资源，将外在展现与内在底蕴结合起来，展现具有地方特色的活态文化，凸显其特色、特征和品位。这就需要加强大运河文化精神的研究，站在国家层面，提炼新时代大运河精神表述语，可开展征集活动，广泛运用于大运河国家文化公园建设精心挑选的地标、标识工程中，使之成为大运河文化的核心价值理念，广泛宣传推广。

（四）协调好重点建设与一般建设之间的关系

江苏作为国家大运河国家公园的试点省份，要打造出具有国际影响力、国家代表性的示范点。对于一些重点打造的点线包括地标设计等，需要结合目前运河点线的设施基础、周边环境、人文历史积淀、当地政府投入力度等层面统筹考虑，建立相关指标体系，进行取舍。针对目前大量运河点线都争取进入建设第一梯队的现状，做好多和少、重点和非重点的平衡；要做好甄选的标准，分阶段分步骤推进大运河文化公园建设。大运河国家文化公园具有国家性、权威性和科学性。如果这些重点项目都纳入大运河国家文化公园建设之内，搞全流域公园建设，则有违国家文化公园的权威性和国家性，必然失去国家文化公园建设的初衷。如何将大运河国家文化公园建设与国家公园的国家性、严肃性、权威性协调起来，是我们必须面对的问题。必须认识到国家性是大运河国家文化公园的基础，坚持国家所有、国家主导，增强国家文化公园体制试点实施方案和相关规划的科学性、严肃性和权威性，是国家文化公园建设成败的关键。令人担忧的是，现在的国家文化公园规划，全面铺开，到处设园，很容易造成大开发的状况。这就需要将国家文化公园建设与文化带建设结合起来，将重点建设项目与一般建设项目结合起来，统筹协调两种建设。首先要高标准建设文化带，将上述重点项目纳入文化带建设之中，将其打造成为中华文化的金名片，像长城那样的中华民族的文化品牌。而大运河国家文化公园建设试点规划要瞄准大运河文化带建设中的精品经典工程，国家、省保护传承利用规划要精心选择点段，建立指标体系，克服沿线政府企业借机上项目，大搞开发的冲动，强化大运河遗产保护及人类对自然人文资源的永续利用。

（五）协调好国家公园模式的世界经验与中国具体实践之间的关系

目前世界上国家公园管理主要有两种模式：一是北美、澳洲、北欧模式，虽然都是土地私有为主的国家,但国家在疆域内私人土地制度未建立之前建立国家公园,将大片共有的原始荒野宣布为国家公园,虽然园内还有零星的原住民及原始文化,但整体上不影响建立一个国家垂直管理的机构进行统一管理。这种国家公园是目前世界上最普遍的国家公园形式。二是欧洲国家模式,如英国、法国、德国等私有制建立得比较早,在国家公园建立之前,土地私有化基本上完成,国家疆域内已经没有多少无主荒野可以直接宣布为国家公园区域,国家公园区域内,存在着大量私有土地、庄园、建筑等,居民也很多。这些国家,在开始规划建设国家交通道路时都遇到很大阻力,开始时私有土地主人连道路都不准开辟,更不用说将私人土地收归国有。如果要建国家公园,只能通过赎买、迁移等经济手段谈判换取土地,这个代价太大,故欧洲大陆及英国等国家公园建立比较晚,管理方式等也与北美欧洲不同,只能采取建立一个由多方利益诉求方代表所组成的委员会的形式来进行协调。没有国家统一的垂直管理模式。除此之外,有些新兴发展中国家如印尼等,建国时间较短,独立之前就由欧洲殖民当局建立了国家公园,采取类似北美、澳洲等国家的国家公园管理模式。但独立后的管理不善,特别是经济发展的需求,旅游、矿业等产业导向等问题,已经大大削弱了国家公园体系,生态环境遭到严重破坏。①

大运河国家文化公园不同于一般的国家公园,甚至与长城、长征国家文化公园所涉及的区域也不相同。它将面对的是几千年来人类活动最活跃,人口分布最密切,生产生活最发达的长三角经济发达地区,特别是大运河本来就流经东部人口最密集的区域,沿岸都是码头、仓库、农田、住宅、企业、村镇等,产权分散,名义上是国家所有,实际上归各行政区、行业部门、企业单位、乡村城镇、个体等所占用,使用权分散。这种情况下,如何建设国家文化公园,实现公共性、公益性、国家所有,其建设的难度是相当大的,采取什么样的模式,需要认真调查。既不能简单采取北美、澳洲模式,这种模式缺乏可操作性。又不能采取英国等欧洲国家的模式,那样根本无法建立国家文化公园。我们要探索

① [澳]沃里克·弗罗斯特,[新西兰]C.霍尔编;王连勇等译:《旅游与国家公园——发展、历史与演进的国际视野》,商务印书馆 2014 年版,第 230—244 页。

出一种既与国际通行的国家公园理念和发展目标相一致,又符合中国国情的国家文化公园建设的管理模式,这将是一个急迫而又现实的问题。大运河国家文化公园的建设标准现在只能按既有的国际通行的国家公园的标准设立,同时又要妥善处理好产权问题。我们的土地所有权名义上属于国家所有,但实际产权有的很分散,分散在各级行政区。行政区内又有性质不同的系统、部门、单位,都获得一定的权限。土地之上的建筑及房屋产权则更加复杂。国家如何才能将运河沿岸的土地划归国家,如果不在国家手中,又如何建立名副其实的国家公园。现在一条运河,管理方很多,交通运输部门、水利部门、航道部门、市政部门、住建部门、园林部门、文物部门、海事部门等,还有街道、社区、居民等,如何统一到国家手中。如果建立国家公园,如何统一事权,诸多矛盾。我们的国家公园起步很晚,现在要建国家公园,就要将土地的经营使用权收回,重新按国家公园的标准建设,但其中的难度较大。这就需要我们学习世界上其他国家的建园经验,汲取其经验教训,探索出符合中国国情,特别是符合大运河沿岸的实际情况的管理模式。结合国外国家公园垂直性管理、地方自治、综合性管理等管理模式,根据我们国家的具体国情,我们可考虑实行国家委托地方管理,形成"政府主导、多方参与、省市统筹、分区管理、经管分离、特许经营"的管理新模式。

六、大运河国家文化公园建设需要建立的统筹保障机制

江苏已经高起点规划大运河江苏段文化公园建设,形成规划方案,要将规划顺利推进,还需要解决目前存在的一系列问题。如运河文化公园建设过程中统筹协调能力与现实需要之间存在着突出的矛盾。主要是各部门统筹协调不够,存在多头管理;各个地方各自为政,以经济利益为首要关注点的情况仍然存在。为避免各地方把文化公园建设简单地等同于搞商业开发及旅游项目等,以至破坏文化遗产、生态环境和人文环境的情况的出现,必须要从管理体制机制、立法规划、管理信息系统建设等方面出发,建立多方协同、高效直接的大运河国家文化公园建设统筹机制。

(一)建立统筹管理机制

目前国家层面上已经设立了国家公园管理局。省级层面上已经设立了省级和大运河沿线设区的市、县(市、区)大运河文化带建设工作领导小组。从实际需要看,设立相关常设实体机构很有必要,如大运河国家文化公园管理局,或是大运河国家文化公园管委会提供人员编制。如果短期内确有设立困难,可由省委宣传部牵头,联合发改委、文物局、文化和旅游厅、自然资源厅、生态环境厅、住建厅等单位成立大运河国家文化公园建设项目组功能区协调机构,各市设立分项目组,定期不定期召开联席会议,加强顶层设计,主动谋划领导、组织推进,创新管理模式,开展文化遗产保护、文化展示、生态保护、文旅产业等方面的深度协调工作;推动建立具有准行政区权限的运河文化公园发展区,突破行政边界制约,实现沿运河文化公园发展区内部资源整理与整体利益最大化。

(二)建立科学评价机制

大运河国家文化公园各功能区、展示点的规划设计、基础设施建设、资源整合、技术支撑等,都需要实现不同点线的特色错位发展。首先,从规划开始就需要对文化遗产保护、人文生态保护、自然生态保护、文化特色挖掘、主题定位设计等模块进行规划评估打分,实行文化公园的准建立项制度,保证宏观把控基础上的细节规划,这将有利于自上而下统筹规划,防止公园开发的无序、同质和低效。其次,运河文化公园建成后,需要一系列的审核,对于建设结果与审批规划不符的项目,限期整改才能对外开放。再次,在运河文化公园的展示运营过程中,应定期进行考核评价,保证有效保护和形态可持续性。

(三)建立数字化信息管理机制

首先,建立国家运河文化公园的基础数据资源平台。支持设立专家库,整合与运河文化公园建设相关的专家资源,分类建设运河文史专家、生态管理专家、文化产业专家等专家资源库。设立运河航线的水利文化数据库,梳理历史数据,更新现代数据,为现代航运、文旅产业及科普教育等提供基础信息支撑。设立运河词条、故事库,整理口述史,深挖运河文脉内涵的资料,选择具有突出意义、重要影响、重大主题的题材建设"文化元库"。其次,建立国家文化公园的管理平台。科学设计自上而下直管审批、汇报、管理、宣传系统。基础管理保护交给地方,规划设计把控监管等交给上级。对于一些文化遗产遭破坏的情况,设置专门投诉处理、预警监测办公室。

(四)建立多主体广泛参与的协同管理机制

建立常态化的城市间河段间交流合作协调机制,并引入地方政府、当地企业和社会团体、志愿者队伍等参与政策的制定和执行环节,加强内部合作,推动大运河国家文化公园的一体化管理和运行。成立江苏省大运河国家文化公园有限公司,作为运河文化公园资源整合的运行主体。构建统一的运营平台和投融资平台,使文化展示和文旅相关产业的投资主体和经营方式日益多元化。

大运河国家文化公园系统性建设的五个维度[①]

秦宗财[②]

建设国家文化公园是新时代我国推进实施的重大文化工程之一,是发掘好、利用好丰富文物和文化资源,推动中华优秀传统文化创造性转化、创新性发展的重要举措。2019 年 12 月,中共中央办公厅、国务院办公厅印发《长城、大运河、长征国家文化公园建设方案》,提出国家文化公园"是要整合具有突出意义、重要影响、重大主题的文物和文化资源,实施公园化管理运营,实现保护传承利用、文化教育、公共服务、旅游观光、休闲娱乐、科学研究功能,形成具有特定开放空间的公共文化载体,集中打造中华文化重要标志"。新时代下高质量建设国家文化公园,就是要满足人民群众精神文化需求的精准供给,在一定的物理空间内,展示最有辨识度、生命力和传播力的文化生态景观,有利于体现文物保护、资源利用和文化传承的统一,有助于将国家文化公园打造成国家形象和民族符号,成为提升国家文化软实力的重要途径。

因此,推进大运河国家文化公园高质量建设,就是通过高质量地整合大运河沿线具有突出意义、重要影响、重大主题的文物和文化资源,实施公园化管理运营,实现保护传承利用、文化教育、公共服务、旅游观光、休闲娱乐、科学研究功能,形成具有特定开放空间的公共文化载体,集中打造中华文化重要标志,进一步坚定文化自信,充分彰显中华优秀传统文化持久影响力和社会主义

---

① 本文为江苏省社科基金项目"长江文化研究"专项项目"长江文化与大运河文化、江南文化的关系研究"(21CBJ003)的阶段性成果。

② 秦宗财(1974—),男,安徽芜湖人,博士,扬州大学中国大运河研究院运河文化品牌传播研究中心研究员、新闻与传媒学院教授、博士生导师,主要从事文化传播学、文化创意产业、文化遗产保护与利用等方面的研究。

先进文化强大生命力。那么，国家文化公园到底建设哪些内容已成为一个亟待解决的学术问题。本文以大运河国家文化公园为研究对象，基于文化空间理论对其展开分析，具体探讨国家文化公园系统性建设问题，以求教于学界。

一、文化空间理论与国家文化公园建设维度

国家文化公园是国家公园引申而来的一种新概念，是我国推进国家文化治理创新而提出的一项“重大文化工程”。国家公园和国家文化公园作为公共文化空间的载体，需从文化空间理论的视角对其进行探源。1974 年，法国马克思主义哲学家亨利·列斐伏尔（Henri Lefebvre）提出“空间转向”（the spatial turn），从空间视角重新审视社会。后现代地理学家爱德华·索雅（Edward W. Soja）提出“第三空间（Third Space）”，将空间看作是赋予深刻文化意义的文本。社会学家沙朗·佐京（Sharon Zukin）则深入发掘了空间的文化意义，指出文化是控制城市空间的有力手段，经济和政治精英们通过控制城市公共空间来塑造公共文化①。从人类学视角出发，“文化空间”是人的特定活动方式的空间和共同的文化氛围，兼具空间性、时间性、文化性②；标准位置与其他处统一是具有文化意义的物理空间、场所、地点③。在文化学或社会学视角下，国外学者将文化空间看作是一种物质空间或社会空间④，是一种文化能够习得并得以传承的框架⑤，是各种形式的人类活动赖以实现的空间⑥。而国内学者则将文化空间看作是文化在一定区域的空间表现以及在这个区域进行文化交往的表达方式⑦；或是一种由意义符号、价值载体构成的体现意义、价值的场所、场

① Sharon Zukin, *The Cultures of Cities*, Blackwell Publishers, 1996, p.21.

② 陈虹：《试谈文化空间的概念与内涵》，《文物世界》2006 年第 1 期。

③ 向云驹：《论“文化空间”》，《中央民族大学学报（哲学社会科学版）》2008 年第 3 期。

④ Jack P.Greene, *Imperatives, Behaviors, and Identities: Essays in Early American Cultural History*, University of Virginia Press, 1992, p.82.

⑤ Robert M.Young, *Mental Space*, Process Press, London, 1994, p.43.

⑥ Michael D.Higgins, *The Cultural Space-Not Just Location of the Arts, but the Basis of Creativity, Source of Innovation and the Vindication of Citizenship.given at the ECCM Symposium Productivity of Culture in Athens*, 18th October, 2007.

⑦ 王少峰：《公共政策与文化空间，传统节日与文化空间：“东岳论坛”国际学术研讨会专辑》，学苑出版社 2007 年版，第 116 页。

景和景观[①];是联系人们内心世界的纽带与精神性血脉的交织[②]。而文化地理学视角的文化空间主要表现为文化区——具有相似性的人类活动、传统和文化属性的空间地理区域,其研究目的在于通过空间文化特质重建文化结构以及群际关系[③]。

国家文化公园是国家公园新的发展形式,是依托"遗址遗迹"和"建筑与设施"等人文旅游资源,具有代表性、延展性、非日常性主题,由国家主导生产的主客共享的国际化公共产品,是承载国家或国际意义文化资源的重要载体[④]。已有研究认为,价值研究是中国国家文化公园基础理论研究中最紧迫且具有全局性的学术问题,国家文化公园的建设和运营共同构成其价值实现过程[⑤];同时,国家文化公园为提升公共文化空间的品质提供了一种全新的公共文化空间形态或模式[⑥]。

依据我国发布的一系列实施政策与建设规划来看,国家文化公园是为了集中打造新时代中华民族文化符号、弘扬民族精神而推出的重大文化工程,也是一种全新的国家公园建设模式。所以,从根本上以中华文化重要标志为导向,辨析大运河国家文化公园本质属性,是明确大运河国家文化公园高质量建设的定位和运行的必要前提。在本质上,中华文化重要标志是承载中华优秀文化基因,能够被民众通过视觉、行为等可感知的方式所识别,并产生情感共鸣、群体归属和文化认同的具有较强规范性的标志性载体,包括自然地理标识、物质文化标识和精神文化标识三种类型。结合文化空间理论与我国国家文化公园建设目标,可以看出,国家文化公园的本质是公共文化空间载体,而文化空间的核心结构由资源载体、意义表达、产业活力、文化传播、制度规范

① 关昕:《"文化空间:节日与社会生活的公共性"国际学术研讨会综述》,《民俗研究》2007 年第 2 期。

② 詹福瑞等:《转型时代文化空间的建构(专题讨论)》,《学术月刊》2021 年第 11 期。

③ 伍乐平、张晓萍:《国内外"文化空间"研究的多维视角》,《西南民族大学学报(人文社会科学版)》2016 年第 3 期。

④ 王克岭:《国家文化公园的理论探索与实践思考》,《企业经济》2021 年第 4 期。

⑤ 赵云、赵荣:《中国国家文化公园价值研究:实现过程与评估框架》,《东南文化》2020 年第 4 期。

⑥ 程惠哲:《从公共文化空间到国家文化公园公共文化空间既要"好看"也要"好用"》,《人民论坛》2017 年第 29 期。

“五维系统”构成。因此,国家文化公园的建设核心,就是要打造其“五维系统”。

中国大运河是自然与文化双遗产,有着鲜明的自然生态系统和文化生态系统。其不仅是联结中国东部地区南北方地理的生态廊道,更是沟通融汇京津、燕赵、齐鲁、中原、淮扬、吴越等六大文化高地的文化走廊,凸显了文化多样性的特色,呈现出中华文明的精髓,承载着民族记忆和文化认同。因此,大运河国家文化公园建设不是打造一般意义上的文化地标,而是依托大运河文化带标志性的物质和非物质文化遗产,基于打造新时代中华民族文化符号、弘扬民族精神的战略目标,通过推进有效保护、传承与利用,形成新时代语境下独具特色的文化标识体系与民族话语表达体系的公共文化空间载体。因此,大运河国家文化公园建设内容至少包含物质依托的人文生态系统(生态优先的载体层)、具有多重价值的文化意义系统(文化引领的意义层)、激发文化活力的文旅产业系统(产业支撑的产业层)、促进信息流通与共享的文化传播系统(社会共享的传播层)、提供公共文化服务和管理的制度规范系统(制度保障的制度层)等具有国家性、开放性、体验性、综合性的公共文化空间。就其目的和功能而言,大运河国家文化公园是为了保护和利用好丰富的优秀传统文化资源,推动中华优秀传统文化创造性转化、创新性发展,形成新时代下独特的文化标识体系和公共文化空间载体,从而建构良好的国家文化形象。

作为集中打造中华文化重要标志的公共文化空间载体,大运河国家文化公园“五维系统”是相互作用、相互支撑的。一是人文生态体系建设。基于文化文物生态资源、遗产资源等有形资源,明确人文生态系统作为大运河国家文化公园等的建设基础。即通过系统梳理、保护和修缮大运河文化带沿线的历史文化遗址遗存,形成“千年运河”独具人文特色和价值的物理性标志,也是其作为大运河国家文化公园的物质性呈现。二是文化意义体系建设。深挖大运河文化遗址遗存所内蕴的文化意义(精神、观念、审美等),并与新时代的价值取向与审美要求相结合,促进其当代的创造性转化与创新性发展,形成大运河国家文化公园的文化意义体系。三是文旅产业体系建设。即形成富有活力的文化生产体系和市场体系。四是文化传播体系建设。即大运河沿线文化文物资源的深层次精神、价值,借助于各种媒介符号或作品,使隐性的“千年运河”文化意义外显化,让受众可感知、可体验,从而促进大运河文化意义流通与价值共享,实现有效传播。五是制度规范体系建设。即大运河国家文化公园建设过程中保障与维护人文生态系统、文化意义系统、文旅产业系统、文化传播系统等有序建设的相关制度与规范体系。五大系统是一个有机的整体,共同构成了大运河国家文化公园的建设内容,具有整体性、系统性、逻辑性。人文生态系统为大运河国家文化公园建设提供了必要的物理空间和文化资源;文化意义系统依托人文生态系统而存在,是大运河国家文化公园建设的核心资源与实现保障;文旅产业系统为民众提供了体验的情境和消费渠道,是保持大运河国家文化公园可持续发展的动力;文化传播系统是促进文化意义流通与价值共享的重要途径;制度规范系统是确保大运河国家文化公园建设与运营的制度保证。五大维度的系统建设要实现的终极目标,就是让人民群众能够有获得感、幸福感、归属感。这五大系统共同构成了大运河国家文化公园建设不可或缺的组成部分,成为互动共生的有机整体(如图 1 所示)。

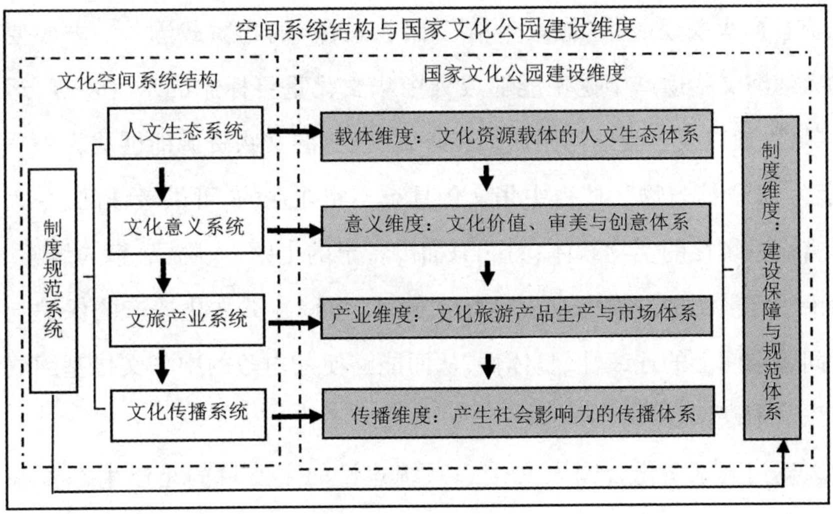

图 1　国家文化公园系统性建设的五维体系

二、大运河国家文化公园人文生态系统建设

大运河国家文化公园人文生态系统侧重于国家文化公园的生态资源保护与物质载体建设。具体包括:一是构成大运河国家文化公园的自然生态空间,

这是承载其他物质和非物质文化的场域。二是大运河国家文化公园的物理空间，以及在历史中形成的物质性文化资源（如古村落、城镇、文物等物质资源），对应传统利用类功能区域的生态建设。三是大运河国家文化公园物理空间中具有的丰富多彩的非物质文化遗产、传统民俗和文化事项，对应管控保护类区域的生态建设；还包括根据传统文化衍生和创意创新而来的符合现代消费者需要的消费文化所对应的主题展示和文旅融合类功能区域的生态建设。

民族文化符号是在一定的符号记忆的事实基础上，被人们在漫长的历史实践中不断赋予其主观情感，其蕴含了一个民族特有的价值理念和精神气质，是民族文化的外化和载体①。“千年运河”作为中华民族重要的文化符号，其丰富的历史遗存遗迹则是中华文化的具体外化和独特载体的重要组成部分。大运河国家文化公园的文化资源保护利用及其作为中华文化重要标志的形成，需要系统梳理大运河国家文化公园具有中华文化重要标志的各类遗址遗迹，以此形成唤醒公众对中华文化集体记忆的重要载体。大运河国家文化公园要形成中华文化重要标志的前提，是要有外显的、可触摸、可感知的“触发器”，有让广大受众能够“触景生情”“睹物思怀”的物质载体。一方面要从现有的大运河文物遗产中挖掘能够成为中华文化重要标志的水工遗存、运河故道、名城古镇以及各类运河附属遗存等，使已有的文物资源能够成为中华文化的“触发器”“标志物”，使得中华文化具有实实在在的、可供考证的、令人信服的丰富而系统性的实物载体；另一方面以特定的主题、人物、故事为线索，将大运河沿线零散的遗址遗存有机地联系起来，使得各类文化遗产的保护与展示有时间或空间上的连续性、整体性，从而能够使其内蕴的中华文化基因赓续脉络得以清晰展示。

大运河国家文化公园人文生态系统建设的主要目的是以生态资源为基础。生态景观（Ecoscape 或 Ecological Landscape）是对原有景观资源重新组合的结果，通常体现为景观生态规划的产物或目标②。大运河国家文化公园是由

---

① 姚文帅：《文化基因：国家认同价值生成的逻辑》，《学术界》2016 年第 9 期。

② 陈爽、王进、詹志勇：《生态景观与城市形态整合研究》，《地理科学进展》2004 年第 5 期。

众多生态景观构成的，因而其人文生态系统的建设必须强调人类、生物和环境之间的相互关系。从整体上、系统性、全方位地展示中华文化，需要构建大运河国家文化公园的生态景观系统，从而形成中华文化重要标志的整体性的、统一的公共文化空间载体。目前大运河两岸存在着绿化水平较低，树种结构单一，生态空间不足，岸线生态资源缺乏整体规划、河湖生态空间被城乡建设挤占等现象，大运河沿线区域人与自然和谐发展面临诸多挑战。大运河国家文化公园生态景观的建设既要满足生态运河建设的要求，也要唤醒人们的运河生态保护意识，从而有利于在物质资源形态上提升大运河国家文化公园人文生态系统的影响力，进一步促进大运河国家文化公园作为中华文化重要标志的形成。因此，从突出大运河国家文化公园文化属性和综合功能的角度，要统筹"千年运河"文化遗产、河道水系、生态环境等空间布局，优化沿线城乡人居环境，重塑"千年运河"整体形象，打造成河湖岸线功能有序、生态空间山清水秀、生活环境绿色宜居、城乡建设特色突出、山水林田湖草生命共同体相得益彰的"美丽运河"。

另外，作为与自我相互界定的参照物，"他者"一直是我们衡量自己的价值、特征或共同人性的标尺①。大运河国家文化公园所面向的受众还包含国外游客，但由于国外游客长期接受的教育、文化熏陶与中国有所不同，因而不可避免地会对具有中华民族特色的大运河国家文化公园的文化内涵与意义的理解有所差异甚至不解。因此，保护和利用大运河国家文化公园生态资源以吸引外国游客，需要对外国游客的需求、特征进行分析，以民族性、文化性的特色展示空间形态做好跨文化阐释工作，以此吸引游客。

三、大运河国家文化公园文化意义系统建设

具有2500多年历史的大运河，沟通融汇京津文化、燕赵文化、齐鲁文化、中原文化、淮扬文化、吴越文化等，富集水利文化、漕运文化、船舶文化、商事文化、饮食文化、建筑文化、民俗文化等多种形态，承载了中华民族深厚的历史文化底蕴。建设大运河国家文化公园的文化意义系统，就是要充分展示"千年运

---

① 黄剑波：《作为"他者"研究的人类学》，《广西民族研究》2002年第4期。

河”承载的文化价值和精神内涵，擦亮中华文明亮丽名片。大运河国家文化公园文化意义系统侧重于国家文化公园文化内涵与时代转化体系建设。主要包括：一是依托当地物质和非物质文化遗产而存在，能代表当地主流价值观、道德伦理观的价值意义系统；二是依托当地物质和非物质文化遗产而存在，能体现当地审美情趣和审美理想的象征意义系统；三是依托当地物质和非物质文化遗产，根据时代背景和当下需要，进行延伸和创新而来的价值与审美意义系统。文化意义系统的建设既有对源自传统意义体系的价值判断、优选和传承，也有根据时代需要进行的整合与创新，两者相辅相成，共同构成大运河国家文化公园的文化意义系统。

“千年运河”作为沟通我国东部地区南北文化的开放空间的公共文化载体（即大运河国家文化公园身份意义的附着物和旅游者追求价值认同的吸引物），需要形成宣传国家形象、展示中华文明、彰显民族文化自信的“亮丽名片”，从而建构大运河国家文化公园的身份认同与集体记忆。大运河文化的精神意义符号包括一系列历史文献、非遗、文学作品、民歌、纪念地、重要历史人物和重大历史事件、纪念仪式以及凝结在其中的精神文化、民俗传统和价值理念等符号系统，符号通过传播渠道流向受众，受众接触对其进行解读最后形成认知，其概念和精神内涵就得到了传承。大运河国家文化公园内容建设的重中之重是“千年运河”内蕴的中华文化历史文脉梳理与国家形象文化基因的提取，以此唤醒旅游者的“集体记忆”，从而增进新时代下其对中华文化和国家形象的价值认同，由此增强其民族身份认同。这是大运河国家文化公园文化建设的基础性任务。加强精神阐释和价值阐释弘扬，是大运河国家文化公园建设的重要内容，在大运河国家文化公园建设中具有基础性和导向性作用。大运河国家文化公园精神文化体系建设，包括系统概括大运河文化的基本内容、建构大运河文化的价值体系、提炼大运河文化的核心价值与精神内涵，以文化为引领，以价值为导向，提高大运河文化保护传承利用质量，推动大运河文化创造性转化、创新性发展。大运河国家文化公园蕴含着奋发进取、创新协同、融合共生、使命担当的大运河精神，这些精神建构起大运河国家文化公园的精神文化体系，并能够依托大运河国家文化公园这一公共文化空间载体对大运河精神文化进行提炼与弘扬，进一步推动中华文化重要标志的形成。

大运河国家文化公园的文化意义体系建设，除了传承弘扬中华优秀传统文化的价值内核之外，还要推动大运河文化与时代元素相结合，激活其新时代生机活力，为新时代中华优秀传统文化传承与创新提供强大动力。既要有对源自传统意义体系的价值判断、优选和传承，也要根据时代需要进行整合与创新。因此，需要充分激发当代人的创意创造，延续大运河的千年神韵，通过创作大运河相关作品，向新时代中华儿女讲好中国故事。

在既有的物质和非物质文化遗产资源的基础上，深入挖掘“千年运河”的文化精髓，在保持原真性的前提下，按照新时代先进文化的价值导向和民众精神需求，推动大运河文化新时代语境下创造性转化和创新性发展。构建大运河国家文化公园的文化创意系统可分为两大类：第一类是根据公共文化事业属性的建设要求，高质量开发大运河国家文化公园“物质文化遗产创意体系”。物质文化遗产重在保护，在保护的前提下，依托现代展示技术和体验技术，适当地开发高水平的文创项目。即以博物馆馆藏的优质的大运河文化遗产资源为内容基础，实施线上线下联动，线下开辟大运河国家文化公园博物馆文化旅游线路、研发博物馆文创纪念品、艺术品展览、艺术体验等，在保护的前提下深度挖掘大运河国家文化公园物质文化遗产的经济潜质；线上借助于数字文化创意、数字技术、融媒体技术等，实施博物馆数字化战略，将大运河国家文化公园博物馆馆藏资源数字化运作，实现文物遗产的数字化开发。第二类是遵循文化创意产业属性的建设要求，高质量开发大运河国家文化公园“非物质文化遗产创意体系”，高质量开发大运河文化遗产的演艺演出类、与相关产业融合类、文化遗产 IP 创意综合体类等文化创意体系。

此外，大运河国家文化公园对外应成为承载特色和表达共识的国家文化形象，充分展现大运河在世界文明史和人类文化史上的价值与地位，突出“千年运河”内蕴的人类命运共同价值和普遍意义，赋予其新的时代含义和文化价值，与时俱进、继承创新，促进中外文化交流与合作，提升中国文化的话语权，从而坚定中华民族的文化自信，增强国家文化软实力。建设大运河国家文化公园，就要鼓励创作各类面向国际受众的优秀作品，讲好运河故事，提升大运河文化的知名度、美誉度和影响力。

四、大运河国家文化公园文旅产业系统建设

大运河国家文化公园文旅产业系统侧重于国家文化公园的文化活力体系建设，主要包括：一是文化生产体系的建设。积极探索传统文化创新性转化和文化创意产业的生产模式，健全从文化创意生产、制作技术应用、产业化制作等生产体系的建构。二是在社会效益和经济效益的双重目标下，联结消费者需求和大运河国家文化公园的核心价值，建设大运河国家文化公园文旅商品及其生产要素等市场体系。

大运河国家文化公园内容建设不能仅仅停留在资源层、创意（作品）层，更要推动其向大众消费转化，打造“文化产品层”和“文化产业层”，即文化意义的符号化、产品化，借此文化可实现可感知的产品生产或服务，令旅游者在追寻现场体验中可触摸、可感知、可消费。大运河国家文化公园作为旅游体验的重要形态，需要增强可参观性生产的能力，从而提升文化意义面向旅游观光者的展示水平。在此基础上推动文化产品的产业化，为旅游者提供文化体验消费及配套服务的产业形态和运行体系。大运河国家文化公园作为统筹沿线区域社会经济发展的抓手，通过建立自洽的市场体制和机制，推动国家文化公园场景的产业化生产和周边产品产业化生产，从而不断延伸其文旅融合的价值链、产业链，从而不断增强其溢出效应。基于国内循环就是要发挥优势推动产业不断升级，在作为供给侧的文化生产体系中，应以进一步整合资源、提供更高质量的大运河文化产品为目标，做好大运河文化创意的服务配套、产品配套，提高相关符号产品的实际价值，获得更多认同。基于国内循环就是要充分发挥我国超大规模市场优势和内需潜力，切实关注文旅市场中主体对于文化旅游产品的需求，以大运河国家文化公园的游览功能带动文化产品的消费、体验和传播，在文化消费过程中获得更多的情感体验和价值认同。

基于当前中国国内国际双循环的新发展格局，从文化生产体系和文旅市场体系这两个维度来建设大运河国家文化公园文旅产业系统，顺应时代发展所需。“国际循环”格局下大运河国家文化公园文化生产体系的建设既要发挥大运河文化带的创意生产，也要推进大运河文化与国际视野相结合，打造中华

民族特色与国际潮流相融合的大运河国家文化公园。推动大运河国家文化公园文化生产体系在“国际循环”格局下的创新发展，需要对如何进一步丰富和畅通运河文化对外交流和运河文化产品贸易渠道，在开放合作和国际竞争中提高自主创新能力，提高中华文化的国际影响力和传播力，为国家文化形象品牌的塑造和传播提供展示平台进行深入研究。在“国际循环”的发展格局下，我国大运河国家文化公园文旅市场体系建设与发展的关键是要将自身优势转化为参与国际合作和竞争的新优势，在借鉴国外运河文化带文旅产业开发的优秀经验的同时，推动以大运河国家文化公园物质和非物质文化遗产所形成的独特文化标识成为国际受众对中华文化产生认同感的基础，形成大运河国家文化公园走向国际文旅市场的独特优势。

五、大运河国家文化公园文化传播系统建设

文化基因是指内在于各种文化现象中，并且具有在时间和空间上得以传承和展开能力的基本理念或基本精神，以及具有这种能力的文化表达或表现形式的基本风格[①]。大运河国家文化公园文化传播系统侧重于文化意义流通与实现共享过程中媒介符号表征、传播矩阵、传播效果等，以此传承“千年运河”的文化基因。

大运河国家文化公园需要强有力的媒介支持，在复杂的社会网络及社会层次中，大运河文化的传承通过有效的媒介传播，发挥媒介整合功能，扩大传播范围，增强传播效果，突破时空限制，形成传播张力。新一代信息技术能够为更好地挖掘、整理和研究大运河文化提供完善的技术平台，利用各种虚拟媒介技术搜集、整理、创作珍贵的大运河文化资料，并对其进行信息化、数字化、虚拟化处理，将大运河文化之展示价值和传播功能发挥至极致。在实践中探寻运河现存媒介（运河遗址）与虚拟媒介互动、融合的传播方式，将成为未来呈现运河整体文化风貌，保护、传承和传播大运河文化最有效的途径之一。

分析和判断大运河国家文化公园媒介符号表征与传播的效果，可以从四个方面着手：

---

① 毕文波：《当代中国新文化基因若干问题思考提问》，《南京政治学院学报》2001 年第 2 期。

第一，要有助于受众对蕴含传统文化基因的符号和行为进行感官识别。集体记忆的保存、强化依赖文化基因的符号表征系统，并在社会群体的发展和凝聚中扮演重要的角色；而文化符号能够唤醒人的文化记忆，让人一旦接触就能引发对母文化的追忆和认同，从而找到并确认自己的文化身份归属①。大运河国家文化公园的集体记忆就是人们对大运河文化带沿线相关历史故事、物质和非物质文化遗产的认知，但这一认知并非完全一致。大运河国家文化公园作为集体记忆的实践表征，其所依托的物质和非物质文化遗产通过静态与动态的形式，以特定的符号标志，借助国家文化公园这一公共文化空间载体进行再现和流传。而再现和流传的实现，一方面要在现有的文物、遗址等资源中提炼文化基因，另一方面要在集体记忆中寻找共同的文化基因。

第二，要有助于受众对蕴含传统文化基因的符号和行为产生情感共鸣。文化的意义在于了解其所属文化系统中的观念，进而能够形成文化认同。大运河国家文化公园的建设既要让前来游览与体验的公众对大运河沿线的文化产生认同，也要使其在文化认同的基础上逐步形成对国家的认同，进而能够推动大运河国家文化公园作为中华文化重要标志的形成。当前已有的大运河国家文化公园建设项目正在探索景观建设与受众情感需求密切结合的建设路径，以景观营造、文化情景再现的建设手法逐渐成为当前大运河国家文化公园文化认同建构的主要方式，将隐性的文化用实物、媒介技术的方式予以呈现使其可感知、可体验，使得公众在游览大运河国家文化公园时更有代入感和沉浸感，从而在文化体验中增强对中华民族优秀历史文化的认同感。

第三，有助于受众认同并遵循符号与行为中蕴含的文化意义和价值观念，并分别从符号识别系统、情感体验系统、文化价值系统来建构受众心理空间。源自内心的认同是大运河国家文化公园成为中华文化重要标志的推动力，在心理空间的建设上，应注重认同植根于具体的环境和社会关系中，打造符合受众心理需求的、与中华民族具体文化特征有密切联系的环境。

第四，面向国际跨文化群体的传播，注重“求同存异”，即“求”人类共同价值

① 秦宗财：《“千年运河”国家文旅品牌叙事论略》，《艺术百家》2020年第5期。

这一“大同”,“存”民族特色这一“小异”。共同价值,是指对世界上所有的人或大多数人而言,能够为人们普遍认同和共享的价值。而中国大运河因其2500多年的悠久历史、身为世界文化遗产的重要组成部分以及建设生态运河的理念,使得大运河国家文化公园的建设能够具有人类命运共同价值,容易得到国际的认同。同时,也正是由于大运河国家文化公园与生俱来的共同价值,减少了其国际受众心理需求系统建设的阻碍。建设大运河国家文化公园的民族特色,就是要使得国际受众通过大运河国家文化公园这一国家文化形象能够对中华民族优秀文化文物遗产产生认同,以民族特色吸引、影响国际受众。面对不同国家、不同区域、不同群体,大运河国家文化公园需要构建多层次立体化国际交流平台,采取多元化、多层次化的传播策略和手段,统筹国内传播与国际传播,面向全球着力建设语种多、受众广、信息量大、覆盖全球的一流大运河国家文化公园宣介媒体,使大运河文化的图像、声音、文字、信息更广泛传播。

六、大运河国家文化公园制度规范系统建设

大运河国家文化公园制度规范系统侧重于维护国家文化公园各系统有序建设与运行的规范体系与保障体系,至少包含四个方面:载体保护与利用的制度与规范、文化意义的制度与规范、符号表征与传播的制度与规范、产品生产与市场体系的制度与规范。

国家文化公园治理是新时代实现国家文化治理现代化的重要着力点。大运河国家文化公园治理的本质是对大运河文化带的文化治理,建设社会主义文化强国是其文化治理的远景目标。国家文化公园的治理意味着国家主体以新的方法进行的新规则化过程,是一种新的管理政策网络,具有较强的目的性、目标性和规则性,并且更适用于多主体的系统。根据大运河国家文化公园建设的四类主体功能区的主要任务,从国家行政体系、公共文化服务体系、文化产业体系、生态文明建设等方面构建大运河国家文化公园高效能治理的内容和实践向度,这是实现“构建现代公共文化服务体系,推进文化管理体制机制创新,健全现代文化市场体系”三大文化治理任务必须要解决的关键问题。

围绕大运河国家文化公园重点建设“管控保护、主题展示、文旅融合、传承利用”这4个主体功能,从现代文化公共服务能力、文化管理体制机制创新能力、现代化市场体系主体协同能力三个方面，提升大运河国家文化公园建设、运营和管理等各项社会事务的能力，高效能地推动从单一的管理主体转向多元共治，实现政府监管、社会监督、市场调节、企业自治的共治格局；高效能地推动从行政管理为主转向依法管理为主，实现简政放权、放管结合、优化服务改革；高效能地推动从行业规制转向融合规制，在国家文化公园设立、建设、运行、管理、监督等各环节，以及生态保护、自然教育、科学研究等各领域，引导当地居民、专家学者、企业、社会组织等积极参与，完善社会参与机制；高效能地推动从政府主体转向社会多元主体参与实践，提高大运河国家文化公园建设的科学化、民主化和法治化水平。

七、结语

大运河国家文化公园作为公共文化空间载体，是新时代我国国家文化治理的重大探索。大运河国家文化公园的建设内容多、涉及领域广、辐射范围大，主要涵盖保护、传承和利用三大领域，涉及管控保护、主题展示、文旅融合、传统利用四类主体功能区。基于“双效合一”原则，研究大运河国家文化公园系统性建设，提升其建设效能，将其集中打造成中华文化重要标志，对增强人民群众获得感、幸福感具有重要的意义。从人文生态系统对大运河文化带沿线文物文化资源、文旅生态资源的保护建设，到文化意义系统对大运河文化带文化创意体系、媒介传播体系的创新建设，到文旅产业系统对大运河文化带文化生产体系、文旅市场体系的发展建设，再到制度规范系统对大运河国家文化公园的规范与保障建设，构成了我国国家文化公园系统性建设的主体内容，有助于推动大运河国家文化公园的生态优先、文化引领、产业支撑、社会共享和制度保障的发展格局。推动大运河国家文化公园对内成为凝聚认同和向心力的文化标志，对外成为承载特色和表达共识的国家形象。此外，按照“科学保护、世代传承、合理利用”的思路，以实现“双效合一”为主要目标，还要充分考虑大运河国家文化公园地域广泛性和文化多样性、资源差异性，在大运河国家文化公园建设路径与高效能治理研究的基础上，围绕大运河国家文化公园建设的总体要求，紧扣“高质量建设”的目标定位，以“形成中华文化重要标志”为落脚点，研究大运河国家文化公园高质量建设效能问题。

山东省大运河国家文化公园建设存在问题与对策建议[①]

丁延峰　周广骞[②]

大运河是中国古代创造的一项伟大工程,承载着中华民族生生不息、传承永续、多元一体的厚重文化,展现了中华民族在国家发展进程中的伟大智慧、坚强决心、拼搏勇气和家国情怀,是中国特色社会主义文化建设的重要载体。2017 年 2 月,习近平总书记在视察北京大运河森林公园时强调,要深入挖掘以大运河为核心的历史文化资源。2017 年 6 月,习近平总书记作出重要批示,指出大运河是祖先留给我们的宝贵遗产,是流动的文化,要统筹保护好、传承好、利用好,为继承和弘扬深邃厚重的大运河文化提供了重要遵循。建设大运河国家文化公园是党中央、国务院作出的重要决策部署,是国家重大文化工程和中华文化重要标识。加快大运河国家文化公园(山东段)建设,有利于提升山东省在全国发展大局中的地位和影响,对于加快经济文化强省建设具有很强的现实意义。

一、山东境内大运河的基本情况

大运河山东段位于京杭大运河中部,纵贯山东西部地区,南起山东、江苏两省交界的大王庙闸,北到德州德城区第三店闸。沿途由南向北依次流经枣

---

① 本文为 2020 年山东社科智库沙龙重大调研咨询项目“山东省大运河国家文化公园建设路径与对策研究”阶段性成果。

② 丁延峰(1963—),男,山东冠县人,聊城大学运河学研究院执行院长、教授,主要从事古典文献学、运河文献整理与研究。周广骞(1977—),男,山东聊城人,聊城大学运河学研究院讲师,文学博士,主要从事明清地域文献整理与研究。

庄、济宁、泰安、聊城和德州 5 个地级市，全长 964.5 公里，由南运河段山东段（冀鲁交界—聊城市临清市）、会通河段山东段（聊城市临清市—济宁市微山县）和中河段山东段（济宁市微山县—苏鲁交界）3 个段落组成。其中，南运河段长 127.8 公里，会通河段长 766 公里，中河段长 70.7 公里。沿线支线航道辐射菏泽市东部的巨野、郓城，济南市的平阴等，流域范围达 41 个县市区，土地总面积约 3.9 万平方公里，占全省土地总面积的 24.1%、流域人口占全省总人口的 28.5%。

表 1　大运河山东段相关情况①

相关情况	内　容
流经地域	德州、聊城、泰安、济宁、枣庄
新中国成立前河道	新中国成立以前大运河山东段正河全长 643 公里，约占整个运河的 1/3，涵盖了鲁西平原的绝大部分，其中南运河段全长140.3 公里、会通河段全长 374.5 公里、中河段全长 128.2 公里
新中国成立后河道	新中国成立以后新修河道 300 多公里，目前大运河山东段全长 964.5 公里，其中南运河段长 127.8 公里，会通河段长 766 公里，中河段长 70.7 公里
主要途经河流	包括黄河、淮河、马颊河、徒骇河、沂河、小汶河、白马河等
湖泊分布	湖泊集中分布于鲁西湖带，以济宁为中心分为两大湖群，以南的南四湖，以北的北五湖

大运河（山东段）是京杭大运河地势最高、修建维护最为复杂的河段，工程技术巧妙复杂，地位作用突出，展现了中国古代水利科技的最高成就。大运河（山东段）的南运河段沟通了海河南水系各支流，至今仍保留着原有河道形态和人工弯道特点；大运河（山东段）的会通河段构建起华北海河水系和黄淮水系的直接联系，通过设置闸坝、开凿引河、设立水柜、建设分水枢纽工程，有效解决了水源问题，成为中国水利科技的重要成就和典范；大运河（山东段）的中河段解决了黄河水患和运河淤塞难题，使大运河绝境重生，南北漕运日益繁盛，至今仍能全线通航，是山东境内的活态运河。

① 山东省发展和改革委员会相关统计材料。

二、山东省大运河国家文化公园建设的意义

山东省东临“21世纪海上丝绸之路”，西连“丝绸之路经济带”和中原经济区，北融京津冀协同发展区，南接长江经济带和淮河生态经济带，是贯通国家三大战略和雄安新区的中轴线，在大运河文化带建设中具有十分重要的战略地位。大运河山东段是大运河贯通南北的重要河段，沿线区域是中华文明的重要发祥地和儒家文化的发源地，是运河文化资源的富集区，具有建设大运河国家文化公园的巨大优势。近年来，山东省大力推进大运河文化带建设，各级财政共投入10亿元，实施了43项文化遗产保护工程，倾力打造“鲁风运河”文化旅游品牌。台儿庄古城、微山湖湿地、聊城中华水上古城、泰安白佛山文化产业园等一批投资大、带动力强的项目已相继开工建设或营业。微山湖湿地古镇、水浒影视小镇、东平湖生态旅游小镇等一批运河文化特色小镇已初具规模。2018年，山东沿运5地市共接待游客2亿人次，同比增长10.1%；实现旅游收入2019亿元，同比增长14.6%。

2019年7月24日，中央全面深化改革委员会第九次会议审议通过了《长城、大运河、长征国家文化公园建设方案》，强调要结合国土空间规划，坚持保护第一、传承优先，对各类文物本体及环境实施严格保护和管控，合理保存传统文化生态，适度发展文化旅游、特色生态产业，充分体现了国家对大运河文化保护传承利用的高度重视，也为山东省认真落实国家要求、切实搞好省内大运河文化公园建设，提出了明确的要求。

山东省高度重视大运河文化保护传承利用工作，2019年下半年，开始启动大运河文化公园（山东段）建设工作。加快大运河文化公园（山东段）的建设与保护，是山东省全面贯彻党的十九大精神和习近平总书记重要指示批示的明确要求，是落实国家《大运河文化保护传承利用规划纲要》，充分挖掘大运河（山东段）自然、历史与文化优势，精心打造山东省大运河文化带的重要举措。认真做好这项工作，有利于推动齐鲁优秀传统文化的创造性转化、创新性发展，为新时代现代化强省建设注入新活力；有利于促进区域协调发展，推动乡村振兴，打造经济文化繁荣和生态环境良好的高质量发展增长极；有利于促进儒运文化融合交汇，讲好中国故事，推动中华文化走向世界；有利于山东融入

国家战略的更大平台，进一步拓展发展空间，深化开放合作，提升山东省在全国发展大局中的地位和影响，对山东省实现“走在前列，全面开创”目标要求，加快经济文化强省建设，也具有很强的现实意义。

图1　山东省大运河国家文化公园建设路径及对策座谈会

三、山东省大运河国家文化公园建设的品牌与定位

山东是文化大省、文物大省。建设山东省大运河国家文化公园，是弘扬中华文化、传承民族血脉、践行文化自信的地域化、具体化探索。山东省作为运河流经的重要区域和东部发达省份，有条件在充分调研、深入研究的基础上，科学归纳山东省大运河国家文化公园的丰富内涵和独有特色，努力建设特色鲜明、内涵丰富、具有较强吸引力的大运河国家公园样板。

在大运河国家文化公园建设中，要确立明晰的建设品牌和科学的建设定位，梳理整合山东特有文化资源，挖掘山东大运河文化精神内涵。

（一）着力打造“鲁风运河”品牌，是山东大运河国家文化公园建设的关键。山东运河区域是大汶口文化、龙山文化、儒家文化、泰山文化聚集区。要以大运河核心区为主轴，以大运河国家文化公园为抓手，充分发挥线性串联和综合展示功能，打造中华民族早期起源与历史传承的时空展示长廊，打造独具特色的山东运河景观，推进历史文脉贯通、南北水脉联通，实现大运河水域、岸线及沿岸珍贵文化、生态、景观等资源要素以点带面、有机整合，构筑串珠成链的发展格局，构建齐鲁文化高地。以“鲁风运河”建设为载体，在注重强调生态保护，实现对运河区域自然生态系统和文化价值科学保护的基础上，着力挖掘山东特有的鲁商文化、儒家文化、诚信文化底蕴，形成独具特色的“鲁风运河”主题与内涵，充分展现中华民族伟大创造精神、奋斗精神、革命精神、团结精神和梦想精神，彰显中华优秀传统文化持久影响力、社会主义先进文化强大生命力。

（二）在山东大运河国家文化公园建设中，要突出“文化+绿色+融合”的发展定位。要制定科学合理的规划，突出顶层设计，坚持统分结合，分级管理；既要注重跨地区跨部门协调，加强与法律法规、制度规范的有效衔接，又要发挥文物和文化资源综合效应，凸显大运河文化属性和综合功能。要充分把握山东大运河文化时代特征，根据大运河相关文物和非物质文化遗产的自身特点，实现大运河传统文化与新时代人民群众精神文化生活的深度融合。要强化全球视野、中国高度、时代眼光，破除瓶颈和深层次矛盾，推动大运河国家文化公园保护、建设、管理全方位创新。

“文化”是大运河国家文化公园建设的基础，要充分挖掘大运河（山东段）蕴含的中华优秀传统文化、革命文化和社会主义先进文化，全面阐发运河文化、运河艺术和运河故事，探索大运河文化遗产保护、传承、利用范式，推动其与儒家文化、红色文化、泰山文化、长城文化、黄河文化等优秀传统文化实现深度融合，显著提升中华文化软实力、影响力。

“绿色”是生态文明建设在大运河国家文化公园建设中的具体体现。要实施生态保护修复工程，拓展绿色生态空间，推动形成绿色发展模式，打造河湖岸线功能有序、生态空间山清水秀、生活环境绿色宜居、山水林田湖草生命共同体相得益彰的绿色生态廊道。

“融合”是基于大运河世界文化遗产的定位，以大运河山东段文化遗产资源为依托，打造彰显儒韵风尚、领略运河风情的文化旅游目的地，建设主题鲜明、内涵明确、功能完善、文化标识性强的公共文化空间，打造中外文化交流互鉴高地。

将“文化+绿色+融合”发展定位落到实处，就需要坚持活态化传承、创新性发展。在深入挖掘大运河(山东段)历史文化资源,明晰山东运河主体和内涵的基础上,切实做好大运河文化的保护传承。要把山东大运河文化的思想理念、人文精神和文化特质与时代要求紧密结合起来,讲好运河故事,传播运河精神,激活运河记忆,让大运河文化展现出永久魅力和时代风采。要以京杭大运河为骨干,以隋唐大运河为分支,充分发挥线性串联和综合展示功能,推进历史文脉贯通、南北水脉连通,通过连点、成线、展网,构筑大运河山东段文化主轴。

一是要贯通沿线历史文脉。依托曲阜优秀传统文化传承发展示范区,以儒家文化、黄河文化、泰山文化为核心,整合沿线5市各类资源要素,贯通始祖文化、大汶口文化、龙山文化等起源文化和中原文化、漕运文化、农耕文化、民俗文化,充分彰显大运河(山东段)文化标识和形象价值。

二是要系统阐发价值内涵。深化南北融合、东西交汇、中外交流,凝练升华运河文化价值精神,传承弘扬大运河宝贵遗产所蕴含的丰富哲学思想、人文精神和道德理念,追求国家统一、民族团结的执着信念,勤劳勇敢、自强不息的民族精神,开放包容、兼收并蓄的文化态度,天人合一、和谐共生的思想智慧。

三是要集聚展现文化遗产。依托大运河线性廊道,串联运河沿线水工科技设施、历史名城名镇及钞关、码头、会馆、街市等重要遗产,深入挖掘运河文学艺术、传统工艺、地方戏曲、风土人情、餐饮文化、神话传说等非物质文化遗产,打造运河文化国际交流平台和文化遗产时空展示长廊。

四是要融汇精品文旅元素。以运河文化为载体,以城市为节点,链接核心展示园、集中展示带、特色展示点,整合沿线文化旅游资源,一体推进大运河国家文化公园景区建设、标识系统、品牌打造和服务保障,推动省市联动、区域互动,建成多角度、全方位展示中华文明的发展历程和辉煌成就的魅力长河、共享长河。

总之,要坚持保护与利用的互促兼备,提升大运河国家文化公园的社会与经济效益,突出大运河文化的合理化利用,突出公园建设的经济价值,使大运河公园建设成为山东西部经济社会发展新的增长点,缩小山东省东西部发展差距,实现全省经济社会均衡、可持续发展。

四、山东省大运河国家文化公园建设存在的问题

近年来，山东省高度重视大运河文化保护传承利用，"好客山东""儒风运河"品牌知名度快速提升，在文化资源挖掘、文化业态构建、文化品牌打造方面做了大量工作，取得了显著成绩。但是对照习近平总书记的系列重要论述和党中央的相关决策部署，山东省在大运河文化保护、大运河国家文化公园建设方面还存在一些问题和不足。

（一）落实机制仍不够完善。江苏省提出京杭运河江苏段要在2021年底前完成建设任务，为全线树立标杆，推进速度很快。目前，山东省已经制定了《山东省大运河文化保护传承利用实施规划》，明确了大运河文化公园的建设路径，沿运5市正在按照国家与省里的相关要求，就大运河国家文化公园进行规划和设计。但建设管理主体仍不够明晰，各建设管理主体关注区域特色较多，协调沟通较少，存在条块分割、多头管理等情况，对统一推进山东省大运河国家文化公园建设存在一定影响。

（二）运河文化挖掘仍不够深入。对运河文化多元价值体系和丰富文化内涵的挖掘与展示不足，文化创意产业发展相对滞后。除了台儿庄古城成为文旅融合、全域旅游带动的典型之外，其他城市运河文化产业尚有待深入开发。各类文化资源活化利用形式和途径较为单一，部分优质资源长期闲置，与相关产业的融合程度较低，对遗产保护的支撑作用不足。

（三）生态环境保护短板仍较为突出。部分河段滨河、滨湖湿地淤积、退化严重；部分河段采用钢筋混凝土、块石护坡，导致原有的水生态、水景观受到影响；城乡建设挤占河湖生态空间，运河两岸部分文物古迹损毁严重，航运污染问题仍较突出，农村面源污染尚未得到彻底治理，河流水质稳定全面达标压力较大。

五、加快建设山东省大运河国家文化公园的要点和路径

党的十九大报告提出坚定文化自信，推动社会主义文化繁荣兴盛，明确了中国特色社会主义文化发展的主基调。党中央、国务院印发《关于实施中华优秀传统文化传承发展工程的意见》《大运河文化保护传承利用规划纲要》等一系列重要规划、意见，对推进文化建设体制机制创新作出了新的安排部署，明

确了建设大运河文化带、生态带、旅游带的总体思路和步骤路径，为进一步建设大运河国家文化公园、打造大运河成为中华文化重要标志，提供了科学遵循。

建设大运河国家文化公园是一项复杂的系统工程，要坚持以下几个要点：一要坚持“共抓大保护、不搞大开发”的理念，妥善保护运河文化遗产的真实性、完整性，确保其延续性。二要深入挖掘山东省运河文化资源的精神内涵，充分体现中华民族伟大创造精神、伟大奋斗精神、伟大团结精神、伟大梦想精神，突出“鲁风运河”文化特色，让山东运河焕发新的时代风采。三要坚持规划先行，突出顶层设计，统筹考虑山东省资源禀赋、人文历史、区位特点、市场需求，注重跨地区、跨部门协调，与相关法律法规、制度规范有效衔接，发挥文物和文化资源综合效应。四要强化国际视野、中国高度、山东特色，破除瓶颈和深层次矛盾。既立足当前又着眼长远，既尽力而为又量力而行，务求符合基层实际、得到群众认可、经得起时间检验，精心打造民族文化名片。五要充分考虑山东运河文化资源和齐文化、鲁文化、莒文化等文化的多样性，实行差别化政策措施。有统有分、有主有次，分级管理、地方为主，最大限度调动各方积极性，实现共建共赢。

大运河国家文化公园建设是一项复杂的系统工程，针对山东的实际，建议山东省在文化公园建设中，按照“完善机制+突出重点+旅游支撑+科技引领+绿色发展”的推进路径，将大运河国家文化公园（山东段）建设成为山东省文旅融合示范带、西部地区旅游经济隆起带、彰显齐鲁风采的大运河文化带、具有国际示范意义的历史文化遗产廊道：

（一）要完善建设推进机制，推动运河区域一体化高质量发展。充分发挥省大运河国家文化公园建设工作领导小组的作用，建立会商合作及定期联席会议制度，实行“总体规划、统筹协调、整体保护、统一利用、共同推进”的管理运行模式；加强沿运各市的统筹协调，打破行政区划界限和壁垒，实现一体规划、一体建设、一体发展。要组建山东大运河区域联盟，设立联络协调小组，建立健全工作协同与信息共享机制，打造区域协同发展样板。鼓励对大运河国家文化公园的运营体制、机制保障等进行探索创新。沿运各市应安排专门机构管理运营核心展示园，全面发挥公园的管控保护、建设运营、主题展示等功能。引导形成多方参与的协调配合机制，鼓励地方对核心展示园、集中展示带和文旅融合区进行统一开发，打造整体性空间布局。要修订制定配套法规规章，严格规范和约束大运河文化保护传承利用相关行为。各相关部门严格落实建设项目遗产影响评估和遗产监测巡视制度，加强涉及大运河国家文化公园建设的执法检查，依法查处各类违法事件。要科学编制建设保护专项规划，认真对接国家出台的大运河国家文化公园建设保护规划，对前期规划建议进行修订完善，将国家层面的战略统筹与山东省的落地实施有效结合。

（二）要突出规划建设重点，明确运河文化公园推进路径。深入梳理山东省大运河文化资源，提炼与打造大运河国家文化公园 4 种类型、6 种模式：一是结合国土空间规划，根据运河文物和文化资源等级，将大运河国家文化公园划分为管控保护、主题展示、文旅融合、传统利用 4 类功能分区。二是着力提炼协同共生（台儿庄古城）、旅游综合体（聊城中华水上古城）、活态博物馆（临清中洲运河古城）、考古遗址公园（济宁南旺运河枢纽遗址）、特色小镇（德州武城四女寺古镇）、社区参与（济宁竹竿巷历史文化街区）6 种国家文化公园建设模式，实现大运河文化公园的高层次规划，高质量推进。

图 2　课题组成员赴汶上县南旺分水枢纽调研

（三）要发挥旅游支撑作用，打造沿运文旅融合示范带。立足全域旅游，在运河“旅游通航”上走出新路，探索、实现丰水年、正常来水年份运河河道有水可航。紧紧围绕“鲁风运河”主题，打造一批大运河专题遗址博物馆、陈列馆或展示馆，建设一批水浒文化、鲁商文化、泰山文化等沿运区域文化廊道，发展一批运河主题公园、会展中心、商贸服务场所、影视创意基地等大型文化产业项目，整合一批沿运标志性非物质文化遗产活态集群展示平台，打造沿运七日游、假日游、研学游、美食游品牌，将运河文化公园打造成标识凸显、特色鲜明的旅游目的地。要顺应大众旅游出行和消费需求，以大运河山东段为纽带，科学链接运河文化主题旅游景区、旅游度假区、生态旅游示范区、乡村旅游重点村等多元载体，开发培育世界文化遗产研学游、华夏历史文明体验游、沿线古都游、古镇古村记忆传承游、故事特色专题游等各具特色的精品线路。依托各类展示空间，建立大运河山东段船上、水上、岸上文化娱乐产品体系。开展观光、休闲、度假与其他专项产品设计，加快景点建设、景观改造、设施配套，打造大运河特色旅游观光体系。

图3　课题组成员赴济宁调研

（四）要用好数字技术手段，提升运河文化遗产展示利用水平。加大智慧旅游服务平台建设，加快推进大运河文物和文化数字化展示，建设大运河国家文化公园(山东段)官方网站和数字云平台,强化各类地区性、行业性大运河文化相关网络平台和信息渠道的互联互通,发挥文化展示、线上游览、信息发布、新闻报道、学术研讨、意见反馈等多种功能。利用VR、AR、AI等新技术创新展示方式在旅游领域的应用,不断提升博物馆展陈水平,丰富展陈内容,构建运河虚拟旅游仓,打造“网上畅游运河、在线体验运河文化”的虚拟空间。加强智慧旅游建设,逐步实现山东省大运河主要文化遗产点段、文化旅游景区等重点公共区域免费无线网络和第五代移动通信网络(5G)全覆盖。积极开发推广基于移动互联网的旅游APP,推进线上线下一体化的互联网旅游服务和运营体系。

(五)突出沿运绿色发展,着力打造运河生态样板工程。要发挥省、市、县、乡四级河长体系优势,构建责任明确、协调有序、监管严格、保护有力的运河管理保护长效机制。优化运河岸线开发利用与保护格局,统筹实现大运河的生态、防洪、供水、文化、景观、航运等多种功能。牢固树立“绿水青山就是金山银山”的理念,实施国土绿化行动,加强生态空间管控,在通航河段沿运60余个城镇村居设立水质监测点,补齐生态环境短板,着力打造和谐、清洁、健康、优美、安全的大运河绿色生态带,提升山东大运河国家文化公园的生态功能。

乡村振兴与大运河国家文化公园建设有机衔接的实现路径[①]

罗衍军[②]

2017年，党中央、国务院印发了《关于实施中华优秀传统文化传承发展工程的意见》，指出要“规划建设一批国家文化公园，成为中华文化重要标识”，“加强‘美丽乡村’文化建设，发掘和保护一批处处有历史、步步有文化的小镇和村庄”[③]。2019年2月，中共中央办公厅、国务院办公厅印发《大运河文化保护传承利用规划纲要》，提出要推动文化和旅游融合发展、促进城乡区域统筹协调。为推进大运河文化公园、打造大运河成为中华文化重要标志，提供了重要遵循。建设国家文化公园，正是贯彻落实习近平总书记关于弘扬中华优秀传统文化，发扬革命精神、传承红色基因，推进社会主义先进文化建设等一系列重要指示精神的重大举措。2019年，习近平总书记主持召开中央深改委第九次会议，审议通过《长城、大运河、长征国家文化公园建设方案》，明确要求谋划建设长征等系列国家文化公园。2021年8月，国家文化公园建设工作领导小组印发《大运河国家文化公园建设保护规划》，提出着力将大运河国家文化公园建设成为新时代宣传中国形象、展示中华文明、彰显文化自信的亮丽名片。

---

① 本文为山东省高等学校“青创科技计划”研究项目“山东运河区域乡村社会振兴研究”（项目编号：2019RWD009）的阶段性成果。

② 罗衍军（1977—），男，山东郓城人，聊城大学运河学研究院、中国乡村研究院教授，山东省铸牢中华民族共同体意识研究基地首席专家，中共聊城市委统战部特聘专家，主要从事运河区域经济社会发展、乡村社会变迁等方面的研究。

③ 中共中央办公厅、国务院办公厅：《关于实施中华优秀传统文化传承发展工程的意见》，中华人民共和国中央人民政府网站，2017年1月25日，网址：http://www.gov.cn/zhengce/2017-01/25/content_5163472.htm。

2019 年 2 月，中共中央办公厅、国务院办公厅印发《大运河文化保护传承利用规划纲要》，明确提出要推动文化和旅游融合发展、促进城乡区域统筹协调。实行乡村振兴战略，是新时代实现全体人民共同富裕的必然选择，2018 年 9 月中共中央、国务院印发的《乡村振兴战略规划（2018—2022 年）》，明确指出“乡村兴则国家兴，乡村衰则国家衰”，实施乡村振兴战略是建设美丽中国的关键举措和传承中华优秀传统文化的有效途径。实施乡村振兴战略和推进大运河国家文化公园建设保护，都是新时代党和国家弘扬优秀传统文化、实现全体人民共同富裕和中华民族伟大复兴的重大举措。将乡村振兴战略与大运河文化保护传承利用相结合，深入探究乡村振兴与大运河国家文化公园建设有机衔接的实现路径，无疑具有重要意义。学术界在乡村振兴与大运河国家文化公园建设的关系上，已发表一些颇具新意的研究成果①，但对上述问题的考察尚需进一步深入。笔者在此即对乡村振兴与大运河国家文化公园建设有机衔接的实现路径进行阐析，祈方家指正。

一、大运河沿线区域乡村振兴与大运河国家文化公园建设衔接状况

《大运河国家文化公园建设保护规划》提出要重点建设一批特色古镇古村，打造省域及跨省大运河文化旅游精品线路。沿运区域积极响应《大运河国家文化公园建设保护规划》的要求，大力推进大运河国家文化公园建设保护工作。2021 年 10 月，北京市发布《北京市大运河国家文化公园建设保护规划》，提出增进大运河两岸民生福祉，建设民生之河。2022 年 4 月，山东省发展和改革委员会发布《大运河国家文化公园（山东段）建设保护规划》，提出要促进文旅融合互动，从保护传统文化生态、推动发展绿色产业、规范生产经营活动等方面提升传统利用区发展水平。这与乡村振兴战略中所包含的产业振兴、文

① 相关研究主要有：王秀伟、白栎影：《大运河国家文化公园建设的逻辑遵循与路径探索——文化记忆与空间生产的双重理论视角》，《浙江社会科学》2021 年第 10 期；杨传张：《国家文化公园建设需厚植乡村文化底色》，《探索与争鸣》2022 年第 6 期；胡梦飞：《山东省大运河国家文化公园建设路径与策略研究》，《华北水利水电大学学报（社会科学版）》2021 年第 6 期；吴殿廷、刘锋、卢亚、刘宏红、王欣：《大运河国家文化公园旅游开发和文化传承研究》，《中国软科学》2021 年第 12 期；秦宗财：《大运河国家文化公园系统性建设的五个维度》，《南京社会科学》2022 年第 3 期；宋春花、王伟、牟楠：《新时期运河文化建设与乡村振兴探讨》，《农村经济与科技》2020 年第 10 期；赵艳、卞广萌：《文旅融合视域下大运河沿线乡村产业升级路径研究》，《农业经济》2021 年第 9 期；徐志明：《大运河文化带建设与乡村振兴融合发展的难点与对策》，《江南论坛》2021 年第 10 期等。

化振兴、生态振兴等方面具有密切的关联性。其他运河流经省市也先后发布相应的大运河国家文化公园建设保护规划，这些建设保护规划均含有促进运河沿线乡村振兴与大运河国家文化公园建设保护相衔接的内容。在具体实践层面，大运河沿线省市也积极通过各种方式，注重推进乡村振兴与大运河国家文化公园建设的内在衔接。

中共北京市委、北京市人民政府印发《北京市乡村振兴战略规划(2018—2022年)》，明确提出“加强乡村历史文化和农业遗产保护与传承，依托大运河、长城、西山永定河三大文化带，建设具有平原特色、浅山特色与深山特色的三类风貌区，构建全覆盖、更完善的城乡历史文化保护体系”，“打造一批充分体现古都文化、京味文化、红色文化、创新文化的乡村文化产业展示区。鼓励建设集农耕体验、田园观光、科普教育、文化创意、乡村游乐于一体的休闲农业创意园。推进文化创意和设计服务与农业联动发展，提高农业创意和设计水平。深入挖掘民族乡村文化资源，建设少数民族特色村镇。大力推动农村地区实施传统工艺振兴计划，培育具有京味特色的传统工艺品牌。积极开发北京传统节日文化用品、民间艺术和民俗表演项目，促进文化资源与现代消费需求有效对接。推动乡村文化与乡村旅游、休闲农业等深度融合，以文化振兴促进农村一、二、三产业融合发展”①。这一规划，为有序推进北京运河沿线区域乡村振兴与运河文化带建设的有效融合建立了政策保障。

位于运河沿线的北京市通州区西集镇在推进乡村振兴、加快运河文旅开发和生态保护方面提供了可资借鉴的经验。该镇将民宿作为推动乡村旅游、助力乡村振兴的有力抓手，加大了支持、扶持力度，因地制宜打造一批特色乡村民宿，做精做优民宿品牌，将美丽乡村与运河旅游开发有机结合，推动了农文旅融合发展。位于西集镇的耿楼村，则成立了农业生态科技专业合作社，倾力打造宜居宜业美丽乡村，发展现代农业产业，实现了运河沿线生态环境传承保护与乡村全面发展的有机统一。2022年8月，《通州区运河畔美丽乡村村落

① 北京市委、北京市人民政府印发《北京市乡村振兴战略规划(2018—2022年)》，北京市发展和改革委员会网站：2018年12月30日，http://fgw.beijing.gov.cn/fgwzwgk/zcgk/bwqtwj/202111/t20211124_2543552.htm。

文化资源挖掘与乡村振兴发展研究项目》发布成交公告，公告指出“没有乡村文化的繁荣发展，就难以实现乡村振兴的伟大使命。通州区努力打造运河畔美丽乡村，力争用两年时间，打造一批‘码头旅游+美丽乡村’‘传统文化+美丽乡村’‘精品民宿+美丽乡村’‘集体产业+美丽乡村’的示范样板，讲好千年运河经典故事，全力打造‘运河畔’农文旅品牌，用特色文化赋能美丽乡村”[①]，这标志着通州乡村振兴与大运河国家文化公园建设保护、运河文化发展的融合开始进入一个新阶段。

《大运河(天津段)沿岸乡村产业发展规划》(2021年)，对大运河沿岸乡村提出了一系列发展要求，主要包括以下几点：(1)在强化文化遗产保护传承方面，设有中国历史文化名镇名村保护展示工程，包括天津市独流镇、杨柳青镇。(2)在加强生态环境保护修复方面，提出要强化村庄自然生态修复和改善，提升生态功能和服务价值，将大运河河道两岸的森林、湖泊、湿地等生态功能重要区域纳入生态保护红线，细化分类分区管控措施。(3)在推动文化和旅游融合发展方面，提出要提升文化产业发展质量、推进信息化与文化产业相融合，丰富休闲旅游产品，发展体育休闲产业，同时推动工业遗产活化利用。(4)在促进城乡区域统筹协调方面，提出要打造一批运河特色小镇，发掘和培育一批运河村庄，推动运河沿岸乡村振兴，同时加快大运河沿岸“美丽乡村”建设，兼顾生态、经济和景观效果，采用本地果树林木花草品种，合理绿化沿岸闲置空地、废弃棚圈、道路两侧空间等[②]。该规划定位是将大运河及潮白河沿岸乡村建设成为引领现代都市农业发展的产业先行区，探索乡村生态经济振兴的动能创新区，彰显天津运河文化特色的宜居示范区，逐步形成高品质生态型乡村产业创新示范带。天津大运河沿线乡村区域的发展注重分区定位，将运河所流经的各区建设为符合各自特色的，乡村振兴与运河文化、经济发展有机统一的示范带：(1)武清区：以运河商贸文化为主题的智慧农业及生态旅游示范带。

---

① 《〈通州区运河畔美丽乡村村落文化资源挖掘与乡村振兴发展研究项目〉成交公告》，北京市政府采购网，2022年8月11日：http://ccgp-beijing.gov.cn/xxgg/qjzfcggg/qjzbjggg/t20220811_1448169.html。

② 《大运河(天津段)沿岸乡村产业发展规划》(2021年)，2021年12月2日，天津市农业农村委员会网站：https://nync.tj.gov.cn/ZWGK0/ZCFG152022/202112/t20211224_5760615.html。

(2)北辰区:以运河休闲文化为特色的城郊乡村品质休闲服务带。(3)西青区:以运河古镇文化为主题的特色农业及民俗文化旅游发展带。(4)静海区:以运河商贸与田园康养为主题的乡村复合产业发展示范带。(5)宝坻区:以潮白河辽金文化为主题的乡村农耕研学休闲服务产业带。

在具体发展实例方面,天津做得有声有色。西青区辛口镇以果蔬种植与生产为特色产业,通过优化提升第一产业品质,促进了区域内的一、二、三产业联动,在生产蔬菜、水果的同时,进行果蔬产品的深加工制作,打造特色果蔬品牌,建立果蔬采摘旅游基地,建设以特色果蔬品牌为核心的景观风貌及相关配套设施。围绕乡村振兴,该镇以沙窝萝卜特色小镇、葫芦特色文化产业以及第六埠村田园综合体等为品牌,不断推动以农业为核心纽带的生态旅游业、农产品加工业发展壮大,促进生态环境质量提升,推动生态经济绿色发展,带动农民致富增收,日益走出一条"绿水青山就是金山银山"的绿色发展道路。同时,天津充分挖掘杨柳青年画等特色民俗产业的资源潜力,将之转化为乡村产业增长点,打造出人与历史、人与自然和谐共处的新型现代化乡村文化产业典范,大力构建以民俗风情、田园风光、文化创意为重点的生态休闲旅游发展格局。

2022年中共河北省委、省政府一号文件即为《关于做好2022年全面推进乡村振兴重点工作的实施意见》,明确指出要推动乡村产业高质量发展,推进乡村生态文明和精神文明建设①。河北省人大常委会第二十九次会议表决通过的《河北省大运河文化遗产保护利用条例》,明确提出鼓励设立文化生态保护区,对大运河非物质文化遗产重要载体、自然空间、人文环境以及集聚区域进行整体性保护;大运河沿线各级人民政府及其有关部门应当加强大运河文化带规划建设,保护、挖掘和阐释大运河所承载的优秀传统文化,推动大运河文化与时代元素相结合,重点打造大运河璀璨文化带、绿色生态带、缤纷旅游带。②

---

① 中共河北省委、省政府:《关于做好2022年全面推进乡村振兴重点工作的实施意见》,2022年1月25日,河北省乡村振兴局网站:http://fp.hebei.gov.cn/2022-04/06/content_8764774.htm。

② 《河北省大运河文化遗产保护利用条例》,2022年3月30日,中国网:http://cul.china.com.cn/2022-04/14/content_41939511.htm。

在具体推进过程中,河北各级党组织和各级政府积极行动起来。

河北省沧州市委、市政府围绕保护好传承好利用好大运河宝贵遗产,结合大运河文化带建设,以大运河两岸 1 公里范围内的 242 个村庄为重点,坚持规划引领、生态优先、市场运作、连片打造、分步实施,大力开展大运河美丽乡村示范带建设行动,加强古村、古宅、古树、古井保护,培育具有文化底蕴、彰显文化内涵的美丽乡村。将大运河沿线打造成为设施配套、功能完善、环境优美、宜居宜业宜游的美丽乡村建设示范带,带动全市美丽乡村建设实现新突破、新提升。该市注重以特色优势产业激活"美丽经济",大力发展特色种养、农产品深加工、特色工贸、家庭手工业等优势产业,形成"一村一品"产业发展格局。该市积极寻求乡村振兴与运河文化建设保护的结合点,依托运河文化优势,发展特色农业,培育发展乡村观光旅游、现代民宿、运动休闲、养生养老等新兴业态,打造出农村经济新的增长点①。河北省泊头市积极推进大运河文化带建设,沿河打造了 34 个美丽乡村,串成一条集休闲观光、生态改善、文脉展示于一体的绿色文化长廊②。河北省衡水市故城县利用大运河过境的优势,充分利用千亩常年积水的沿河土地,因地制宜发展特色种养殖产业,助力乡村振兴③。

《大运河国家文化公园(山东段)建设保护规划》提出要加强对沿线传统农业和手工业生产技艺的挖掘整理和保护传承,结合历史文化名镇名村和传统村落整体保护,充分展示传统工艺和农事文化;大力建设大运河山东段特色产业小镇,培育特色生态农业,打造大运河特色农产品生产基地和特色农业产业化联合体;注重生态农业与美丽乡村建设相结合,推动生态资源价值转化,打造中国美丽休闲乡村;实施乡村旅游精品工程,培育乡村旅游重点村,积极发展河湖湿地旅游、游艇旅游④。

---

① 《大运河示范带 242 个村庄年底前全部打造成市级美丽乡村》,澎湃网:https://m.thepaper.cn/baijiahao_19707317。

② 《河北泊头:打造大运河畔美丽乡村》,新华社:https://baijiahao.baidu.com/s? id=1738874606533654016&wfr=spider&for=pc。

③ 《故城:大运河带来乡村振兴新契机》,《澎湃新闻·澎湃号·政务》,网址:https://www.thepaper.cn/newsDetail_forward_19631263。

④ 山东省发展和改革委员会:《大运河国家文化公园(山东段)建设保护规划》,2022 年 4 月,山东省发展和改革委员会网站:http://fgw.shandong.gov.cn/。

聊城将打造运河文化旅游带，建设大运河商业文明展示区，重点建设“两园两带”，即临清运河钞关核心展示园、临清元明大运河文卫交汇集中展示带、阳谷梯级船闸核心展示园、会通河集中展示带，坚持项目带动，通过“文化+”“旅游+”等方式推动要素升级。在具体实施中，着力在运河沿线区域建设一批现代化农业示范村、美丽乡村建设示范村、文旅融合示范村，如临清市贡砖特色工艺技术在传承特色非遗技术的同时，有力带动了周边乡村地区的社会经济发展；东昌府木版年画、冠县郎庄面塑等特色工艺的发展，亦是运河沿线区域传统特色工艺与运河文化有机融合的结果。茌平区贾寨镇耿店村、东昌府区湖西办事处姜堤村、东昌府区道口铺街道任堤口村、东昌府区堂邑镇刘庄村和路庄村等，各自依据自身特点，积极建设成为聊城运河区域特色名村。

图 1　临清市魏湾镇贡砖文化基地正在进行贡砖雕刻

图2　茌平区贾寨镇耿店村的玻璃温室大棚

枣庄重点打造运河旅游特色品牌,将运河沿线特色村庄发展与运河文化、红色文化密切结合起来,大力发展红色旅游,全力打响红色文化品牌,展现枣庄红色旅游新风貌,将运河文化、红色文化元素融入乡村振兴之中。枣庄市薛城区周营镇聚焦于乡村生态振兴与大运河文化公园建设相结合,全面打造"河库相连、河塘相连、河河相连"的生态水系格局。

《江苏省大运河国家文化公园建设保护规划》(2018)是国内首个编制完成的省级国家文化公园专项规划,该规划在推进运河沿线乡村振兴方面,提出要积极发展运河沿线乡村旅游,促进城乡一体化发展。《江苏省"十四五"全面推进乡村振兴加快农业农村现代化规划》(2021)提出:要以农业农村资源为依托,以拓展二、三产业为重点,融合农文旅,使农村生产生活方式绿色转型取得积极进展,美丽乡村建设取得更大成效。《江苏省大运河文化带和国家文化公园建设"十四五"时期工作思路和2021年工作要点》(2021)提出要创建一批国家全域旅游示范区、度假区以及高等级旅游景区,培育一批具有运河特质的旅游风情小镇,推出一批主题突出、各具特色的跨区域运河主题精品线路,在美丽乡村建设上,把大运河文化带建设与实施乡村振兴战略紧密结合起来,建设一批运河美丽村庄①。

江苏沿运各地区积极行动起来。扬州着力推动城市复兴、乡村振兴，实现共同富裕，充分展示扬州大运河文化保护传承利用最新成果，统筹整合扬州各地运河文旅资源，加强旅游策划，实现城乡特色产业、旅游业的融合发展②。淮安市淮阴区积极促进农文旅融合发展，以农文旅融合推动形成文化消费集聚区和农文旅产业融合示范区。拓展农文旅融合特色产业链，以大运河国家文化公园建设为契机，围绕大运河百里画廊淮阴段建设，通过文化、旅游、农业互动融合发展的思路，大力推进产业结构调整，实现农村产业兴旺，带动村民增收致富，助力乡村振兴。在具体实施策略上，注重促进农文旅资源向旅游产品的转型升级，激发产业发展新动能，积极开发文化创意、温泉康养、农耕体验等旅游新业态，打造“文化+观光+农业体验+康养休闲”的深度融合发展模式，为游客提供“吃、住、游、娱、养”五位一体的休闲体验方式，推动乡村振兴与大运河文化公园建设协同发展。淮安市马头镇以大运河文化带、大运河百里画廊建设为契机，围绕打造“农旅文旅网红地、现代农业示范区”目标，传承深厚历史底蕴、改善运河沿线生态、做大产业强支撑，大力发展特色农业，促进乡村生态振兴和文化振兴。如马头镇太山村在村里修缮建筑物时尽量做到“修旧如旧”，同时在环境和文明等方面下足功夫，让村子的风貌特色与千年历史相得益彰。该镇重点打造稻米和香瓜两大支柱产业，扩大优质大米、香瓜的品牌知名度和市场影响力。同时，大力支持马头蝴蝶兰、吴城冬枣等特色产业发展，进一步提升运河沿线镇域特色产业的发展。

2020 年 4 月 14 日，《浙江省大运河文化保护传承利用实施规划》发布，规划提出要推进大运河沿线山水林田湖草生命共同体建设，打造践行“绿水青山就是金山银山”理念的生态文明示范带，扎实推进历史文化传承保护，农村人居环境整治提升、产业发展、基础设施和公共服务设施建设。2022 年《杭州大运河国家文化公园规划》发布，该规划将江南水乡田园风貌的保护与展示列为

---

① 《打造“美丽中轴”！到 2025 年“欣赏运河之美首选江苏”》，《现代快报》2021 年 6 月 4 日。

② 《扬州“运河十二景”如何进一步打造？最新方案来了》，《扬州发布》，http://www.yznews.cn/p/1717811.html。

重要内容①。如临平区大运河文化公园的建设重点围绕塘栖江南运河名镇、上塘古韵寻踪两个核心展示园及超山等特色展示点展开。展示主题既包含望山见水的运河古镇风貌、风俗浓厚的水乡风情体验、桑蚕丝织创新传承,又有运河千年古韵文化,运河非物质文化及艺术,南宋运河的外事馆驿文化等;西湖区大运河文化公园的建设将围绕余杭塘河沿线及三墩五里塘历史地段特色展示点展开。展示主题包含水墩相依、圩田孤丘的独特地貌景观,以及集"农耕—农产品加工—水运—商贸—仓储"于一体的运河城镇传承典范。临平区塘栖古镇位于杭州北部,大运河穿镇而过,使其成为苏、沪、嘉、湖的水路要津,在国家大力推进乡村振兴战略和大运河国家公园文化建设保护的新时期,塘栖在工业兴盛的同时,极大提振了乡村面貌、产业格局、文旅环境,着力打造宜游、宜业、宜居的"江南佳丽地,塘栖品质城"崭新面貌,传统美食业和特色种植业蓬勃发展,传统运河文化与新时代乡村文明相得益彰,焕发出勃勃生机。临平区运河街道双桥村将现代生态农业与运河文化带建设有机结合起来,村中大力发展油菜种植,吸引游客踏青、赏花,除了油菜花田,该村还已建成生态甲鱼、教育基地、欢乐水乡等特色项目。总体而言,浙江省结合美丽乡村、运河特色小镇建设,开发休闲农业和乡村旅游产品,目前已取得显著进展。

二、乡村振兴与大运河国家文化公园建设有机衔接的有效实现路径

当前运河流经各省市,在乡村振兴与大运河国家文化公园建设有机衔接方面均已取得一定进展,获得一批可资借鉴的成功经验。但在二者具体融合的研究方面,系统性、针对性等尚存在一些需要完善之处。需要各地政府因地制宜、有效推进,以多方合力,实现大运河区域乡村振兴与国家文化公园建设的协同发展。

(一)加强对乡村区域运河遗产的保护和传承。大运河沿线乡村地区遗存大量各类运河文化遗产,如运河河道、闸坝、钞关、漕仓、漕船等;又存在许多特色非遗产业,需要在继承保护的基础上创新发展。因此,需要加强相关法律法规,在已有国家法律法规的基础上,制定大运河国家文化公园建设保护、大运

---

① 《〈浙江省大运河文化保护传承利用实施规划〉发布,打造中国大运河华彩段》,浙江在线,2020 年 4 月 15 日。

河遗产保护传承等法律法规,完善相关保护机制。大运河沿线乡村区域的实物遗产,因相对远离城市,保护措施不尽完善,要充分动员广大民众的遗产保护意识,划定专门遗产保护区域,采取多种方式保护实物遗产,同时要进行跨区域合作,构建跨省市协调统一的运河遗产廊道,并大力进行河道治理,保护区域生态环境。在对特色工艺、运河文学、传统美术、特色美食等大运河非物质文化遗产的传承与保护方面,应加强其与乡村社会文化振兴、生态振兴、产业振兴的内在关联,在继承和保护传统特色非物质文化遗产的同时,实现文化效益与经济利益的共赢,以非物质文化遗产发展助推乡村经济发展和文化提升。

(二)进一步完善美丽乡村建设。可在推进运河沿线乡村振兴的过程中,将运河文化融入美丽乡村建设,以多种方式讲好运河故事,同时将运河元素渗入乡村房屋、街道等的规划和建造之中,实现古典建筑艺术与现代民居的完美融合。以多种方式开展水上人家、船民生活等大运河群体生活的活态展示,并重点建设和推广一批大运河沿线名镇名村工程,实现大运河沿线乡村发展的古韵生香、古村新颜。

(三)推动乡村产业振兴。要加快大运河区域乡村振兴与大运河文化公园建设保护的有机统一,大力推动区域乡村产业振兴是关键,要"选择适合国情及区域特征的乡村振兴实现模式"①,大力发展一批运河特色农渔特色产业,要继承与发展平原、水乡田园产业,积极实现传统农耕业的现代转型,在运河通航区域积极发展运河特产运输。同时,在运河沿线乡村积极发展适宜于特色农家游的产业项目,一、二、三产业融合发展,达到促进乡村经济发展、农民富裕的目标。同时,在乡村产业发展模式推广方面,由运河沿线乡村产业的带状部分逐步实现辐射更广大的周边乡村区域,将乡村产业发展与运河旅游、名镇名村开发有机结合。

(四)加大乡村旅游开发力度。在推进大运河国家文化公园建设保护过程中,要实现运河文化与乡村振兴的协调发展,加大乡村旅游开发力度是其重要

---

① 张利庠:《中国乡村振兴案例研究》,经济科学出版社 2020 年版,第 17 页。

一环。大运河沿线区域的文化名城、名镇名村、古建筑和古遗址众多，民俗旅游资源丰富多样，为开发运河旅游打下了坚实基础。其中，乡村旅游占有着重要地位，但在目前“旅游与文化、体育、农业等的联系互动融合较少，旅游产业结构相对单一”①，要大力提升大运河沿线村庄村民的旅游参与能力，建设形成一批乡村社区景观，积极培育运河文化旅游与其他民俗游、文化游的特色品牌，形成一批适宜于民众旅游休闲、娱乐身心的旅游目的地和城乡联动的桥梁，进一步带动乡村产业升级和生态、文化振兴。

（五）加大宣传推广力度。要积极运用现代化传媒技术，采取电视、报刊推广与微信、QQ、微博、各类网络平台等多种方式宣传推广大运河国家文化公园建设保护及大运河沿线乡村振兴的讯息及取得的成效，讲好运河故事、留住乡愁记忆、建设好美丽富强新乡村，要积极创作一批大运河区域文学、影视作品，让更多人参与到运河文化保护传承、运河区域乡村发展的进程中来。要让相关宣传推广进社区、进村庄、进学校，形成各群体积极投身运河文化传承保护与乡村全面振兴的良好氛围。

（六）实现多方联动。要实现大运河区域跨省市、跨机构的多方联动合作机制，实现运河区域相关运河研究机构资料、信息、课题、人员的协调联动，政府、学校、企业等通力合作，实现学术研讨、工程建设、乡村规划等方面的多方协作，打破单兵作战或联合不紧密、不一致的缺陷，实现重大课题、重大建设项目联合攻关，形成运河沿线国家文化公园建设保护、乡村振兴既各具特色又密切联系的多方共赢效果。

三、结语

“乡村文化是国家文化公园建设的文化底色，乡村是培育共同体意识和国家文化认同的重要叙事空间”。② 党中央、国务院对乡村振兴、大运河文化带和大运河国家文化公园建设保护的相关规划为大运河区域乡村全面振兴和系统展示与传播大运河文化、体现中华文明提供了宏观指导和全局引领，大运河沿

---

① 胡梦飞：《山东运河文化遗产保护、传承与利用研究》，中国社会科学出版社 2021 年版，第 127 页。

② 杨传张：《国家文化公园建设需厚植乡村文化底色》，《探索与争鸣》2022 年第 6 期。

线各省市先后制定和发布了相关规划，因地制宜，推进乡村振兴进程和大运河国家文化公园建设保护，并已取得明显成效。在乡村振兴推进与大运河国家文化公园建设的有机结合方面，大运河沿线各地区积极实践，探索出了很多富有成效的做法，取得积极进展。在具体实现路径上，需因地制宜，从加强对运河遗产的保护和传承、完善美丽乡村建设、推动乡村产业振兴、深化乡村旅游开发力度、加大宣传推广力度、实现多方联动等方面着力，以达到乡村振兴与大运河国家文化公园建设的有机衔接、合力发展。

大运河国家文化公园(山东段)建设原则与策略[①]

胡梦飞 仇嘉琪[②]

中国大运河是中华民族悠久历史和灿烂文化的重要标志,是祖先留给我们的宝贵遗产。2019 年 7 月 24 日,中央全面深化改革委员会第九次会议审议通过了《长城、大运河、长征国家文化公园建设方案》,充分体现了国家对大运河文化保护传承利用的高度重视,也为山东认真落实国家要求、切实搞好山东省大运河文化公园建设,提出了明确的要求。加快大运河国家文化公园(山东段)的建设,对于推动大运河文化的创造性转化、创新性发展,加快经济文化强省建设具有很强的现实意义。学界有关大运河国家文化公园建设理论与实践的研究可谓成果丰硕,但由于种种原因,涉及山东省的研究成果尚不多见[③]。本文结合大运河山东段实际情况,在分析大运河国家文化公园建设现状及问题的基础上,探讨公园建设的基本原则,提出具体建设策略和措施,以求为相关部门的决策提供参考和借鉴。

一、大运河国家文化公园建设现状及问题

大运河山东段位于京杭大运河中部,沿线地区文物古迹众多,文化资源丰富,具备开展大运河国家文化公园建设的良好条件。只有对公园建设现状进行认真梳理和分析,才能提出具有针对性的对策和建议,为高质量推进大运河

---

① 本文系山东省社科规划研究专项项目“大运河国家文化公园(山东段)建设原则与策略研究(22BLYJ05)”阶段性成果。

② 胡梦飞(1985—),男,山东临沂人,历史学博士,聊城大学运河学研究院副教授,研究方向为明清史和运河文化史;仇嘉琪(1999—),女,山东淄博人,聊城大学运河学研究院 2021 级中国史专业硕士研究生,研究方向为明清史和运河文化史。

③ 相关成果详见杨洋、沈涵:《国家文化公园研究现状及趋势》,《中外文化交流》2022 年第 4 期。

国家文化公园(山东段)建设提供理论依据和智力支持。

(一)大运河国家文化公园建设的实践探索

近年来,山东省高度重视大运河国家文化公园建设,在公园顶层设计、具体项目建设等方面做了大量工作,取得了显著成绩。当前山东沿运各地公园建设正在如火如荼地展开,配套管理体制和制度保障体系也已基本建立,为公园建设目标的实现奠定了坚实的基础。

1.省级层面高度重视

2019 年 7 月,中央全面深化改革委员会审议通过《长城、大运河、长征国家文化公园建设方案》。在此之后,山东省不断健全工作体制机制,先后成立了山东省国家文化公园建设工作领导小组和专家咨询委员会。2020 年 9 月 19 日,山东省大运河国家文化公园建设路径及对策座谈会在聊城大学举办,与会专家、学者深入分析了山东省大运河国家文化公园建设的现状及问题,针对建设路径和对策等议题,提出了许多建设性的意见和建议。2021 年 2 月召开的山东省十三届人大五次会议提出,要加强文化遗产保护利用,着力推动大运河国家文化公园(山东段)建设。2021 年 7 月 29 日,“千年运河 · 齐鲁华章”大运河国家文化公园文旅融合建设集中宣传活动在聊城举办,活动由山东省文化和旅游厅、山东省发展改革委、聊城市政府主办,集中展示了大运河沿线八省、市和山东省运河沿线五地市大运河国家文化公园建设成果。

此外,山东省还将黄河、大运河、齐长城项目列入国家文化公园建设重点项目和省“十四五”规划、新旧动能转换重点;出台 2020 年大运河非遗保护行动计划,开展国家文物保护利用示范区相关工作;策划推出大运河国家文化公园(山东济宁)建设工程、德州水韵德风生态综合体、京杭运河聊城段文化旅游产业综合体等项目,加大资金投入和政策支持力度。从中可以看出,山东省相关部门对大运河国家文化公园建设工作的重视。

2.沿线各地市稳步推进

2020 年 2 月,山东省人民政府办公厅联合山东省委办公厅发布了《山东省国家文化公园建设实施方案》(以下简称《实施方案》),并号召沿线各地市积极贯彻落实。《实施方案》发布后,得到运河沿线五地市的积极响应。2021 年 6 月,

《大运河德城段文旅融合全域旅游项目》在第二届德州市旅游发展大会上签约，总投资额110亿元。2021年8月，德州市启动南运河等水系连通生态保护工程，计划投资51亿元，构建城区“四纵三横”水系循环网络。聊城市研究制定《京杭运河聊城市区段旅游带控制性详细规划》，出台《大运河国家文化公园（聊城段）建设保护方案》，加快推动3.3公里的京杭运河聊城段样板段项目建设。泰安以东平湖、戴村坝为依托，重点打造以水浒影视小镇、东平湖生态旅游小镇为代表的一批运河文化特色小镇。济宁市设立运河文化经济带建设指挥部，重点推进济宁河道总督府遗址博物馆和“运河记忆”文化街区等项目建设。枣庄市建立大运河国家文化公园枣庄段建设指挥部，出台《枣庄大运河国家文化公园建设方案》，并重点打造以台儿庄古城为代表的核心展示园。

3.法律法规保障体系基本建立

早在2013年，山东省就已经出台了《山东省大运河遗产山东段保护管理办法》，是山东省第一部关于大运河遗产保护的法律法规，也是我国第一部由省级人民政府颁布实施的大运河保护专项政府规章。2020年，山东省人民政府办公厅出台了《山东省大运河文化保护传承利用实施规划》；同年2月，与山东省委办公厅联合印发《山东省国家文化公园建设实施方案》。2022年7月，《大运河国家文化公园（山东段）建设保护规划》（以下简称《规划》）发布。《规划》提出，打造“鲁风运河”文化品牌，创造国家文化公园建设的“山东典范”，为山东省大运河国家文化公园的建设与发展提供了政策指导和根本遵循。德州、聊城、济宁、枣庄等沿运地市亦先后制定了符合当地实际的大运河国家文化公园建设保护方案，初步形成了国家、省、市三级法律法规体系。

（二）存在的问题和不足

由于我国引入“国家公园体制”和“国家文化公园”概念时间较短，在国家文化公园建设方面尚缺少知识储备、研究成果以及实践经验，故在山东省大运河国家文化公园建设过程中，难免会存在这样或那样的问题。归纳起来，主要体现在以下几个方面：

1.概念认识不清

首先是将“国家公园”和“国家文化公园”混为一谈。“国家公园，是指国家为了保护一个或多个典型生态系统的完整性，为生态旅游、科学研究和环境教育提供场所，而划定的需要特殊保护、管理和利用的自然区域”①。“国家文化公园”是由“国家公园”这一概念引申而来，二者既有联系，又有区别②。国家公园主要侧重于对自然景观的保护，尤其是对原生态自然环境的保护，而国家文化公园更多地侧重于保护人文景观以及人类社会所创造的各种非物质文化遗产。

此外，还有一种现象是将大运河国家文化公园建设等同于大运河文化带建设。“大运河文化带是以大运河文化为内核，以保护、传承、利用为主线，以带状地理空间为载体，以区域交通设施为基础，以沿线城镇为发展主体，集遗产与生态保护、经济与社会发展、文化与休闲游憩等多种功能于一体的综合性文化功能区域”③。大运河文化带建设意在通过对运河沿线区域文化资源的挖掘、整理、研究、利用，促进不同文化之间的整合与融合，实现对运河文化遗产的科学保护、传承和利用，将文化资源转变为生态资源、经济资源，增强文化自信，提升中国文化的影响力，从整体上实现文化强国战略④。大运河国家文化公园则意在通过整合沿运地区具有重要意义和突出价值的文物和文化资源，对其实施公园化管理运营，实现保护传承、文化教育、公共服务、旅游观光、休闲娱乐、科学研究等目标。

对比大运河文化带和大运河国家文化公园的含义，我们不难发现，二者之间既有区别，又有联系。两者都是以大运河文化为内核，以文物和文化资源为主干，强调对运河文化遗产的科学保护、世代传承和合理利用。但二者也有一定的区别，不能混为一谈。大运河文化带建设侧重于运河沿线区域文化资源的挖掘、整理和研究，意在通过文化建设、生态建设和经济建设三者的有机结合，将文化资源转化为经济和社会效益。而大运河国家文化公园主要侧重于

---

① 周书云:《旅游景区运营管理》,广东高等教育出版社 2017 年版,第 142 页。

② 王健、王明德、孙煜:《大运河国家文化公园建设的理论与实践》,《江南大学学报(人文社会科学版)》2019 年第 5 期。

③ 熊海峰:《大运河文化带的内涵解析与建设对策研究》,《人文天下》2017 年第 23 期。

④ 郑民德:《“运河文化带”视阈下的遗产保护与利用研究》,《华北水利水电大学学报(社会科学版)》2019 年第 1 期。

对运河文化遗产的保护和展示，意在通过国家文化公园这一形式，形成具有特定开放空间的公共文化载体，使其成为彰显中华文明的重要标识。相较大运河文化带的宽泛和抽象，大运河国家文化公园更为具象和立体。建成之后，将是一个类似于国家公园的物质载体。“以大运河国家文化公园建设来替代大运河文化带建设，或以大运河文化带建设代替大运河国家文化公园建设，这些都不利于大运河国家文化公园建设的顺利开展。”①

2.大环境影响政府投资能力，造成资金短缺

大运河国家文化公园的建设需要大量的资金投入，因其公益性导致其前期投资主要来源于政府财政拨款。山东沿运各地市地处鲁西，经济发展水平较低，地方财政资金紧张，用于创建“以保护为主”且具有公益性的大运河国家文化公园力不从心，需要中央和省级财政加以支持。

3.建设和管理主体不明确

由于我国引入“国家文化公园”的概念时间较短，导致相关理论还不完善，缺少实践经验。虽然目前国家及沿运各省市均已开始进行规划和设计，但对于大运河国家文化公园的建设主体并没有作明确的说明。由于建设主体不明确，导致其管理体制也较为模糊。大运河国家文化公园到底应该由谁来投资建设；建设完成后，又应该由谁来负责管理，是当前大运河国家文化公园建设亟待解决的问题。现有国家文化公园管理机构的设置主要以临时性机构为主，缺乏专职的、稳定的管理机构，难以保证国家文化公园保护和利用工作的系统性和延续性②。此外，缺乏高质量的、稳定的管理人才队伍也是国家文化公园建设面临的问题之一。

4.文化内涵挖掘梳理不够充分

近年来，在各级部门和社会各界的共同努力下，山东运河文化遗产保护工作取得了显著成效，但仍存在一些问题。主要体现在：对运河文化多元价值体

---

① 王健、王明德、孙煜：《大运河国家文化公园建设的理论与实践》，《江南大学学报（人文社会科学版）》2019年第5期。

② 吴丽云、邹统钎、王欣、阎芷歆、李颖、李艳：《国家文化公园管理体制机制建设成效分析》，《开发研究》2022年第1期。

系研究阐发不够,"重发展、轻保护"的思想还不同程度地存在;对运河文化丰富内涵的挖掘和展示不足,相关文化创意产业发展相对滞后;对运河文化的当代性、创新性诠释还有待加强,与时代发展和社会进步的新形势、新特点结合不够紧密。由于我们对山东运河文化的内涵挖掘不充分,导致在大运河国家文化公园建设过程中出现定位不准、概念不清、建设和管理主体不明确、建设缺乏方向感等问题。

5.统筹协调能力不强

由于国家文化公园建设内容繁多、保护形态多样,加之各项空间功能管控要求和不同部门权属,加大了国家文化公园标准化管理和统筹协调的难度①。现有的国家文化公园建设工作领导小组和办公室主要着手工作层面的任务推进,缺乏跨部门、跨省域协调的战略功能②。国家文化公园范围内的各类资源,如文物、文化遗产、风景名胜区等,与国家文化公园之间的关系将如何处理尚无清晰界定;大运河流经 8 个省、直辖市,省域之间的遗产保护与开发,亦缺乏有效的解决机制。具体到山东来说,在大运河公园建设中还存在条块分割的问题,各部门统筹协调不够,缺乏协调与合作,没有统一的规章与制度,存在多头管理、各自为政等问题。

山东运河长数百公里,运河遗产点散布于城市与乡村,在保护与开发上难度极大。各运河城市没有将山东运河视为整体,只注重凸显区域特色,条块分割严重,不同城市之间缺乏交流与合作,甚至存在诸多矛盾与冲突之处。有的地方和部门把大运河国家文化公园建设简单等同于搞商业开发、搞旅游,导致在旅游开发、文化产品创意、古镇打造等方面同质化现象严重,同时也可能会出现破坏文化遗产、生态环境和人文环境的情况。

6.公众参与力度和意愿较弱

目前山东省的运河文化遗产保护工作主要由相关职能部门、专业科研单位进行,在吸纳民间力量、鼓励公众参与方面做得还远远不够。近年来,公众

---

① 刘敏:《国家文化公园管理体制机制研究》,《中国国情国力》2022 年第 5 期。

② 吴丽云、邹统钎、王欣、阎芷歆、李颖、李艳:《国家文化公园管理体制机制建设成效分析》,《开发研究》2022 年第 1 期。

参与情况虽有所好转，但参与的层次较低、深度较浅，形式也比较单一，在部分决策性、核心层面的工作方面，公众很难参与进来。公共服务属性是大运河国家文化公园的重要属性之一，这既是国家文化公园设置的目的，也是国家文化公园建设运营管理过程中的重要工作内容①。如何在做好文化遗产科学保护的同时，吸引公众和社会力量的参与，为社会公众提供更加优质的文化氛围与体验，切实增强国家文化公园的社会教育和公共服务功能，成为摆在山东沿运各地市面前的一项重要课题。

二、大运河国家文化公园建设的基本原则

山东运河源远流长，流经德州、聊城、济宁、泰安、枣庄五市，沿线地区分布有大量的物质和非物质文化遗产。这些遗产数量多、科技含量高、文化内涵丰富，具有重要的历史、文化价值。在大运河国家文化公园建设过程中，我们需要坚持以下几个基本原则：

（一）真实性与完整性原则

1972 年 10 月 17 日至 11 月 21 日，联合国教科文组织在巴黎举行第 17 届会议，会上原准备拟定一项国际协议，以推动相互援助保护古迹建筑类文化遗产的工作。后来由于形势有利和舆论推动，大会经过反复讨论，终于在 11 月 16 日通过了《保护世界文化和自然遗产公约》。《保护世界文化和自然遗产公约》强调，遗产保护必须围绕保护的核心，即遵循真实性和完整性的原则，采用国家保护和国际保护相结合的方式②。"真实性"与"完整性"是遗产保护所必须遵循的基本原则，也是《保护世界文化和自然遗产公约》的灵魂所在。所谓"真实性"，是指在设计、材料、施工或环境方面，必须符合真实性标准，重建只有根据原物的完整和详细的资料并且毫无臆断成分时，才可以接受。为了保护遗产的"真实性"，在遗产保护、修缮等具体操作层面，需要严格遵循"最大保护和最小干预"的原则，尽量保存遗产的原物、原貌和历史印迹，并使用原材料和原工艺。遗产维修应该具有"可逆性"，即可以在条件具备的时候让它

---

① 梅耀林、姚秀利、刘小钊：《文化价值视角下的国家文化公园认知探析——基于大运河国家文化公园实践的思考》，《现代城市研究》2021 年第 7 期。

② 郑小云、赵晓宁：《国际视野下旅游地的开发与保护研究》，四川大学出版社 2016 年版，第 103 页。

"回到从前",以使用更为科学先进的方式进行修缮管理;遗产的修缮必须是"可识别"的,必不可少的添加物,需要保持适度的差异性,以便于辨别,并需作详细记录。所谓"完整性",是指我们不但要保护遗产本体,还要保护它在生存过程中所获得的有意义的历史、文化、科学和情感信息,保护它所产生的历史环境,不要使文化遗产脱离了历史形成的环境而孤立存在①。

"保持遗产地的真实性和完整性,也就是要保护遗产地的原始面貌和周边环境不受破坏,进而实现遗产地的可持续发展。"②保护大运河山东段遗产的历史真实性,延续其历史信息及全部价值,需要严格遵守"保护为主、抢救第一、合理利用、加强管理"的文物工作方针。在公园建设过程中,除了关注河道与遗产点本身,还要注重其历史空间的连续性及其与环境之间的关联性,最大限度地保护运河文化遗产及其背景环境的完整性。遗产保护维修应根据具体情况,分步骤进行。在维修过程中,要严格遵循"最小干预"的规定,将对遗产建筑的干预减小到最低限度,切忌任意扩大修缮范围。③ 要坚持"共抓大保护、不搞大开发"的理念,始终把保护历史文化遗产摆在大运河文化带建设的首位,像爱惜生命一样保护好祖先留给我们的宝贵遗产。

（二）协调发展的原则

"协调发展原则是指经济建设、社会建设和环境保护要统筹兼顾、有机结合,以实现人类与自然的和谐共存,使经济和社会发展可持续地进行。"④协调发展原则是法理中利益平衡原则在环境法中的体现。从 20 世纪 70 年代开始,许多国家在环境立法中将协调发展规定为一项基本原则,并制定一系列法律制度予以实施。1983 年召开的第二次全国环境保护会议上制定了"经济建设、城乡建设和环境建设同步规划、同步实施、同步发展,做到经济效益、社会效益、环境效益的统一"的方针,这是协调发展原则在我国的具体实践。

协调发展原则建立在可持续发展思想的基础上,是处理经济建设、社会发

① 王虎华主编:《扬州运河世界遗产》,南京师范大学出版社 2016 年版,第 308 页。

② 邹统钎等:《遗产旅游发展与管理》,中国旅游出版社 2010 年版,第 16 页。

③ 王虎华主编:《扬州运河世界遗产》,南京师范大学出版社 2016 年版,第 312—313 页。

④ 郭春:《环境法的建立与健全:我国环境法的现状与不足》,山西经济出版社 2017 年版,第 25 页。

展和环境保护三者间关系的基本原则。在大运河国家文化公园建设过程中,要坚持规划先行,突出顶层设计。要特别注意与遗产地各项工程建设的协调和衔接,正确处理好大运河遗产保护和各项工程建设的关系,统筹保护与发展的关系,努力构建运河遗产活态保护与旅游可持续发展协调机制,促进遗产所在地经济、社会、环境三者协调发展。要充分考虑山东运河文化资源的多样性,实行差别化政策措施。要尊重地方政府和社会各界的主动性、创造性,最大限度调动各方积极性,实现共建共赢。

(三)可持续发展的原则

运河文化遗产作为不可再生的珍贵资源,是人类发展过程中物质文化和精神文化的历史积淀,是运河沿岸地区劳动人民勤劳和智慧的结晶,具有很高的历史、科学和艺术价值。如果脱离了它生长发育的土地和人民,脱离了滋润它生根发芽的生态环境,用功利性的手段对其进行竭泽而渔式的商业开发,一味追求经济利益,那么运河文化遗产的真实性和完整性将会受到严重破坏,从而失去其存在的价值和意义。在大运河国家文化公园建设过程中,要正确处理好保护文化遗产价值与开发利用遗产资源之间的关系,始终将运河文化遗产的保护放在第一位,万万不可急功近利,大拆大建,对运河文化遗产资源搞掠夺式开发和过度开发。

(四)可操作性原则

对于任何政府部门而言,针对任何社会问题的一个对策方案,不管它有多完美,如果没有现实的可操作性,那就没有任何的实际意义[①]。在山东省大运河国家文化公园建设过程中也要坚持可操作性原则。要根据大运河山东段遗产的价值和现状,结合山东社会、经济的发展计划,立足沿运五地市实际情况,科学、合理地确定其保护区域及相关保护、管理、展示、考古措施,保证规划实施的可操作性。要坚持问题导向,做到长短结合、远近衔接,明确具体实施方案,狠抓贯彻落实。要区分轻重缓急,集中力量完成重要遗产点、段的保护、展示和利用工作,维护和展现大运河遗产的历史风貌,尽量保留遗产本体的历史

---

① 孙雪亮编著:《高校教材管理实务》,复旦大学出版社 2010 年版,第 86 页。

信息和文化特色。

三、大运河国家文化公园建设策略与措施

山东段运河时空跨度大，沿线遗产过于分散，保护难度相对较大，再加上大运河国家文化公园的建设涉及山东西部、南部多个地市的众多居民、企业、单位，政区层级多，部门职能多，诉求主体类型多，运河文化公园建设的复杂性和艰巨性也将是前所未有的。这就要求我们深刻认识大运河国家文化公园建设的复杂性和独特性，探索出一条符合国情、省情及沿运地区实际的国家文化公园建设和管理模式。具体来说，我们可以采取以下措施：

（一）提高重视程度，完善管理体制机制

建设好大运河国家文化公园是一项全面、复杂的系统性工程，需要各级各部门紧密配合，通力合作。山东省要成立专职的、稳定的大运河国家文化公园建设与管理机构，全面负责山东省大运河国家文化公园的规划、建设、管理和协调工作。沿线各市设立专门的管理机构，市级党委、政府承担主体责任，配合省级管理机构加强资源整合和统筹协调。各有关部门要对接国家相关部委，积极争取国家层面的支持。研究制定具体措施，拓宽多样化融资渠道，鼓励引导社会基金和资金投入，进一步激发市场主体活力，建立完善的多元投资机制。沿线各市要切实承担主体责任，精准把握方向定位，健全工作体制机制，认真做好组织实施工作。要定期跟踪评估重大事项和重点工程，及时总结评估规划实施情况，对重点事项进行专项督导，发现重大问题及时报告。

（二）健全法律法规，加大执法力度

国家文化公园作为一项重大国家战略，对弘扬优秀传统文化，增强文化自信和民族自豪感具有重要意义，故制定一部统一的国家文化公园法律显得十分必要①。完善的法律体系是保障国家公园良好运行的重要保障②。国家文化公园的建设，同样需要完善的法律法规体系支持③。要根据国家将要出台的

① 钱宁峰、徐奕斐：《积极推动江苏国家文化公园立法》，《唯实》2022 年第 4 期。

② 赵西君：《中国国家公园管理体制建设》，《社会科学家》2019 年第 7 期。

③ 吴丽云、邹统钎、王欣、阎芷歆、李颖、李艳：《国家文化公园管理体制机制建设成效分析》，《开发研究》2022 年第 1 期。

大运河保护条例,修改完善《山东省大运河遗产山东段保护管理办法》。鼓励各地结合本地资源情况,探索性地制定适合本地实际的法律、法规、条例等,为各地国家文化公园建设提供保障①。严格执行相关法律法规,规范和约束大运河文化保护传承利用相关行为。各相关部门要加强涉及大运河国家文化公园建设的执法检查,依法查处各类违法事件,落实建设项目遗产影响评估和遗产监测巡视制度。

(三)成立专门智库,强化学术研究

要在省委、省政府的统一安排与筹划下,集中山东省高校与科研机构力量,整合研究人员,组建专门智库或研究中心。成立专家咨询委员会,为建设工作提供决策参谋和政策咨询。加强对山东大运河国家文化公园理论和实践的研究,彻底搞清运河文化公园的定位和目标,在对其现状和问题进行充分调查研究的基础上,提出切实可行的路径和策略。充分发挥聊城大学运河学研究院等高校和科研机构的作用,努力形成科研合力,从山东大运河国家文化公园建设的理念、路径、成效等诸多方面,提供有价值的意见建议。要借鉴兄弟省市的先进经验,切实做好大运河文化的保护、传承和利用,努力创造符合山东实际的“齐鲁样本”和“山东模式”。

(四)加大遗产保护力度,创新传承利用模式

要依托运河文化博物馆、纪念馆、资料馆等文博设施,培育特色文物旅游项目和文化遗产研学旅游产品,向公众传播推介大运河文化,增强公众对大运河历史价值的认知,发挥大运河遗产的教育和旅游功能。积极发展与大运河文化相关的数字创意、数字艺术、在线视听等特色文化产业,不断提升博物馆展陈水平,丰富展陈内容,利用 VR、AR、AI 等新技术创新展示方式,打造一批运河精品博物馆。全面贯彻“保护为主、抢救第一、合理利用、传承发展”的方针,坚持真实性、整体性和传承性有机统一,实施非物质文化遗产传承发展工程,进一步完善非物质文化遗产保护制度,实现非物质文化遗产的活态传承。

---

① 吴丽云、邹统钎、王欣、阎芷歆、李颖、李艳:《国家文化公园管理体制机制建设成效分析》,《开发研究》2022年第1期。

（五）推进实施重大工程，打造特色旅游线路

充分发挥沿运地区各级党委、政府的主体作用，围绕文物和文化资源保护传承利用目标，系统推进保护传承、研究发掘、环境配套、文旅融合、数字再现等基础工程。重点实施大运河周边非物质文化遗产活态展示工程、文物文化古迹遗迹活态展示工程。建设依托大运河南旺分水枢纽、戴村坝、中洲古城、东昌古城、济宁运河总督府、台儿庄古城等展示园、点，推进临清古城、运河古镇、微山湖生态旅游区等重点项目建设。依托山东沿运地区文化资源，认真筛选，精心设计，打造世界遗产经典旅游、运河古镇记忆旅游、水利文化科普旅游、儒风文化访圣旅游、美丽乡村生态旅游、红色文化追忆旅游等文化旅游产品和精品旅游线路。

（六）加强统筹协调，构建长效合作机制

山东运河遗产数量多、范围广、内容丰富，但多以点状分布，开发利用难度较大。在大运河国家文化公园建设过程中，要加强省级层面协调指导，建立健全工作领导机制。要打破行政区划界限和壁垒，建立会商合作及定期联席会议制度，实行“总体规划、统筹协调、整体保护、统一利用、共同推进”的管理运行模式。沿线五地市要立足形成大运河沿线完整、统一、协调的工作运行机制，建立健全与大运河文化公园建设相关的公共服务体制机制，提升大运河公园建设公共服务水平，创新大运河文化带合作机制，推动形成运河文化带命运与利益共同体，打造区域协同发展的样板。

四、结语

建设大运河国家文化公园，是深入贯彻习近平总书记关于“大运河是祖先留给我们的宝贵财富，是流动的文化，要统筹保护好、传承好、利用好”重要批示精神的重大举措，是彰显中华文化自信的新时代创新表达和促进文化建设高质量发展的新时代创新探索。[①] 大运河山东段位于京杭大运河中部，纵贯山东西南部地区，是贯通运河南北的重要河段。沿线地区与苏皖豫冀四省交界，人口众多、资源丰富，产业基础较好，是全省最具发展潜力的地区，是运河文化

① 龚良：《大运河：从文化景观遗产到国家文化公园》，《群众》2019年第24期。

活态性、融合性的典型代表,在大运河带建设中具有十分重要的地位,具备开展大运河国家文化公园建设的良好条件。山东省要紧紧抓住大运河国家文化公园建设这一重要历史机遇,以习近平新时代中国特色社会主义思想为指导,以山东省大运河沿线一系列主题明确、内涵清晰、影响突出的文物和文化资源为主干,生动呈现中华文化的巨大价值和齐鲁文化的鲜明特色,努力将大运河山东段建设成为全国大运河文化保护传承利用示范区,创造大运河国家文化公园建设的"山东模式",为新时代现代化强省建设提供重要支撑,为社会主义文化强国建设作出新的更大贡献。

大运河国家文化公园（德州段）建设现状及路径探讨

王德胜①

国家文化公园是国家推进实施的重大文化工程。2019年7月，中央全面深化改革委员会会议审议通过《长城、大运河、长征国家文化公园建设方案》。2022年5月，山东省第十二次代表大会报告中明确提出“加快长城、大运河、黄河国家文化公园等山东段建设，打造一批文化新地标”。作为山东五个运河城市之一，德州段大运河倡导“原真性”，在过去20年中，运河两岸万亩留白“不开发”，持续投资30多亿元修复生态，实现了运河保护与利用的良性互动。2021年7月份，德州市全面启动大运河德州段保护利用工作，实施“两河牵手”系列工程。本文以德州为个案研究对象，通过梳理当地运河文化资源，分析其探索路径，剖析推进过程中遇到的困难，找寻解决问题的方法，总结大运河国家文化公园建设的实践逻辑。

一、大运河与德州城市发展概述

德州因黄河而名，也因运河而兴，是黄河、大运河两大国家文化公园贯通的地方。如今的大运河德州段由卫运河、南运河组成，流经夏津、武城和德城区，全长127.8公里。其中，卫运河段82.8公里，从夏津白庄入境，至武城四女寺水利枢纽；南运河段45公里，从四女寺水利枢纽到德城区第三店村，为大运河山东段最北端，北靠河北省吴桥县，隔河与景县老君堂、赵桥村相望。两岸都在德州市

① 王德胜（1970—），男，大学本科，德州市政协文化文史和学习委员会主任，研究方向为运河文化与城市发展、运河民俗等。

的有 5.3 公里,位于德城区内,其余部分东岸在德州,西岸属河北省。

图 1　南运河起点——四女寺水利枢纽

大运河孕育了灿烂的地域文化,形成了独特的运河风情,已成为德州不可替代的地域文化标识。隋大业四年(608)正月,隋炀帝“诏发河北诸郡男女百余万开永济渠,引沁水,南达于河,北通涿郡”①,德州开启运河文明。至唐代,已经成为运河沿岸重要的城镇,《元和郡县图志》记载:德州“开元户六万一千七百七十”,而苏州为“户六万八千九十三”,杭州为“户八万四千二百五十二”。宋代德州窑红绿彩随大运河名噪一时。经金元两代持续建设,明清德州据漕运之利而兴。明朝初年,德州发生了著名的“德陵互易”,为护卫漕粮转运,于明洪武三十年(1397)在运河东岸设卫筑城,为今德州老城区,人口五方杂居,业态丰富,民俗多元。到清光绪二十八年(1902)停漕,大运河为德州带来 500 余年的辉煌,成为大运河沿线最早开展商贸转型的 33 个城市之一。

此后,德州凭借优越的交通区位成为九达天衢,神京门户之地,清晰体现了因漕运置仓,因仓筑城,因城兴市的发展轨迹。

二、大运河德州段文化资源特点

(一)河道及水工遗存原真古貌

作为世界遗产,45 公里的南运河德州段历经千年风雨,至今仍保留着隋唐

---

① (唐)魏徵等撰:《隋书》卷三《炀帝纪上》,中华书局 1973 年版,第 79 页。

时期开挖、经宋元时期传承下来“九龙十八弯”的古河道形态。运河工程体系虽历经变迁，保存基本完整，仍然承担行洪、排涝和输水等重要功能。有“北方都江堰”之称的四女寺水利枢纽，造就了“三河分流”的“州”字形格局，塑造着城市发展的格局。

隋代永济渠流经德州的一段，利用了原西汉屯氏河故道。《德县志》中记载：“本县境内所经者为汉之屯氏河，隋之永济渠……运河在县城西面，面宽二十丈，底宽八丈，深二丈三尺；堤埝顶宽一丈二尺，底宽四丈，堤高八尺。”①唐代大运河线路、功能维持了隋朝原貌，漕运、军事功能日趋强大。为保障畅通，唐圣历三年（700），武则天下令在永济渠德州以东开挖马颊河，分泄黄河洪水，该河在德州境内分别利用了古笃马河故道、屯氏别河北渎故道和鬲津河故道。北宋时期，运河德州段漕运功能受黄河影响严重，黄河北流冲断运河，黄河东流则成为运河之减河，户部侍郎苏辙曾连上三疏，写道“御河湮灭，失馈运之利”。南宋建炎二年（1128），黄河南徙夺淮，运河疏浚，德州段恢复畅通。金代由于战乱、洪水等影响，只有德州以下河道保持通漕。金贞元元年（1153），金廷迁都燕京，德州“神京门户，九达天衢”的文化内涵逐渐孕育。元代对隋唐大运河进行了裁弯取直，至元二十年（1283），开济州河，自今济宁至东平；至元二十六年（1289），开会通河，自今东平经寿张至聊城，再向西北至临清，进入德州境后接御河，由此奠定了大运河今天的基本走向和规模。因此，德州段运河为山东省内唯一的隋唐运河，其他为元运河。

为保障航行，解决河道落差大、水流急、经常决溢等问题，古人设计了众多弯道，建造了各种形式的堤坝，这种综合工程被归纳为“三弯抵一闸”，是古人智慧的结晶。南运河德州段的河道直线距离是 25 公里，南北落差 3 米左右，为解决水量变化给航运带来的困难以及干流行洪、城市安全的需要，人工左弯使河道延长 20 公里，形成了大小 39 个弯道。凡河流弯曲之处，历史上易发生冲刷险情的堤段被称为“险工”，南运河德州段从北向南，有第三店险工、丰乐屯险工、杨庄险工、白面嘴险工、杨家圈险工等几十处。人们以弯道为依据，创

① 李树德修，董瑶林纂：民国《德县志》卷三《舆地志 · 河渠》，1935 年铅印本，第 73 页。

造了土龙头、回龙坝、九龙湾等因龙形而命名的地名、建筑和景观，如今，河道纵横断面、堤防形式和结构基本保持原状，也是大运河沿线原生态面貌保持最好的河段之一。

图 2　南运河德城区二屯镇段"三弯抵一闸"河道

这种特殊的人工弯道技术，形成德州原真性的地域文化符号。"运河入鲁，九望德州"，旧时纤夫们拉船，自天津逆水而来，当他们望见德州城时，貌似看到了希望，但转过弯道，再抬头却看不见德州城，又转完一个弯道，即完成了"一望德州"。依次类推，纤夫们转完九个弯道，"九望德州"后才能到达码头。至今，九龙湾、黑陶、红绿彩、杂技、船工号子等当年因运河漕运而兴起的文物古迹以及古老文化民俗遗存仍星罗棋布，承载着运河文化的气息。

（二）漕运仓储与商贸流通地位突出

德州自古就是战略要地，"州控三齐之肩背，为河朔之咽喉"[①]，大运河通合、聚合特质明显。

永济渠开通后，大业七年（611），隋炀帝乘龙舟沿大运河到北京，第二年决定征伐高丽，当时征兵 113 万，对外号称 200 万，发动运送粮草民工 200 万，庞大的人流物流，均由大运河承担。唐廷在永济渠两侧开挖支渠，方便把粮食、食盐等物资经由运河运往洛阳和长安，据洛阳含嘉仓窖铭文砖记载，粮食来自"德、濮、魏、沧等州，天授元年，粟八千六百九十五石，耗在内；六千廿石，德

① （清）顾祖禹撰：《读史方舆纪要》卷三十一《山东二 · 济南府》，中华书局 2005 年版，第 1492 页。

州”[①]。开元二十八年(740),刺史卢晖徙永济渠“注魏桥,通江淮之货,径德州境内”[②]。清河郡建有“天下北库”,颜真卿正是凭借“天下北库”物资,抵抗安禄山,赢得了堂邑大捷。宋代“缘边漕运,独赖御河”,德州的红绿彩磁窑一度随运河名扬各地。张能臣《酒名记》中列举北宋名酒 223 种,其中山东酒 27 种,德州碧琳酒、棣州延相堂、恩州拣米和细酒均名列其中。金朝廷于天会七年(1129)在德州置将陵仓,专门储存河南、山东两省的漕粮,通过御河运往北京。元代德州为大运河上重要漕运节点,至元三年(1266),改将陵仓为陵州仓,并设置了监支大使等官,至元二十年(1283),自江南运至京师的粮食不到 10 万石,泰定三年(1326)发展到 335 万石。明清时期的德州,“凡东南漕粟,商贾宾旅以及外夷朝贡,道皆由此”[③],漕运仓储与商贸流通至为鼎盛。德州仓为运河沿线四大粮仓(德州、临清、徐州、淮安)之一,年运送漕粮 300 余万石,运河两岸商贾云集,舟车如鳞,产品堆积如山,百业兴旺,被纳入中国最繁华的 33 个商业城市之一,“九达天衢,神京门户”地位凸显,德州扒鸡也在这个时候传遍大江南北,成为中华美食的特色名吃。明礼部侍郎程敏政在《德州道中》写道:“出逢漕舟来,入逢漕舟去。联樯密于指,我舫无着处。”[④]呈现出通衢大邑的繁盛气派。

(三)中国与东盟文明互鉴的重要见证

中国与东盟交往最远可以追溯到秦汉时期,是中华朝贡体系的一部分,到明代发展到最高峰,朱元璋规定的“不征之国”,基本上囊括了东亚、东南亚及中亚的大部分国家。明朝永乐年间,古苏禄国三位国王率领 340 人的使团拜访中国,沿京杭大运河北上抵达北京,受到明成祖朱棣的隆重接待。在乘船沿运河南下归国途中,古苏禄国东王巴都葛叭答剌病逝于山东德州,明成祖亲撰悼文将东王择地厚葬,并允其亲属及侍从留居守墓。苏禄王墓也成为外国君王在中国唯一有守陵村落的王陵,繁衍至今六百余年,形成特色守陵村落。

---

① 段鹏琦:《隋唐洛阳含嘉仓出土铭文砖的考古学研究》,《考古》1997 年第 11 期。

② (清)田雯:《长河志籍考》卷二《永济渠》,清康熙三十七年(1698)刻本,第 11 页。

③ (清)顾祖禹撰:《读史方舆纪要》卷三十一《山东二 · 济南府》,中华书局 2005 年版,第 1493 页。

④ 张翠英:《大运河文化》,首都经济贸易大学出版社 2019 年版,第 145 页。

图 3　苏禄王御园正门外

（四）文化多元碰撞融合

从历史上来看，德州之“德”源于“德水”，“德水”是秦代黄河别称，德州因黄河而名，黄河带来的农耕文明厚植了德州的文化根脉，“士务功名，多阔达而足智；人务农桑，恒朴约而近啬”①。德州因运河而兴，运河带来的商业文化，丰富了“大德之州”的人文生态环境。从地理位置上来看，德州既有齐鲁文化的内敛厚重，更有燕赵文化的豪气任侠。德州土地上，大禹在这里功成名就，“禹疏九河，其五在德”；汉代大儒董仲舒在这里筑读书台，“天人三策”奠定儒家思想地位；源于德州的四女孝亲、桃园结义等故事随运河流播；颜真卿平原郡阻击安禄山，忠义担当，留下千古名篇《祭侄文稿》；德州还诞生了中国第一位状元孙伏伽。这种独特的文化底蕴，被评价为“人文飙起，名卿蝉连，实甲山左”。据《德县志》记载，明清两朝，就有举人 466 人，进士 126 人。这其中，出现了“一门八进士”的卢家、“一门六进士”的田家等仕宦家族。明清德州一度有“燕齐都会”（见李明诚《醇儒书院记》）之称，当时著名文人，如马中锡、董其

---

① （明）唐文举、（明）李伦纂修：万历《德州志》卷一《舆地志·风俗》，明万历四年刻本，第 10 页。

昌、钱谦益、顾炎武、王士禛、郑板桥、纪晓岚、孔尚任等纷纷慕名而来。因漕运而兴起的文物古迹及古老文化民俗遗存，沿运河星罗棋布，京剧、杂技、黑陶、运河船工号子等非物质文化遗产见证着厚重历史。

图 4　德城区小锅市街高跷队农历元宵节巡街表演

明清德州南北政治经济往来频繁，留下诸多经典建筑。例如：明成祖朱棣的皇殿，明宣宗朱瞻基的银安殿，清代德州行宫等。乾隆第一次驻跸德州行宫，感慨奢侈之风，曾写《德州行宫示山东大小官吏》，以“未敢深宫自晏居，万民得所乐宁如”诗句告诫山东大小官吏。民间最有代表性的就是四合院。如建设街的李家大院、吕家街的吕家大院、石芦街的芦家大院、丰华街的丰家大院等等，这些四合院普遍规模大、功能多，院落中建有山水园林，比较著名的有见可园、尊水园、罗仆园等，吸引沿运河而来的文人墨客参观游览。

三、大运河德州段文化遗产构成分析

按照 2020 年山东省政府办公厅发布的《山东省大运河文化保护传承利用实施规划》，德城区、武城县、夏津县入选大运河文化保护传承利用核心区，德州市其他区域为拓展区。

其中，核心区的文化资源情况为：世界级文化遗产 1 处，国家重点文物保护单位 4 处，省级文物保护单位 15 处（夏津县 1 处、武城县 4 处、德城区 9 处、天衢新区 1 处），市级文物保护单位 15 处（夏津县 2 处、武城县 6 处、德城区 7 处）。有国家级非遗名录 2 项，省级非遗名录 15 项，市级非遗名录 75 项。体现出遗产类型多样、文保单位众多,工业遗产集中分布的鲜明特色。

附表 1　大运河(德州段)文物保护单位统计表

级别	名称
世界文化遗产	大运河南运河德州段
国家级文物保护单位	大运河南运河德州段、苏禄王墓、四女寺水利枢纽、德州码头
省级文物保护单位	北厂漕仓遗址、窑上窑址、德州城墙遗址、德州窑址、岳庄空城遗址、孙膑墓及孙公庙遗址、宋氏兄弟墓、德州仓储建筑群、德州电厂机房旧址、德州机床厂旧址、德州一水厂旧址、达官营清真寺、武城运河大桥、武城古贝春酒厂旧址、老城镇东屯王金铭墓
市级文物保护单位	闸子遗址、武城老城遗址、漳南镇遗址、东阳县遗址、卢见曾家族墓、孙庄谢升家族墓、高道悦墓、金氏家族墓、夏津文庙大成殿、黄河涯礼堂、德州烈士陵园、戚夯戚峰烈士墓、宋烈烈士墓、武城县革命烈士陵园、夏津县革命烈士陵园

附表 2　大运河(德州段)非物质文化遗产统计表

级别	名称
国家级	德州扒鸡制作技艺、德州黑陶烧制技艺
省级	武城运河船工号子、武城抬花杠、德州古琴艺术、德州跑驴、夏津山东大鼓、夏津马堤吹腔、德州木刻刀笔书画、德州古埙制作技艺、德州戊极大功力拳、武城古贝春酒酿造技艺、德州市德城区金丝彩贴、德州市德城区付氏京胡制作技艺、德州市德城区陶瓷印章制作技艺、德州市德城区永盛斋扒鸡制作技艺、夏津县夏津鸿熙居布袋鸡制作技艺

续表

级别	名称
市级	四女寺的传说、姑嫂坟的传说、武城架鼓、武城运河民谣、夏津民歌、德州韩氏古筝、德城区高跷、德城区水兽旱船、夏津后屯架鼓舞、武城大祁庄地秧歌、武城柳子戏、德城区京剧、德州相声、德州山东快书、夏津高派山东快书、德城区安家拳、武城武子拳、夏津杜氏太极拳、德城区建志剪纸、德城区核雕、夏津姜存荣剪纸艺术、武城旋饼、又一村包子、夏津小磨香油、益和成糕点、老德州羊肠、夏津珍珠琪、夏津白玉鸟饲养、德州拉洋片、夏津宋楼火烧、舜逸轩老榆木家具、武城传统手工打结地毯、武城锯盆锯碗、德州英翔眼镜手工制作、德州窑红绿彩、德州大漆传统髹饰技艺、德州文物修复(书画类)、西河大鼓伴奏铜板制作、德州乡盛扒鸡制作技艺、夏津黑陶烧制技艺、德州中医脊椎复位、德州宋氏针灸、朱国祥的故事、德城区大成拳、武城短打拳、夏津邢氏夕阳拳、古彩戏法、德州年画、皮雕、漆画、耆红古法加烈葡萄酒酿造技艺、老德州甜沫、老德州十大碗、虎头鞋、传统和香制作技艺、德州花丝镶嵌制作技艺、民间传拓技艺、才氏正骨疗法、孙氏挑羊毛疔、张氏柔性正骨术、铜钱经络疏通、林氏吊邪风膏药制作技艺、杜氏痘科、中医骨诊、祭董大典、夏津西河大鼓、夏津剪纸、德城面塑、老高家包子、“有鬲氏”鬲的制作技艺、武城千层豆腐制作工艺、锔瓷工艺、岳高铺肉饼、武城八珍糕制作工艺、御香园豆腐脑

四、大运河国家文化公园建设现状及存在的问题

(一)公园建设现状

遵照习近平总书记关于保护好、传承好、利用好大运河的重要批示指示精神,省委、省政府工作要求,2021 年 7 月,中共德州市委十五届十次全会作出了“建好新城、做强德城、突破陵城,东靠新区引领、西靠运河引爆,打造有吸引力、年轻人喜欢的城市”的战略安排。2021 年 8 月,组建大运河保护利用指挥部,围绕组织协调、规划编制、融资平台组建、文化挖掘、项目建设等,全面启动大运河德州段保护利用工作。

成立大运河文化公园建设发展集团有限公司,全面负责大运河保护利用项目的策划推介、建设运营;积极争取国家政策性贷款支持,扎实做好大运河专项债券项目争取工作;成立运河文化名家、德州地域文化专家、文物调查保护队伍 3 支专家队伍,编印《德州运河文化丛书》,多层次展示德州运河文化底

蕴、特点与流脉；研究制定德州市大运河宣传工作实施方案，讲好德州运河故事，打造“大德之州 · 好运之河”城市新品牌；拓展招商引资思路，与西安曲江、中建八局分别达成合作协议。

由山东省旅游设计院编制的《大运河（德州段）文化和旅游融合发展规划》《德州市大运河文化保护传承利用实施方案》，由北京北林地景园林规划设计院有限公司编制的《生态廊道项目方案设计》，由中国工程院崔愷院士领衔的中国建筑设计院规划团队编制的《大运河德州段保护利用总体规划》《城区段城市更新规划》《重要节点详细设计》均已完成，明确了打造“一廊六片”大运河文化景观带的保护利用思路，总体规划 88.78 平方公里，总投资 220 亿元。“一廊”，即运河遗产生态景观廊道项目；“六片”即六个重点规划设计片区：北厂漕仓遗址片区、东盟国际文化交流示范园片区、小锅市运河聚落片区、老电厂片区、九龙湾文旅融合园片区和四女寺风景旅游区片区。其中投资 3 亿元的德工文创园、投资 25 亿元的运河宜养社区、投资 9 亿元的九龙湾配套设施一期项目、投资 3 亿元的生态廊道项目已经于 2022 年 6 月 17 日举行了集中开工。

图 5　德城区运河文化公园片区俯瞰图

根据规划，到 2025 年，大运河德州段文化遗产系统得到保护与初步呈现，涵盖流域治理、生态廊道、文旅融合、教育颐养、交通设施、共管共建运行机制等内容。

（二）存在的问题和不足

大运河德州段国家文化公园建设取得了显著成绩，但在推进中也发现一些问题，主要集中在五个方面：

一是管理体制待完善。大运河国家文化公园建设涉及范围广，权属复杂，国家尚未制定相关法律法规，各地均在探索实践。目前的管理机构多为抽调人员，兼职性、流动性强。跨区县和跨部门协调机制尚未健全，要素配置的空间耦合效率较低，活化利用形式不够丰富。各县市区在工作推进中存在重视程度、集聚资源、集成力量、细化任务等方面的差异。

二是机制创新存在短板。遗产考古挖掘与文物修复工作存在不足，文物保护单位与国家文化公园的规划建设及施工单位缺乏反应迅速的联动机制，面临运河文化旅游开发与保护之间的矛盾关系。例如德城区北厂漕仓遗址片区的保护与建设、杨家圈片区的河道保护与建设、大运河“三湾抵一闸”展示形式等问题，需要进一步科学谋划和整体统筹。

三是扩大有效投资亟待加力。南运河德州段作为世界文化遗产，目前以保护传承为主，综合利用少，已有文旅项目融合力度、质量、效益亟待提升。如何充分利用沿线的城乡风貌与田园风情进行联动开发，如何完善资金投入的政策指导和长效机制，如何扩大有效投资，社会投资以何种方式参与项目经营等问题，尚没有真正破题。

四是大运河运输功能缺失，城市更新难度大。20 世纪 70 年代末，大运河德州段因水源缺失而停航，至今未完全恢复通航，“运”元素严重缺乏。南运河段流经德州老城区（沿线社区村庄 23 个，人口 8 万余人），人口密集，交通拥挤，仓储、码头、工业、居住等用地交错混杂，功能分区不明显，历史欠账较多。

五是文化挖掘不足。对具有德州地域特点的黄河文化、运河文化、齐鲁文化、燕赵文化、红色文化等缺乏系统研究，文化内涵和时代价值挖掘提炼不足，导致城市形象对外传播和品牌价值开发滞后，外地提起德州，很多人知道扒鸡，却不知道德州是运河城市。

五、大运河国家文化公园（德州段）建设路径分析

（一）做好顶层设计，协同推进三大公园建设

“济水岸防”长城已经在《清华简 · 系年》第二十章中得到了证实：“齐人

焉始为长城于济，自南山属之北海。”德州也因此成为山东唯一具备长城、大运河、黄河三大文化元素的城市。要打破行政区划限制，实现跨区域文化资源布局和合作，做好三大国家文化公园牵手工作，用水系和生态廊道把这两条文化大河、三项重大文化工程连通起来，推进运河复航，实现德州内河连通。打通“济水岸防”长城与黄河、大运河岸边村落的自驾游线路，同步规划建设自行车、马拉松赛道，加强两岸生态修复和岸线景观建设，实现水与城市和谐共生、共融。具体工作中，相关部门要“自下而上”去实际调查了解，将传统空间规划向制度研究、产业发展、建设施工、运营维护等方面拓展，具体到一个项目，要清楚它到底涵盖几个县市区，几个村子，存在什么问题，需要一个怎样的规划，怎样才能保证项目建成之后“活”下来，“火”起来。

（二）健全管理体制，完善运行机制

明确或设立德州大运河国家文化公园项目管理的主体，确立“部办企院”链式保障推进体系。“部”为大运河保护利用指挥部，“办”为大运河国家文化公园建设办公室，“企”为已经成立的德州文旅投资控股集团有限公司，“院”为大运河文化研究院，构建主体明确、责任清晰、相互配合、县市区协同的运行机制。

可按照“编随事转，人随编走”原则，把大运河保护利用指挥部和办公室做实，由临时性协调机构转变为有专门编制和相应权责的固定机构，落实机构编制人员和“三定”方案，以减少人员的流失。同时，认真梳理并继续完善项目审批、建设、运行、管理、评估、监督等各环节，以及生态保护、自然教育、科学研究等各领域的制度办法，形成全过程闭环管理的制度体系，保障“一张蓝图绘到底”。

（三）建立多元化资金保障机制，为项目建设注入“活水”

设立政府投资基金。专项资金支持能解决初期建设的资金问题，但缺乏持续性和可预期性，大运河国家文化公园既属于支持基础设施和公共服务领域，也属于支持新兴产业发展内容，符合设立政府投资基金的要求；设立大运河产业发展基金，发行国家文化公园地方债券。重点涵盖遗产遗址保护修缮、文化旅游融合发展等领域，构建基金产业生态圈；明确企业投资长效机制。研究开发适应大运河国家文化公园长期资金需求的投资项目、产品，积极引进国内外头部企业、金融资本和社会资本参与，建设具有广泛吸引力和强势品牌力的大型文化旅游项目，建设城市休闲和主题度假产品，探索规划设计、投资建设、运营维护“一体化”管理模式；完善捐赠机制，扩大社会捐赠资金规模。明确专门部门，统一接受企业、非政府组织、个人等社会捐赠资金。

（四）系统挖掘历史文脉，促进文旅深度融合

开展德州区域内大运河、黄河、齐长城文献档案资料普查登录工作，提炼文化内核，完善文化阐释体系，摸清沿线文化遗迹遗物底数，保护遗产本体及其环境，维护其真实性和完整性。设立市级重点高端智库及专门机构，深入开展德州运河文化的基础理论和应用研究，避免资源的不当利用、文化资源的曲解、遗产价值的流失，警惕过度的商业化和娱乐化所带来的风险。

在此基础上，从“文物保护”走向“文化遗产保护”，推动活态传承，要让大运河“活起来”，既要维系沿线的文化遗产与社区居民、非遗传承者、遗产爱好者的密切关系，也要提高当地青少年、外地游客对德州地域文化的热情度及社交联系。针对德州大运河沿线地面文化遗存不充分的现状，可充分利用遥感、大数据、互联网、移动互联网等技术，通过打造年轻人喜欢的沉浸式体验、数字化展示、线上线下相融合的游学、元宇宙等方式，生动再现大运河历史文化，推动文旅融合走深走实，实现大运河文化保护传承利用真正融入群众生活、融入城市建设、融入经济社会发展。

因运河而兴，因运河而盛。纵观大运河与德州1400余年的历史，可以清晰发现城与河之间相互依托、水乳交融的关系。大运河的畅通，给城市带来繁荣和富饶；城市发展的过程，则伴随着沿岸人民对大运河的认识、保护和利用。如今，虽然大运河德州段的交通运输功能已经消失，但它的行洪、排涝、灌溉等功能依旧发挥着重要作用，它的历史文化功能历久弥新，成为如今德州发展和复兴的一个支撑。随着大运河国家文化公园（德州段）建设，大运河从“地理空间”跃升为“文化空间”，正在以一种新的方式助力德州城市发展，“大德之州、好运之河”的城市新名片正在展现，这是城市有机更新的需求，社会经济发展的需求，也是展示中华传统文化，讲好中国故事，彰显文化自信的德州实践。

大运河国家文化公园（聊城段）建设策略探究[①]

胡梦飞　王雪莹[②]

2019年12月，中共中央办公厅、国务院办公厅印发《长城、大运河、长征国家文化公园建设方案》，强调要以长城、大运河、长征沿线的文物和文化资源为主干，开展国家文化公园建设，做大做强中华文化的重要标志。建设大运河国家文化公园是党中央、国务院作出的重要决策部署，是国家推进实施的重大文化工程，对于弘扬和传承中华优秀传统文化，促进沿运地区经济社会发展具有重要而深远的意义。

大运河聊城段位于京杭大运河中部，沿线文化遗产众多，文化资源丰富，文化底蕴深厚，具备建设大运河国家文化公园的先天优势。加快聊城市大运河国家文化公园的规划与建设，是全面贯彻习近平总书记重要指示批示要求，落实国家《大运河文化保护传承利用规划纲要》《长城、大运河、长征国家文化公园建设方案》和省发展和改革委《大运河国家文化公园（山东）建设实施方案》《山东省大运河文化保护传承利用实施规划》等文件精神的重要举措，是加快聊城新旧动能转换、实施创新发展战略的有力支撑，同时对于提升聊城运河文化的影响力和辐射力，打造聊城独具特色的文化名片具有重要意义。本文在分析聊城大运河国家文化公园建设现状的同时，提出公园建设的原则和

---

① 本文系山东省社科规划研究专项项目“大运河国家文化公园（山东段）建设原则与策略研究（22BLYJ05）”阶段性成果。

② 胡梦飞（1985—），男，山东临沂人，历史学博士，聊城大学运河学研究院副教授，研究方向为明清史和运河文化史；王雪莹（1998—），女，山东威海人，历史学硕士，聊城市首批高中历史学科基地——东阿一中学科基地学科秘书，研究方向为运河区域社会史和聊城历史文化研究。

路径,以求为相关部门的决策提供参考和借鉴。

一、聊城大运河国家文化公园建设现状分析

聊城段运河历史悠久、遗产丰富、特色鲜明、文物密度高,在全省乃至全国运河城市中都占有重要地位。近年来,围绕运河文化的保护、传承和利用,聊城市相关部门做了大量工作,取得了显著成绩。无论从遗产数量和价值,还是从保护和开发力度来说,聊城市都具备了建设大运河国家文化公园的良好条件。当然,在看到成绩的同时,我们也应该看到聊城大运河国家文化公园建设在投资力度、内涵挖掘、文旅融合、数字展示、规划落实等方面还存在一些问题和不足,这些问题都亟待加以解决。

(一)聊城运河文化遗产概况

图 1　聊城市区古运河

京杭大运河聊城段包括卫运河临清段和会通河聊城段两部分,全长 110 公里。其中卫运河临清段始凿于隋朝,流经今临清市,主河道全长 12.5 公里;会通河聊城段始凿于元代至元二十六年(1289),流经今阳谷县、东昌府区、临清市境,全长 97.5 公里。2014 年 6 月,中国大运河成功申遗。在《世界遗产名录》中,中国大运河遗产共包括 27 段河道,58 个遗产点,85 个遗产要素,其中

山东省境内共有8段河道、15个遗产点、23个遗产要素。在山东沿运城市中，聊城有会通河临清段（包括元运河、小运河），会通河阳谷段3段河道以及临清运河钞关、阳谷荆门上闸、荆门下闸、阿城上闸、阿城下闸5个遗产点入选《世界遗产名录》，在山东沿运城市中仅次于济宁，位列第二位。除此之外，聊城境内还有众多古建筑、古遗址、传统技艺、工艺美术、音乐舞蹈、传统戏曲、民间文学等运河相关遗存与非物质文化遗产。这些遗产大多与大运河相生相伴，是聊城重要标志性建筑物或文化标识，有着丰富的运河文化内涵①。

（二）遗产保护和开发情况

近年来，聊城市委、市政府将运河文化作为聊城文化旅游业的主打品牌，将运河的保护开发作为推进聊城经济社会发展的重要抓手，努力打造运河文化旅游产业隆起带。

在管理机构方面，聊城市成立了由市政府主要领导任组长的聊城市旅游改革发展和运河开发领导小组；2017年，又成立了聊城市运河保护开发委员会。此外，聊城市还组建了聊城市重大决策委员会运河旅游开发专家组，为运河旅游开发和全域水城建设提供了强大的智力支撑。组建市旅游发展集团，作为旅游投融资平台，具体负责实施运河保护开发工作。

在政策规划方面，先后编制了《京杭运河聊城段旅游发展及水生态体系规划》和《京杭运河（聊城段）旅游产业综合开发区域控制性详细规划》，为聊城运河文化遗产的保护和开发提供了理论依据②。2021年，为加快推进大运河国家文化公园（聊城段）建设，聊城市成立了大运河国家文化公园（聊城段）工作专班，统筹指导和推进大运河国家文化公园（聊城段）建设。先后出台《大运河国家文化公园（聊城段）建设保护方案》《大运河（聊城段）文化和旅游融合发展实施方案（征求意见稿）》等文件，为聊城市大运河国家文化公园建设提供了重要遵循。

在项目建设方面，2021年，争取上级文物保护专项资金2000多万元，实施

① 郑民德：《聊城运河文化遗产的保护》，《中国名城》2018年第10期。

② 吴海涛：《京杭大运河（聊城段）文化带工作浅析》，《水资源开发与管理》2019年第1期。

大运河阳谷段荆门上下闸段阶梯闸保护展示、周店船闸保护展示、聊城山陕会馆建筑彩画修缮前期勘测等7个项目。围绕大运河国家文化公园建设和运河沿线文物保护利用工作,先后立项启动了运河样板段建设、临清钞关片区环境改造整治、纸马巷及民居保护利用、大运河临清段河道清淤及沿岸景观提升、阳谷七级运河古街、七级运河码头保护利用、隆兴寺铁塔周边环境整治、聊城中国运河文化博物馆改造提升等工程项目。

图2 聊城山陕会馆

(三)存在的问题和不足

近年来,聊城在运河文化遗产保护、传承与利用方面取得了显著成效,但大运河国家文化公园属于新生事物,虽然学界相关研究成果极为丰硕,但诸多理论与实践问题仍处于探索阶段。由于缺少理论指导和实践参考,在大运河国家文化公园(聊城段)建设中难免会存在这样或那样的问题。这些问题如果不加以解决,将会严重制约大运河国家文化公园(聊城段)建设的顺利开展。具体到聊城来说,在建设大运河国家文化公园的过程中,主要存在以下问题和不足:

1.管理体制尚不健全

"国家文化公园管理体制机制的创新性探索还处于起步阶段,还存在很多有待解决的问题和困难。”①目前国家及省级层面公园管理体制较为清晰，但省级以下的管理体制尚不够明确，大运河国家文化公园的垂直管理体制尚未真正建立。虽然在国家和省级层面设立了专门的协调机构，但省级以下各地市、各部门统筹协调力度依然不够，各自为政、多头管理的现象仍然普遍存在。此外，由于涉及资金投入、土地征用、遗产保护等问题，聊城市大运河国家文化公园建设还主要停留在规划设计层面，缺乏标志性项目和精品工程，相关政策文件的贯彻落实力度仍有待加强。

2.宣传力度有待加强

聊城虽号称“江北水城，运河古都”，但很多宣传都是浮于表面，难以全面普及和广泛推广，导致很多群众对运河文化缺乏了解。文化宣传是一个长远的系统工程，要让运河文化深入人心，需要通过文化沙龙、文化舞台、文化剧场、文化读物、文化教育等方式，使不同职业、不同阶层的人都能感受到运河文化的博大精深，进而产生热爱运河、保护运河的责任心，产生城市的自豪感。“在很多城镇与乡村，运河河道已经干涸，变成了平地与废水沟，部分文化遗产的面貌遭到了局部或全部改变。这种情况的出现与宣传、保护的力度不够有很大的关系。”②

3.遗产保护难度较大

部分未列入申遗名单的遗产点段，如东昌府月河、戴湾月河、陶城铺运河等河道保存状况不佳，多处已淤埋或被占用，其真实性、完整性均遭到不同程度的破坏。少数水工设施如李海务闸、水门桥码头、三元阁码头、迎春桥、魏湾钞关分关等遗址已无法搞清确切位置，需要进行实地调查，编制保护方案，及时采取保护措施。部分运河城镇历史风貌保存状态较差，历史风貌遭到破坏，张秋、阿城、七级、周店古镇格局已不复存在，只散存一些运河水工设施、古建筑及遗址；部分郊野河道环境卫生状况保持、水质维持难度大，其后续保护工作面临较大压力③。

---

① 吴丽云，邹统钎等：《国家文化公园管理体制机制建设成效分析》，《开发研究》2022 年第 1 期。

② 郑民德：《聊城运河文化遗产的保护》，《中国名城》2018 年第 10 期。

③ 吴海涛：《京杭大运河（聊城段）文化带工作浅析》，《水资源开发与管理》2019 年第 1 期。

4.文化内涵挖掘不够

近年来,在各级部门和社会各界的共同努力下,聊城运河文化遗产保护工作取得了显著成效,但对运河文化内涵的挖掘仍存在一些问题。主要体现在:对运河文化多元价值体系研究阐发不够,“重发展、轻保护”的思想还不同程度地存在;对运河文化丰富内涵的挖掘和展示不足,相关文化创意产业发展相对滞后;对运河文化的当代性、创新性诠释还有待加强,与时代发展和社会进步的新形势、新特点结合不够紧密。相较物质文化遗产,非物质文化遗产的保护、传承和利用仍有明显欠缺①。

5.展示手段不够丰富

文化展示是大运河国家文化公园的重要功能之一。虽然聊城运河文化遗产资源极为丰富且特色突出,但由于资金、人才、技术等方面的问题,导致遗产展示手段过于单一,缺乏与之配套的展示平台和文化载体。运河遗产多以静态陈列的形式展出,缺乏与信息科技、数字技术、创意设计的融合,参与性、互动性和体验性明显不足。

6.文旅融合程度较低

文旅深度融合是大运河国家文化公园建设的重要目标。近年来,聊城市在运河文旅融合方面做了大量工作,但仍存在一些需要改进和提高的地方。如由于文化挖掘力度不够,导致聊城运河遗产旅游产品结构单一,与运河关联度不高。由于对运河文化遗产的重视不足,导致旅游配套设施不够健全,设施功能尚不完善。由于缺乏高素质的人才,致使旅游从业人员素质和旅游服务水平没有达到一定的高度②。文化是旅游产业的软实力,一定要将旅游产品与运河文化密切结合,将运河故事、运河传说、运河成语、运河谚语、运河习俗融入产品之中,使产品带着文化内核与文化感染力,这样才能吸引游客购买,才

① 吴海涛:《京杭大运河(聊城段)文化带工作浅析》,《水资源开发与管理》2019 年第 1 期。

② 王新蕾:《运河城市(聊城市)遗产旅游产品体系的构建及其旅游开发》,《乐山师范学院学报》2011 年第 1 期。

能大规模地进行推广与宣传，在繁荣旅游产品市场方面起到应有的作用①。

二、大运河国家文化公园建设的基本原则

聊城运河源远流长，自北向南流经临清、东昌府区、茌平、阳谷4个县、市、区，沿线分布有大量的物质和非物质文化遗产。这些遗产数量多、科技含量高、文化内涵丰富，具有重要的历史、文化价值。根据文物和文化资源的整体布局、禀赋差异及周边人居环境、自然条件、配套设施等情况，我们可以将大运河国家文化公园分为管控保护、主题展示、文旅融合、传统利用4类主体功能区。当然，这4类分区具体是以何种标准或原则来划分的，是大运河国家文化公园建设的重要内容和关键环节，需要进一步深入探讨。在设立不同的功能分区时，应充分衔接大运河遗产核心保护区、缓冲区的相关边界，做到各有特色，而又相得益彰②。

建设国家文化公园，是以习近平同志为核心的党中央的重大决策部署，是推动新时代文化繁荣发展的重大工程。在具体建设过程中，通过整合具有突出意义、重要影响、重大主题的文物和文化资源，实施公园化管理运营，实现保护传承利用、文化教育、公共服务、旅游观光、休闲娱乐、科学研究等目的。大运河国家文化公园的建设是一项复杂而又艰巨的系统性工程，需要各部门协同联动，需要社会各界齐心协力。因此，在聊城大运河国家文化公园建设过程中，我们必须明确建设的基本原则，全面考虑聊城沿运地区实际情况，以保证建设与实施的科学性、合理性和可行性。

（一）保护优先，强化传承

聊城段运河历史悠久，文化底蕴深厚，依托丰富的运河文化资源，逐步实施运河文化旅游开发项目，打造运河文化旅游隆起带，是聊城响应国家大运河文化带建设战略的重要举措。坚持“保护优先”原则，将最具民族、历史和人文价值的资源重点保护起来，使其成为全民族乃至全人类共同的精神宝库，让后

① 王新蕾：《运河城市（聊城市）遗产旅游产品体系的构建及其旅游开发》，《乐山师范学院学报》2011年第1期。

② 王晓：《杭州市大运河国家文化公园建设研究》，《中国名城》2020年第11期。

世能永久感悟其中蕴含的文化之美，这是国家文化公园的题中之义①。在大运河国家文化公园的建设过程中，一定要妥善处理好保护与利用的关系，始终把文物保护放在第一位。坚守"共抓大保护、不搞大开发"的理念，妥善保护文化遗产的真实性、完整性。抓住保护性开发的核心内涵，在不破坏其原始价值的基础上，侧重独特性的发掘，以保护为基础，以开发促保护，使其传承更有力量，发展更有厚度。

（二）文化引领，彰显特色

聊城文物古迹众多，文化旅游资源丰富，在大运河国家文化公园建设过程中，要注重发挥聊城的文化特色，充分挖掘运河文化内涵，以运河文化为引领，依托聊城运河沿线的文化遗产和历史风貌，实现遗产保护与旅游开发的有机结合。同时，在开发的过程中，要重视保护和传承运河文化，对相关文物古迹实施系统性保护与保护性开发，在最大程度保证其形态和精神内核"原汁原味"的基础上，建设聊城运河文化公园地标性建筑，打造具有辨识度的运河文化公园标识，使历史文脉得到传承和延续，把无形的文化转化为有形的物质财富和经济效益，增强民众的文化归属感和认同感，让民众在历史的长河中感受文化的魅力和古人的智慧，并适当结合现代民众的生活需求，进行融合与创新。

（三）科学规划，明确责任

要强化与国家、省发展和改革委建设方案的对接，实行专事专办。一方面，邀请专家组成智囊团，经过考证和评估，给出专业性的建议。另一方面，组织专门职能部门和相关人员，推进聊城市大运河国家文化公园建设方案的具体实施。沿线县、市、区和相关部门，在具体实施的过程中，应合理分工，职责明确，灵活应对，以保证聊城市大运河文化公园建设的科学性与完整性，做到每个环节的责任落实与监督管理，建立终身责任制。严格落实《大运河遗产山东省聊城段保护规划》，加快实施大运河遗产保护、展示和环境整治工程；要区分轻重缓急，集中力量完成重要遗产点、段的保护、展示和利用工作，完整展现

---

① 朱民阳：《借鉴国际经验建好大运河国家文化公园》，《群众》2019年第24期。

大运河遗产的历史风貌，保留遗产本体的历史信息和文化特色。

（四）因地制宜，分类保护

聊城运河文化遗产内涵丰富，既包括河道、闸坝、钞关、码头、驿站等物质文化遗产，同时也涵盖曲艺舞蹈、传统技艺、工艺美术等各类非物质文化遗产。应根据不同类别遗产的特点，划分层次，对不同层级、不同性质的运河文化遗产，采取不同的保护和发展策略。对符合当地未来发展需要、有进一步开发价值的文化遗产，侧重挖掘其现实性意义。对具有可观赏性、不具备复产需要的文化遗产，着重拓宽其展示的方式和途径。要根据不同地区遗产分布和保护情况，制定出符合当地实际情况的保护规划和发展方案。在对运河物质文化遗产实行系统性、完整性保护的同时，深入挖掘和整理运河非物质文化遗产，为聊城段大运河国家文化公园建设筑牢基础，真正实现运河文化遗产的科学保护、活态传承和合理利用。

三、具体建设路径和发展策略

建设大运河国家文化公园是彰显中华文化自信和传承运河文化的创新性探索，对促进沿线区域经济社会发展具有重要意义。聊城市应以国家、省发展和改革委相关文件为指导，以聊城运河沿线文物古迹和文化资源为内核，立足“河湖秀美大水城、宜居宜业新聊城”的城市定位，搞好规划设计，突出聊城运河文化特色，推进大运河聊城段遗产保护和旅游开发项目的建设与实施，打造运河文化遗产保护示范区和运河文化旅游隆起带，丰富聊城运河名城的内涵与底蕴，推动聊城实现转型升级和科学发展。具体来说，可以采取以下措施。

（一）健全法律法规，完善管理体制

政府是大运河国家文化公园的建设和管理主体，科学合理的政策法规和管理体制是保障大运河国家文化公园顺利建设的关键。聊城市相关部门要根据国家和省发展和改革委相关文件要求，修改完善《大运河遗产山东聊城段保护规划》；沿运各县、市、区要结合当地实际，制定、修订配套法规与章程。各级有关部门要严格执行相关法律法规，加大对大运河国家文化公园建设相关工程的巡视和执法力度，对违反有关规定的行为要及时纠止，视情节轻重给予警告、罚款等处罚；造成重大损毁的，依法承担民事责任；涉嫌犯罪的，依法追究其刑事责任，切实为大运河国家文化公园建设提供坚实的法律保障。成立由市领导及相关部门主要负责同志任成员的聊城市大运河国家文化公园建设工作领导小组，全面负责公园的建设、管理和统筹协调工作。制定并实施《大运河国家文化公园（聊城段）建设保护规划》，并认真加以贯彻和落实。县、市、区级政府也要成立建设工作领导小组和相关管理机构，合理规划、精心打造一批富有地方特色的遗产保护工程和文化旅游项目，形成环环相扣、衔接紧密的管理体系，落实监管和维护工作，保障大运河国家文化公园的日常功能。建立政府引导、市场化运作的可持续运营管理机制，加强运河文化资源的整合提升，提高运河文化遗产保护和开发的整体水平。

（二）加强信息化建设，打造智能平台

保护和展示运河文化遗产是大运河国家文化公园的重要功能，要想对运河文化遗产进行全方位、数字化的展示，离不开现代信息技术的支持。要加强信息推动智慧旅游建设，逐步实现大运河会通河节制闸群、临清运河钞关等主要文化遗产点段的重点公共区域免费无线网络（WiFi）和第五代移动通信网络（5G）全覆盖。充分利用信息技术手段，扎实推进基础性数据的测算工作，搭建数字化管理与监测平台，对聊城运河文化遗产实施全方位的保护和管理。建立监测预警体系，提高处理突发事件的能力。学习国家级、省级相关文物展示平台建设的经验，做好相关对接工作，建设相关网站和数据整理平台。采用VR、AR等多媒体技术，对聊城运河文化遗产进行数字化展示。全面开展大运河代表性文化遗产资源的数字化信息收集与整合工作，做到类别明晰，涵盖完整，实时更新。有效利用专题数据库和遗产监测预警体系，实现文化遗产信息资源数据共享，为大运河文化公园建设与研究提供数据支撑。

（三）完善智库系统，强化学术研究

大运河国家文化公园建设涉及众多学科，离不开相关智库的智力支持。要在聊城市委、市政府的统一安排与筹划下，集中聊城相关高校与科研机构的力量，成立专门的智库或研究中心，并逐步建立相关人才培养机制，吸引更多年轻学者投身于大运河文化建设事业，为大运河国家文化公园建设和后续工作不断注入新鲜血液，从而建立起长远发展的机制。加强对大运河国家文化公园理论和实践的研究,明晰其定位和目标,在对现状和问题进行充分调查研究的基础上,提出切实可行的路径和策略。充分发挥聊城大学运河学研究院等高校科研机构的作用,努力形成科研合力,从大运河国家文化公园建设的理念、路径、成效等诸多方面,提供有价值的意见和建议。在立足自身实际的同时,也要借鉴兄弟省、市的先进经验。通过定期举办研讨会、交流会等方式,吸收有益经验,使聊城段大运河国家文化公园建设与整个大运河国家文化公园建设相统一,同时,又确保特色突出。切实做好运河文化的保护、传承和利用,努力探索符合聊城实际的建设路径和发展模式。

(四)深入挖掘内涵,讲好运河故事

"大运河国家文化公园建设强调对运河文化内涵的挖掘和提炼,要将大运河文化遗产的精华及其人文生态环境在一个广阔的、相对固定的空间区域内完整保留下来,有效解决大运河保护与沿线地方、部门经济社会发展之间的矛盾。"[①]在公园建设过程中,要深入挖掘城市文化底蕴和内涵气质,实现自然环境、景区景观和历史文化的交互融合,彰显城市的灵气。具体到聊城来说,要牢牢把握大运河成功申遗、大运河文化带建设、大运河国家文化公园建设等重大机遇,深入发掘聊城运河文化遗产的内涵,全方位展示聊城大运河文化遗产的人文价值。充分挖掘聊城运河沿岸地区的水工文化、漕运文化、商业文化、钞关文化、民俗文化,使这些文化资源的潜力得以充分体现,形成完善、系统、丰富的运河文化资源库,为保护规划的编制及其他各项工作的开展打下坚实的基础。充分发挥传统传播媒介与新式传播媒介的作用,积极宣传大运河国家文化公园建设的重要意义和价值,增进公众对运河文化公园的了解和认识,在全社会营造浓厚的舆论氛围。通过出版聊城运河文化系列丛书、创立聊城运河文化研究会、建立聊城运河文化官方网站、组织聊城运河文化主题论坛与研讨会、出版《聊城运河年度发展报告》等方式,提升聊城运河文化的知名度和影响力,提升运河文化研究的广度和深度。进一步整理挖掘沿线的非物质文化遗产,重点发掘和保护民俗风情、故事传说、诗词歌赋等文学艺术作品,注重

① 王健、王明德、孙煜:《推动大运河国家文化公园江苏段建设》,《群众》2019 年第 10 期。

传统技艺的传承与创新，通过各种艺术展现形式，讲好聊城运河故事。

（五）推进河道整治，加强生态保护

运河河道是运河文化的重要载体，也是运河文化遗产保护的重中之重。针对聊城境内部分运河河道污染较为严重的问题，我们要加强生态空间管控，补齐生态环境短板。推进实施河道治理加固工程，加强自然河道保护和水污染防治，完善污水处理及配套管网等设施。积极推进南水北调配套设施工程、引黄配套工程，加强再生水和雨水等非常规水资源的开发利用，进一步提高城市水资源承载力。按照城市公园、郊野公园、湿地公园等建设模式，推进聊城生态湿地保护与修复，打造滨水自然生态景观。在保护运河文化遗产本体的同时，注意保护其所依托的自然和社会生态环境，提升水体环境的稳定性与融合度。着力做好会通河临清段、临清中洲古城、聊城东昌湖湿地、会通河阳谷段等运河文化生态保护区的保护，高标准推进运河环境整治工作。坚持注重自然、突出生态、加强保护的原则，努力实现人与自然和谐共生，水域生态环境的良性循环。

（六）健全交通网络，完善配套服务

旅游的交通通达性也是大运河国家文化公园建设过程中需要考虑的重要问题。要以《聊城市城市综合交通体系规划（2017—2030 年）》《聊城市城区水上客运（公交、旅游）航道专项规划》《聊城市城市公共交通规划（2017—2030 年）》等政策文件为依托，以聊城段运河为纽带，以东昌湖、徒骇河为主要节点，打造水上交通旅游线路，形成融交通、文化、体验、游憩于一体的旅游复合廊道，健全和完善旅游咨询中心、宾馆、酒店、博物馆、体育馆、图书馆、展览馆等配套服务设施。在不久的将来，借助聊城高铁等基础设施的完善，规划自高铁站、火车站、汽车站直达大运河国家文化公园和相关景区的线路。同时，打造独具特色的步行、乘船与自驾线路，让游客通过不同的游览方式，拥有“远近高低各不同”的全方位视听感受。注重对绿色清洁能源的使用，实现资源的永续利用。健全标准化服务体系，提升旅游等相关服务行业从业人员的整体素质和服务水平。推出独具特色、不同层级的聊城段大运河国家文化公园宣传册和纪念品，保障物流运输的配套性，提升运河文化的辐射面和影响力。

（七）规划精品线路，推动文旅融合

大运河国家文化公园是一项系统性的文化展示和利用工程，与运河文化旅游关系密切。要按照古运河的流经路线，在现有"两城七镇"的基础上，开发精品旅游线路，结合当地相关特色农产品，建设不同风格的文化公园区域，打造运河经济带及城乡生态旅游综合体，将聊城建设成最具吸引力的运河文化旅游名城。征集具有地方特色的各类旅游产品设计，确定大运河国家文化公园的标识，策划系列文化主题活动，打造一批文旅示范区，培育一批有竞争力的文旅企业。扎实推进东昌湖旅游景区提升改造项目、临清中洲古城、景阳冈旅游景区综合提升工程、张秋古镇旅游综合开发项目等重点项目建设，做好临清鳌头矶、运河钞关等重大修缮保护项目建设，开发建设张秋、阿城、七级、李海务、梁水、魏湾、戴湾等运河特色小镇，切实打造特色鲜明、内涵丰富、具有较高层次和水平的运河文化遗产保护与利用的亮点工程，实现运河文化遗产与乡村振兴的能量交换与循环推动，让当地民众共享大运河国家文化公园建设的成果。

（八）推进专家调研，重视人才培养

大运河国家文化公园的建设需要专家、学者进行实地的调研与规划，切实了解当地的基础情况，了解民众的需求。在此基础上，运用相关理论，进行深入分析，为政府决策提供科学合理的、符合实际的可行性建议、方案和保障措施，突出特色，丰满内容。为吸引更多的人才投身到聊城段大运河国家文化公园建设的工作中，可以率先在聊城大学的日常教学中，面向全校师生，开设相关课程，为大运河国家文化公园的建设储备人才，增强后劲和持续力。此外，在大运河国家文化公园的建设中，还要多学科的专家、学者共同参与，以确保其从设计到实施的科学性、创新性。在日常维护与监管中，不仅需要洞察力敏锐、有领导力、思想灵活且执行力较强的管理者，而且还需要具备较高学识水平，善于利用新媒体对外进行传播推广的人才。这项工作贯穿大运河国家文化公园建设的始终，同时也是高质量推进大运河国家文化公园建设的关键所在。

四、结语

开展长城、大运河、长征三大国家文化公园建设，是我国文化建设和体制改革的一项重大创新，更是构建中国特色国家（文化）公园理论体系和话语体系的一次重要实践①。“通过建设国家文化公园、打造文化展示区、串联文化线路，充分展示大运河文化的民族性、多样性、丰富性，围绕文化内涵系统构建主题明确、内涵清晰、脉络完整、功能完善的文化展示空间体系是一个重要的方向”②。大运河国家文化公园建设工作不但在促进运河文化保护、传承方面有着不容忽视的作用，在实现生态保护与经济发展的协调统一方面也具有重要意义③。大运河国家文化公园建设不但是一项系统而影响深远的国家重大战略，同时，也是一项符合时代发展需要与人民需要的重点工程，是推动运河文化惠及民众的重要举措。

聊城以“江北水城·运河古都”著称，文物古迹众多，文化资源丰富，具备开展大运河国家文化公园建设的先天条件。聊城市要紧紧抓住大运河国家文化公园建设这一重要历史机遇，结合自身实际，深入挖掘运河文化的内涵，全方位展示聊城运河文化遗产的自然与人文价值。在保护和传承聊城运河文化遗产的同时，着力推动文旅创新、产业融合，实现大运河国家文化公园建设与经济、社会发展的巧妙结合与相互推动，使发展成果惠及更多的民众，让人民更加关注运河、了解运河文化，提升运河文化在公众生活中的影响力，同时，也为运河文化的发展提供更为丰富的内涵，促进聊城运河文化在新时代得到更好的保护、传承和发展。通过建设大运河国家文化公园，搭建运河文化展示的平台，真正将大运河聊城段打造成为大运河文化保护、传承、利用示范区，使其成为具有全国乃至世界影响力的文化亮点工程。

---

① 王健、王明德、孙煜：《大运河国家文化公园建设的理论与实践》，《江南大学学报（人文社会科学版）》2019 年第 5 期。

② 王健、彭安玉：《大运河国家文化公园建设的四大转换》，《唯实》2019 年第 12 期。

③ 朱小芳：《大运河沧州段国家文化公园建设研究》，《文化创新比较研究》2020 年第 28 期。

大运河国家文化公园（临清段）建设现状、问题与对策

孙维华①

2019年2月，中共中央办公厅、国务院办公厅印发《大运河文化保护传承利用规划纲要》；2019年12月，中共中央办公厅、国务院办公厅印发《长城、大运河、长征国家文化公园建设方案》。2021年5月，山东省文化和旅游厅出台了《大运河（山东段）文化和旅游融合发展实施方案》，进一步增强了顶层设计，为临清推进大运河国家文化公园建设确定了基调、指明了方向。本文在论述临清市大运河国家文化公园建设概况的同时，分析其存在的问题和不足，并在此基础上提出具有针对性的对策和建议，为高质量推进临清市大运河国家文化公园建设提供参考和借鉴。

一、项目基本情况

（一）建设地址

临清市大运河国家文化公园规划区域，北至先锋路，南至温泉路，西至西环路，东到大众路和运河沿岸35米范围内，另含舍利塔片区、济津河公园、魏湾片区、宝塔湿地公园。

（二）建设内容和规模

公园占地面积约126.4公顷，依托临清市中洲古城丰富的历史文化资源，通过建设重点文物保护利用工程、运河环境整治工程、中洲古城风貌提升工程、基础设施建设工程、展示展览工程等项目，整合世界文化遗产、重点文物和

① 作者现任临清市文化和旅游局党组书记、局长。

文化资源，建设以运河为特色、产品内容丰富、配套设施完善、空间布局合理、产业绩效显著的大运河国家文化公园。

（三）投资和资金使用情况

项目计划总投资 50.2 亿元。2020 年获批地方政府专项债券 2.92 亿元。

二、公园建设情况

（一）实施大运河生态环境保护修复工程

一是坚持污染防治与水资源合理利用相结合，努力改善水环境。近年来，临清市持续加大资金投入，外排水主要污染物浓度达到地表水环境质量标准五类水要求，既实现了废水资源化利用，也实现了环境效益和经济效益的双赢。二是加大水生态环境监管力度。重点在卫运河、小运河干流及其沿线重要断面开展加密监测，及时掌握水质情况，监督涉水工业企业污染治理设施的运行，确保达标排放。三是全面建立流域横向生态补偿机制，临清市分别与东昌府区、德州市夏津县签订关于小运河、卫运河上下游流域横向生态补偿协议，2017 年提前完成消除劣五类水体目标，国控小运河（南水北调）邱屯断面达到Ⅲ类水标准。

图 1　临清运河钞关

(二)实施大运河文物保护工程

一是编制相关规划方案。包括钞关片区环境整治设计方案、纸马巷及古民居修缮复原设计方案、清真寺大殿壁画保护维修方案、先锋大桥维修方案、临清剧院和老临清剧院改造提升等规划和设计方案。二是做好文物修缮和环境提升。目前,鳌头矶、冀家大院、张氏民居修缮已经完成;民居门楼修缮正在施工;运河钞关停车场、鳌头矶游客服务中心等部分配套服务设施已经完成;正在深化设计甬道及两侧院落布展方案;舍利塔环境提升工程正在实施。三是加强文化展示和设施建设。钞关主事官房一期、鳌头矶布展已经完成,钞关主事官房二期布展正在进行,钞关甬道两侧房屋布展正在准备设计工作;钞关、鳌头矶的智慧讲解等服务、标识导览系统设施安装完成;运河钞关停车场、鳌头矶游客服务中心等部分配套服务设施已经完成。

(三)实施大运河非遗保护工程

一是建立完善四级非物质文化遗产名录体系。现有国家级非物质文化遗产项目 3 项(临清贡砖烧制技艺、临清肘捶、临清驾鼓),省级以上非物质文化遗产项目 11 项(临清贡砖烧制技艺、临清肘捶、临清驾鼓、临清潭腿、临清时调、健脑补肾丸制作技艺、金氏古筝、临清龙灯、冯圈竹马、田庄吹腔),聊城市级以上非物质文化遗产项目 38 项,临清市级以上非物质文化遗产项目 224 项。同时,还建立了临清市非物质文化遗产档案资料室、非物质文化遗产资料数据库、非物质文化遗产珍贵实物陈列厅。完成出版《临清市非物质文化遗产重点项目汇编》一书。二是推进临清文化生态保护实验区相关工作。2013 年临清市运河文化生态保护实验区成功被山东省文化厅授予省级文化生态保护区,是山东省 9 家省级文化保护实验区之一,也是聊城市唯一一家省级文化保护实验区。2019 年完成《临清运河文化生态保护实验区总体规划》的编制工作,顺利通过省文化厅组织的专家论证会。2020 年在临清市文化馆正式挂牌成立了临清运河文化生态保护中心,积极申报国家级文化生态保护实验区。三是常态化开展非遗展演活动。利用传统民俗节日和“文化遗产日”,举办展览、展演活动;出版临清运河文化生态保护实验区及民间文化研究的相关成果,建设并开通临清运河文化生态保护实验区网站;积极开展非遗展演、产品展示等活动，提升景区文化内涵，促进文化和旅游融合发展。

（四）实施大运河文化价值挖掘阐发工程

深度挖掘运河历史文化，成立了山东社会科学院临清运河研究院；正在启动编纂《临清运河文化丛书》，其分为《运河商都话临清》《临清运河钞关》《临清舍利塔》《临清古今名人》《临清古今诗词》《临清古今文选》《临清戏曲曲艺》《临清民俗文化》《文学作品中的临清》9 部分；《汪灏文集》《吴秋辉与临清》已形成初稿；《山东诗藏》临清卷完成初稿；镇村志编纂工作稳步推进，重点挖掘魏湾镇运河文化资料。

（五）实施大运河文艺精品创作展演工程

一是加强京剧作品创排。2021 年新创作了富含时代气息的崭新作品《我的母亲一百岁》《布衣学子乡土情》，成功入选了省级展演名目，受到专家评审的一致好评。戏剧小品《千里送别》获得第四届全国民间文艺作品展演“优秀剧目”和“最佳人气节目”奖，团长马士利获得最佳导演奖。二是创作运河文化内容的作品。文学作品《少年的运河》，以元代运河为主线，突出运河文化特色，将运河文化与地域的发展紧密结合。其中，《爷爷的赤兔马》在《文学少年》《山东文学》发表，被选入《2021 中国年度儿童文学》，《问津渡》在《儿童文学》发表。三是文艺作品形式多样。《我爱临清我的家》，荣获临清市优秀作品集；歌曲《运河情思》荣获聊城市专业艺术展演一等奖；山东快书《骗我，得商量》、木板大鼓《铁血锄奸》、木板大鼓《临清文化不一般》获得首届中国大运河曲艺文化艺术节优秀节目奖。

（六）实施大运河文化和旅游产业振兴工程

一是编制《临清市文化旅游项目规划》。2021 年 12 月，启动规划编制工作，初步规划方案已完成，召开了专题座谈会，广泛征求了意见，目前正在根据意见对规划进行完善、调整。二是不断推进多元产业融合发展。依托李圈村红色文化、贡砖产业园、孟店生态资源等，促进乡村旅游发展；依托清源正本生物医药科技有限公司、黄河故道地质森林公园等资源，推进文旅康养融合发展。三是积极开展文化和旅游惠民消费季活动。按省、市文旅部门统一安排，持续开展五届文化和旅游惠民消费季活动，结合临清实际，2021 年落实专项资金10万元,通过组织系列主题活动、发放消费券等,有效拉动文旅消费。

(七)实施大运河精品文化旅游目的地提升工程

一是推进景区提档升级。2021年,宛园创建为4A级景区、运河文化旅游景区(舍利塔、运河钞关、鳌头矶)创建为3A景区,不断提升景区的基础设施和旅游服务设施,丰富展示和体验的内容,优化旅游服务质量。二是加强景区推介宣传。2020年底,临清市博物馆、运河钞关、鳌头矶、舍利塔入选12条全国非遗主题旅游线路;2021年李圈村纳入"齐风鲁韵红色热土"红色+文化体验线路;运河钞关、宛园、舍利塔、李圈村等纳入"聊城人游聊城——惠民巴士观光"线路临清一日游。

图2　临清舍利塔

(八)实施大运河文化旅游公共服务提质工程

一是济津河公园提升。铺设了3.5公里自行车道、健康步道,新增绿化面积12平方米,增设7个特色文化广场、3个停车场,健身跑道及相关健身设施配备。济津河公园二期工程正在做前期准备工作,即将开始施工。二是龙山公园提升。主要建设内容为龙山公园绿化、硬化等环境提升,目前已经完成龙山公园硬化及附属基础设施的建设。三是游客中心建设。该项目是集商务接待、餐饮、会议、娱乐、特产销售为一体的综合性游客接待中心，目前项目主体已封顶，2022 年底交付使用。四是完善标识系统。结合城区精品旅游线路的打造，计划制作旅游线路导览标示牌，并对主要的景点进行标识和介绍，为游客提供便利的信息服务，目前正在对接设计制作团队。

（九）实施大运河文化旅游数字化工程

一是利用微信小程序，构建临清文旅资源库，对全市文化、旅游及相关的资源、信息进行整合，实现信息共享，加大宣传力度。目前正在进行页面提升设计，整理相关资料。二是完善景区智慧化设备，宛园、运河文化旅游景区实行网上预约，并对景区内的电子讲解、智慧票务系统进行了提升。宛园景区将声、光、电、全息投影等高科技声像与园中景色深度融合，全新打造沉浸式灯光秀，并增开 VR 体验活动，不断丰富文化展示、体验参与的内容和形式。

（十）实施“好客山东 · 鲁风运河”品牌宣传推介工作

一是打造临清文旅品牌。依托临清丰富的大运河文化，正在编制文旅品牌策划方案，已完成实地调研和文旅品牌调研报告，正在筹备旅游宣传口号征集、专家论证等活动。二是加快文创研发工作。持续推进“临清 · 尚礼”首届文创大赛，创作作品已征集完毕，开展“文创过大年”优秀作品线上展 3 场。三和蜡印花布、临清贡砖入选“山东手造 · 优选 100”“冬奥贡砖”“面塑冰墩墩”等作品在“学习强国”、山东新闻联播、央广网等媒体平台宣传推广。三是大力开展线上宣传活动。组织开展了“视频直播家乡年，运河民俗看临清”2022 年临清“胡同游”暨民俗展演大型网络直播活动，当天直播观看人次达十万人。四是擦亮“中国京剧之乡”品牌。积极开展“京剧传承在行动”系列活动，推进京剧进乡村、进校园、进社区、进企业，筹备全省京剧票友大赛活动，加大京剧文化传承力度。

三、存在的问题

（一）拳头精品项目数量少

目前，除宛园、运河文化景区在文化特色、规模、经营等方面具备一定的带动作用外，其他文旅项目大多处于在建提升状态或者无直接收入，部分古民居保护利用、乡村旅游项目还存在投资大、回报慢、融资难等问题，对拉动文旅消费的作用不明显。

（二）产业支撑体系不健全

文化内涵的挖掘不够深入，深厚的黄河文化、运河文化尚未得到充分彰显，特色文化的创造性转化、创新性发展还不到位；文旅项目中文化类占多数，产品供给不全面，特别是乡村旅游、文化创意类项目还不具备影响力。国有平台公司在项目规划、景区运营、文创研发等专业人才的储备引进上还相对匮乏，融资渠道、形式还不够丰富，运营和管理能力需进一步提高。

（三）多元产业整合度较低

康养、教育、农业、工业、水利等产业与旅游融合度不高，"大文旅""全域旅游"的发展理念有待加强，全域旅游发展的体制机制、政策措施、产业体系尚未有效建立；景区创新业态个性化特征不突出、服务功能单一、营销形式不丰富，多元文化资源整合、跨产业融合需要进一步加强。

四、下一步工作措施

（一）科学规划引领，彰显城市特色

一是健全规划，深入论证。编制《临清市文旅项目规划》《临清市全域旅游发展规划》，深入挖掘论证临清历史文化、运河文化价值，提炼临清文化背景和特色符号，促进文旅深度融合发展，推进多元产业融合发展，构建临清文旅发展新格局，培育文旅新业态。二是完善机制，定期调度。深化文旅专班工作，实行"专班+公司"模式，统筹协调文旅、住建、财政、综合执法等部门及相关镇街，共同推进大运河国家文化公园建设。通过召开调度会、现场办公会等形式，制定任务书、路线图、时间表，对重点任务和重点项目进行跟踪评估，协调解决困难问题。三是信息畅通，共享共建。建立多规合一机制，搭建统筹协调平台，加强各部门单位交流沟通、协同配合，实现资源共享、统一规划、统一指挥"一盘棋"，提升人力、物力、资金、信息等资源的调配效率。

（二）统筹建设重点，打造业态阵地

一是丰富文物景点业态。统筹好保护与发展之间的关系，利用文物遗址已有建筑和院落，填充运河文化内容，通过图文展示、数字化设备、多媒体等方式，对古城文物的前世今生进行系统解读，让游客能够直观感受运河历史、漕运盛景。二是做优做强文旅产业。加快钞关片区环境整治和舍利塔环境提升、运河老街、明清文化园景区等重点文旅项目建设，以运河文化为主线，形成功能各异、文化主题突出的文旅产业重要支撑，把临清打造成为集文化遗产保护与文化体验、文化创意、红色教育、旅游休闲、特色文化商业等功能于一体的文化遗产博览区、市井休闲区、旅游商业区。三是加强基础设施建设。持续推进济津河公园、龙山公园项目沿河环境整治、园路清表、广场硬化、绿化土方整理等工作，强化基层文化和旅游服务设施建设，对文化站和村级综合文化服务中心进行提档升级，扩建村居文化阵地场地，推进基层文旅服务中心发挥职能。

（三）整治生态环境，修复历史街区

一是充分保护文化遗产。梳理各级文物、历史建筑的产权情况和保护现状，推行渐进式、微改造、微更新的方式，对价值高、保护现状较差的各级文物、古民居、历史建筑等进行抢救性保护维修并整治周边环境，既改善居民生活环境，也保护传统格局风貌。二是做好古城设施建设。坚持以创建国家历史文化名城为抓手，统筹推进古城街巷综合管线入地铺设，对历史街区基础设施和古城风貌进行提升改造，改善古城居民人居环境和旅游环境。三是美化运河生态环境。做好河道畅通工作，实现元、明运河与漳卫运河、济津河等水系的互联互通；实现雨污分流，改善运河水质；提升河道沿岸景观，统一文化遗产风貌，打造运河白天和夜游景观。

（四）整合人文资源，提高市场活力

一是推动非遗守正创新。以推进国家级文化生态保护实验区创建为抓手，打造“非遗+文创”品牌，深挖非遗文化内涵，创建“临清有一礼”文创品牌。常态化开展非遗过大年、社火展演、非遗嘉年华等展示展演活动，以景区为载体，打造“临清印象”主题演出活动品牌。二是打造京剧文化品牌。充分发挥京剧团龙头引领作用，深入推进“一年一村一场戏”“悦动城乡 · 多彩临清”等文化惠民演出，广泛开展“京剧进校园、进社区、进农村、进企业、进机关”活动，举办全国京剧票友大赛、京剧擂台赛等交流展演活动，精心创作推出一系列优秀京剧作品，切实将京剧文化打造成临清一张亮丽的名片。三是形成旅游闭环消费。坚持全域旅游的发展理念，在保护运河、古城街巷的基础上，深入挖掘民俗文化、餐饮文化、市井休闲文化、非遗文化等，合理布局游客服务点、停留点和丰富的文化旅游活动，实现动和静、传统和现代相结合，将原先看河赏景的单一模式转变为集休闲、体验、骑行、餐饮、购物等于一体的旅游新模式。

国家文化公园建设背景下阳谷运河三镇的保护与开发[①]

吴金甲　许立娜[②]

古镇是人地关系相互作用的结果，是历史文化遗产的重要组成部分。运河古镇，是指在现代环境中仍保留运河相关的基本特征，其环境、格局、建筑、历史遗存、传统氛围等均保存尚好且因运河而兴的小城镇。运河古镇深受漕运文化影响，具有许多历史、经济和文化价值，其诞生和兴衰都与运河的建设发展密切相关，二者相辅相成、协同发展。改革开放以来，部分运河古镇因对自身价值和优势的忽视而片面追求现代化、工业化，导致部分古迹遭拆、河道淤塞、运河水环境恶化等问题愈加严重，城镇发展与古镇保护之间矛盾突出。因此古镇改造和提升成为新时代亟待解决的现实问题。保护运河古镇，科学合理地挖掘运河古镇的文化资源，传承其文化脉络，保持其古韵古风，对大运河文化的可持续推进具有重要意义。

目前全球被收录于《世界遗产名录》的运河类世界文化遗产共有六处，分别是法国的米迪运河（1996）、比利时中央运河上的四座升船机和周边设施（1998）、加拿大里多运河（2007）、英国庞特基西斯特输水道和运河（2009）、荷兰辛格尔运河以内的阿姆斯特丹17世纪同心圆形运河区（2010）以及中国大运河（2014）。西方对于运河遗产的研究由来已久，并且取得了丰富的研究成

---

① 本文为山东省高等学校“青创科技支撑计划”团队（2021RW011）聊城大学博士基金（321052024）、聊城市社科规划专项“大运河聊城段旅游通航与开发研究”（NDZ172023004）阶段性成果。

② 吴金甲（1987—），男，山东嘉祥人，理学博士，聊城大学运河学研究院讲师，主要研究方向为运河文化遗产保护。许立娜，硕士研究生，聊城高级财经职业学校讲师，主要研究方向为非物质文化遗产保护与利用。

果。国外关于运河的研究主要结合运河旅游资源开发展开，目前米迪运河、庞特基西斯特输水道和运河以及里多运河等遗产运河的功能多以旅游展览为主。在运河资源开发过程中，沿线城镇也得到了较快的发展。如法国米迪运河创造性地将科技结合周边环境融入运河开发，沿线城镇成为遗产教育和旅游开发的重要场所。在开发的过程中重视旅游设施建设、体育休闲和遗产教育，注重民众需求①；加拿大里多运河船闸众多且大多保持着原貌，因此渥太华地区成功推出里多文化遗产廊道生态旅游项目②；英国在保护、传承和利用运河物质遗产和非物质遗产方面具有丰富的立法和管理经验③。

国内对于古镇的研究主要包括时空演变、保护、开发利用、价值评价体系研究等方面④。研究将运河古镇的保护开发利用与古镇所具备的特色文化、古建筑等紧密联系，并通过区位条件、物质与非物质因素进行综合分析，结合相应理论和方法提出相应的保护与开发原则以及举措⑤。关于古镇保护的相关研究主要包括古建筑修缮、文化挖掘、保护方式等⑥。例如，李僩对中国传统场镇的“补丁式”保护方式进行了案例分析⑦。李欢等人注重建筑与街巷布局，从空间规划角度研究如何改进古镇保护状况⑧。汪平西则认为“文化基因”在古镇保护中更为重要，它是古镇保护的灵魂⑨。

目前针对运河古镇保护研究，杨凌凡、李天夏等选择现状勘测、类型归纳

① Barrie Trinder. Pontcysyllte Aqueduct and Canal: World Heritage Site, Industrial Archaeology Review, 38(2016): 76—77.

② Holly M. Donohoe. Sustainable heritage tourism marketing and Canada′s Rideau Canal world heritage site, Journal of Sustainable Tourism, 20(2012): 121—142.

③ Keith Falconer. World Heritage Canal: Thomas Telford and the Pontcysyllte Aqueduct[, Industrial Archaeology Review, 41(2019): 147—147.

④ 施贤明:《大运河与板闸古镇春秋》,《档案与建设》2020 年第 5 期。

⑤ 赵亚琛、曾坚:《景观格局优化视角下水环境生态空间适应性发展研究——以大运河沿线台儿庄古镇为例》,《中国园林》2021 年第 5 期。

⑥ 张弓、胡平平、霍晓卫:《历史文化名镇保护规划分层次保护体系的建构研究——以三亚崖城历史文化名镇保护规划为例》,《中国名城》2011 年第 6 期。

⑦ 李僩:《传统场镇的“补丁”式保护——以重庆潼南双江古镇保护方案为例》,《华南师范大学学报(社会科学版)》2017 年第 2 期。

⑧ 李欢、何杰、孙岩、常乐:《基于公共空间营造的止戈古镇保护规划设计》,《工业建筑》2016 年第 8 期。

⑨ 汪平西:《基于基因植入理念的传统古镇的保护与开发——以淮南上窑古镇保护规划为例》,《城市问题》2017 年第 3 期。

分析方法探讨某一地域运河古镇保护存在的问题[①]。赵一诺则以文化线路为视角探索运河沿岸古镇的保护发展方式,并提出遗产廊道的系统保护以及古镇整合策略[②]。古镇保护与开发利用之间存在一些矛盾。龚克对历史文化名镇保护开发特点及现存模式进行分析总结[③]。何仲禹和张杰则从经济、社会、文化和环境四个维度出发,分析历史文化村镇进行旅游开发的利弊,并提出促进历史地段经济发展和社会结构稳定的建议[④]。与此同时,研究者也注意到保护与开发利用之间联系密切。在运河古镇的开发利用方面,孙琪悦和罗谦从历史文化的角度对里运河滨水空间发展进行探讨,并基于河下古镇段的文化类型提出空间营造策略[⑤]。耿捷以邵伯古镇为例基于空间生产视角对运河古镇的旅游发展模式进行研究[⑥]。王婧以遗产廊道为视角探究京杭运河沿线古镇的旅游发展[⑦]。

总体来说,国内的古镇保护和开发利用研究的深度和广度正在不断拓展,运河古镇的保护与开发利用研究视角多样,应用多学科研究方法,在开发利用中主张做好运河古镇保护、建设、旅游规划,促进古镇可持续发展,并且开始探索国家运河文化公园建设形态之下的古镇保护开发[⑧]。京杭大运河沿线的运河古镇在诸多类型古镇中具有其特殊地位,不同地域古镇的保护开发利用具有鲜明的地域特色。目前对于运河古镇的规划多集中于济宁以南等尚可通航的活态运河区域,而江北大运河因受水源限制而成为遗产运河,其运河沿线古镇的保护开发利用举措与南方地区活态运河古镇有所区别。因此对大运河国

---

① 杨凌凡、李天夏、马宇乾:《"特色小镇"诉求下的运河古镇保护与更新——以扬州湾头古镇为例》,《城市建筑》2019年第7期。

② 赵一诺:《文化线路视角下京杭运河沿岸古镇保护发展探究》,硕士学位论文,中央美术学院,2017年。

③ 龚克、邓春凤:《历史文化古镇的保护与开发策略——以桂林大圩古镇为例》,《安徽农业科学》2011年第17期。

④ 何仲禹、张杰:《旅游开发对我国历史文化村镇的影响研究》,《城市规划》2011年第2期。

⑤ 孙琪悦、罗谦:《文化视角下的淮安滨水空间发展策略研究——以里运河河下古镇段为例》,《现代城市研究》2016年第2期。

⑥ 耿捷:《基于空间生产视角的运河古镇旅游发展模式研究》,硕士学位论文,扬州大学,2019年。

⑦ 王婧:《遗产廊道视角下京杭运河沿线古镇的旅游发展探究》,硕士学位论文,西安建筑科技大学,2015年。

⑧ 薛雯雯:《苏州市古镇大运河国家文化公园建设规划探讨》,中国城市规划学会、成都市人民政府:《面向高质量发展的空间治理——2021中国城市规划年会论文集(09城市文化遗产保护)》,2021年。

家文化公园建设背景下的遗产古镇保护开发利用研究仍存较大欠缺。

大运河文化带建设、大运河国家文化公园建设、乡村振兴战略等都为北方地区运河古镇的发展提供了契机。大运河国家文化公园主要思路是“河为线、城为珠、珠串线、线带面”，借助大运河文化公园建设形态来促进运河沿线古镇的保护，将分散的遗产点串珠成链。由此可见，运河古镇保护开发利用研究是响应大运河文化带建设、推进大运河国家文化公园建设的重要基础性工作。通过对镇级层面大运河国家文化公园建设的解读和剖析，在促进运河古镇保护发展的同时，拓展镇级层面大运河国家古镇保护开发与利用的途径，促进遗产运河文化资源的保护、助力运河古镇可持续发展。以阳谷运河三镇七级、阿城、张秋为典型案例，通过区位条件、运河文化遗产以及发展现状进行梳理，探究保护和开发中的影响因素，基于此提出保护开发利用的对策，为运河的发展提出对策引导，以期为类似境遇的运河古镇保护和开发提供一定的经验借鉴。

一、研究区域概况

大运河聊城段作为古会通河的一部分，属于海河水系，途经今聊城市阳谷县、东昌府区、临清市，是贯通运河南北的重要河段，全长 97.5 公里，文化底蕴深厚，发展基础良好。作为大运河山东段的重要节点城市，聊城市区沿线留有众多运河城镇，是大运河历史遗存的重要组成部分。

（一）古镇概况

1. 七级镇

七级镇位于聊城市阳谷县东北部，镇驻地西南距阳谷县城 26 公里，地理坐标为（116.041497E，36.250841N），辖区南北长 9.1 公里，东西宽 10.2 公里，面积 68 平方公里，处于阳谷县、东阿县、东昌府区交界处。古称“毛镇”，因渡口建设有七级石阶改名为七级镇。元代开凿会通河，运河南北穿镇而过，为七级镇留下了丰富的历史文化遗产。

明清时期七级镇借助运河便利而兴盛，以粮食码头著称并被冠以“金七级”之名，是运河沿岸的商贸重镇。漕运优势使其商业贸易以及文化交流更加繁荣，成为重要的商品贸易中心。目前其产业结构仍以第一产业为主，第二产业发展不充分，有利用京杭运河遗存发展第三产业的倾向，但尚未成型。现七级街道格局是以南北走向的中心街和东西走向的七一大街作为中轴线呈十字状分布。七一街北侧存留有民国时期的小巷，并保留较多新中国成立后的传统商业建筑，如百货商店、春和堂药店等建筑，在运河沿岸众多古镇中具有一定的独特性。

图 1　七级镇古运河河道

2.阿城镇

阿城镇位于山东省聊城市阳谷县东部，西距阳谷县城 25 公里，北距聊城市 30 公里，地理坐标为(116.042485E，36.206442N)，京杭大运河穿镇而过。明清时期扼南北水运咽喉，处东西陆路要冲，水陆交通便利，其繁荣兴衰与京杭运河密切相关。阿城镇是山东运河沿岸重要古镇之一，地理位置优越。历史时期因运河而兴，因运河而衰。明清时期以盐运码头著称，成为北方地区重要的海盐集散地。清乾隆年间在此建成管理运盐的直辖机构——盐运司，还铺设专门运盐的盐道，故有“银阿城”的美誉，成为运河山东段的一颗明珠。

阿城镇具有悠久的历史。春秋时期，阿城镇属齐国，古称“柯”，通“阿”，故又被称为“阿”，秦灭六国后改阿邑(今阿城镇)为东阿，据《续山东考古录》记载“自汉迄唐，东阿未徙治”。汉代设东阿县并作为县城达数百年，至南北朝时期县治东迁，此地仍称为“阿城”。隋代设阳谷县后，阿城镇成为阳谷县下建制镇，到宋代由于遭遇黄河水患影响而搬离。尤其需要指出的是，宋代以前，阿城镇是国内阿胶发明和熬制加工中心。明清时期，中央政府在阿城兴修水利枢纽以调节运河水源，利用便利的水陆交通将食盐调运到此进行转发，成为运河山东地区重要的物流与商业基地。

图 2　阿城镇古运河河道

3.张秋镇

张秋镇位于阳谷县城东 20 公里，其地理坐标为 116.017243E，36.071519N，南与河南省台前县接壤，北邻阿城镇。相传，因当地地势低洼，每年秋季常涨水成灾，故名“涨秋”，后因水患灾害频繁，当地居民出于对水字的禁忌，将“涨”字水偏旁省去改成“张秋”。“张秋”之名最早见于唐五代时期，宋代称“景德镇”，明代曾一度改名为“安平镇”，清朝复称“张秋”，沿用至今①。明清时期张秋成为运河沿线重要的河政、漕运和商业中心②。1940 年成立山东省张秋县抗日民主政府。1984 年建山东聊城地区张秋镇至今。

2020 年 4 月 30 日，山东省人民政府办公厅出台大运河文化保护传承利用实施规划③，为保护运河文化遗产、传承和利用提供了重要依据。在该规划中，张秋镇作为周边历史风貌保护重点，被列入“历史文化名城名镇保护工程”。

图 3　张秋镇运河景观

（二）遗产现状

1.七级镇

七级镇作为京杭大运河山东段沿线的重要城镇，具有丰富的运河遗存，尤其是存留的闸座、桥梁以及碑刻等是运河漕运和运河城镇发展兴衰的见证。七级镇借助运河遗存保护与利用来促进古镇的发展，并构想建设“运河文化古镇”。故遗产运河的现状对古镇的规划发展具有重要意义。

七级镇的运河遗存主要为七级码头、七级下闸、七级古街区、七级水次仓、七级闸官署等。七级码头古迹遗址经过科学考古发掘也是目前山东段所知保

① 韩学斌主编：《阳谷年鉴，张秋镇概况》，方志出版社 2017 年版，第 407 页。

② 董鉴泓：《中国城建史》，中国建筑工业出版社 2004 年版，第 207 页。

③ 《山东省人民政府办公厅关于印发山东省大运河文化保护传承利用实施规划的通知》，《山东省人民政府公报》2020 年第 12 期。

存最为完整的古运河码头。2013 年 10 月,七级码头被列为“山东省重点文物保护单位”,其始建年代已不可考。

图 4　七级码头全景

图 5　七级码头石碑

七级下闸在 20 世纪 60 年代被修整改建为七级北大桥,是大运河重要的水工遗存。在对其进行修缮时使用了大量的古碑,并且没有破坏整体的基础结构,主要由闸口、迎水燕翅、跌水燕尾、裹头、墩台、闸底板以及木桩石材等部分组成。

图 6　七级下闸石碑

图 7　七级北大桥

除了码头和闸坝等直接的运河遗迹以外，七级镇还有诸多因运河而发展起来的街区、商铺和庙宇等，体现了运河对于城镇的影响。七级古街区建筑保存完好，集合清末、民国、文革多时期建筑，建筑风格独特。古街尚有 1100 米保留程度较高，是阳谷运河三镇现存最为完好的古街。街内有“春和堂”药铺、“翟家祠堂”“一碑担两间茶馆”“八卦楼”“春和粮店”等建筑，展示了古镇当年的繁华。七级镇庙宇名称繁杂，种类很多，但诸多庙宇已被损毁，且传统中进献香火的大会也因庙宇的损毁不复存在。

运河文化是在运河文化系统的作用下，依托大运河沿线的地方风土人情多重文化相互融合交流形成的一种独特文化。鉴于非物质文化遗产是传统民间文化表现形式，具有特殊的研究价值，运河非物质文化遗产主要包括与运河相关的民俗、技艺、曲艺、舞蹈、民间文学等①。

明清时期七级镇是漕运码头，往来货运繁忙，停泊的舟船众多，并且是士子和官吏从南方走水路借助运河进京的必经之地，由此常常留存描绘北方运河古镇繁荣的名家诗句。例如，明代万历年间的文学家、戏曲家、诗人汤显祖曾几次路过七级镇，并在七级镇的田宗客馆居住并留下诗句②。除此之外，七级镇的主要非物质文化遗产为柳编，使用的材料均取自当地，七级镇柳编技艺基本维持，但受现代生活影响，技艺传承出现断层现象。

运河沿岸留下了丰富的运河文化遗存，在以物质形态展示出来的同时也孕育了不同的地域文化（表1）。遗产运河代表了人类借助水运的迁徙和流动、实现商品互惠和思想交流，并通过物质和非物质遗产体现所形成的文化特征。将各类建筑、码头、粮仓、闸口、桥梁等物质文化遗产和地域性的非物质文化遗产、地方民俗等相互结合起来，不仅可以用线性文化遗产理论保护方法来推动区域性的运河遗产保护，更可以将物质和非物质文化的融合作为对具体城镇保护开发利用的前提。

表1　七级镇运河文化遗产一览表

类型	遗产类别	遗产名称
物质文化遗产	运河遗迹	七级上闸、七级下闸、七级水次仓、七级闸官署
	商铺街巷	春和堂、百货商店；七一老街、南极台街、东顺河街、永安街、吉庆街、春秋阁街、关帝皋街
	传统院落	翟家祠堂
	宗教建筑	三义庙、真武庙、奶奶庙、龙王庙、罗汉庙、土地庙、关帝庙
非物质文化遗产	技艺	柳编

① 胡梦飞：《山东运河非物质文化遗产的保护、传承与利用》，《湖北职业技术学院学报》2021年第2期。

② 朱年志：《明清山东运河小城镇的历史考察——以七级镇为中心》，《华北水利水电大学学报（社会科学版）》2017年第6期。

2.张秋镇

张秋镇运河文化内容广泛，包括商业文化、城镇文化、漕运文化、市井文化、宗教文化、民俗文化等。张秋镇共有各级各类文保单位18处，仅镇驻地就有8处。元明清时的张秋镇因特殊地理位置成为三县人流、物流集聚中心和著名小商品集散中心。

张秋镇境内现拥有国家级文物保护单位4处，省级文物保护单位3处，市县级文物保护单位11处(见表2)。按照其内容和属性，可将其分为运河河道及附属设施、运河相关历史遗存和运河非物质文化遗产三大类。

表2 张秋镇运河文化遗产一览表

类别	遗产名称	备注
运河河道及附属设 施	张秋古运河	全国重点文物保护单位
	运河码头	——
	荆门上闸、下闸	全国重点文物保护单位
	运河石桥	聊城市文物保护单位
运河相关历史遗存	张秋镇关帝庙	山东省文物保护单位
	景阳冈风景区	全国重点文物保护单位
	张秋城隍庙	聊城市文物保护单位
	陈家大院	聊城市文物保护单位
	戊己山	——
	黑龙潭	——
	任仙祠	聊城市文物保护单位
	挂剑台及五体十三碑	聊城市文物保护单位
	张令璜墓	聊城市文物保护单位
	张秋清真寺	阳谷县文物保护单位
运河非物质文化遗产	张秋木版年画	国家级非物质文化遗产
	景阳冈陈酿酒传统酿造技艺	市级非物质文化遗产
	阳谷顶灯台	市级非物质文化遗产
	张秋炖鱼	县级非物质文化遗产
	张秋壮馍	县级非物质文化遗产

3.阿城镇

阿城镇历史遗迹丰富，著名的有盐运司会馆、於陵会馆、阿城闸官署、海会寺、刘公祠、清真寺及古阿井。其中由阿城山西盐商和阿城盐运司联合创立的盐运司会馆是大运河沿岸仅存的与盐运有关的历史建筑群，整体保存较好，仅山门和戏台损毁，又称南会馆、山西会馆。於陵会馆为周村商人所建，俗称东会馆，与盐运司会馆共同见证了阿城镇作为运河重镇商业的繁华，早年因年久失修坍塌。另外，阿城还保留有海会寺、清真寺、刘公祠等古迹，其中，阿城古城墙为汉代遗迹，和古阿井均为省级文保单位。众多古镇遗迹洋溢着富有古韵诗意的独特魅力，尽显千年古镇昔日的繁华和古朴。

阿城镇文化资源特色鲜明，以运河文化为主线，表现为物质文化与非物质文化兼容并蓄，底蕴深厚的特点（表3）。文化特色具体可分为漕运古镇、盐业古镇、文化古镇、阿胶古镇四个方面。

表3 阿城镇文化特色与发展状态一览表

文化分类	类别	存在问题
物质文化	民居建筑	传统民居保存状况较差，运河区域新建民居多以仿古为主
	古镇街道	古镇内街道有待修复或整体复原
	运河遗迹	盐运司衙门保存良好、於陵会馆损毁严重、阿城闸官署尚需重建
	地域文化	阿胶文化为古镇文化品牌且传承较好，漕运文化、盐文化等特色不鲜明
非物质文化	民间传说	收集整理、传承推广不够
	民风民俗	基本维持其真实性，受现代生活影响，多样性不够

二、古镇保护开发的SWOT分析

SWOT分析法是进行战略规划的典型分析方法，该方法是以分析企业内外部环境为基础，对研究对象进行系统的评价，以达到选择最佳发展战略的目的①。本研究重点分析运河古镇保护与开发的优势（strength）和机遇（opportunity），简要分析劣势（weakness）和挑战（threat）。

（一）优势

1.运河文化底蕴深厚

明清时期政府重视漕运，在山东境内运河沿线设置了专门机构用以征收、

① 马大慧、王露璐、李文辉、于华：《苏北运河水域生态体育旅游研究》，《体育文化导刊》2013年第2期。

运输和储存物资，七级镇设有存放本县漕粮的小型水次仓，用以存储与转运漕粮、赈济灾荒、供应军粮以及填补仓粮缺额等。七级镇的运河物质文化遗存主要为七级码头、七级下闸、七级古街区、七级水次仓、七级闸官署等。尤其是对七级下闸的考察挖掘，利于研究运河船闸的运行方式、水工建筑。所留存大量石碑保存相对完整，利于研究运河古镇的人文历史。

区位条件是影响城镇发展的重要因素之一，阿城镇属于阳谷县东部的门户镇，为区域特色小镇培育提供了良好的区位条件。近年来，阿城镇抢抓"数字赋能"发展机遇，高度重视运河文化和人才建设。此外，作为区域特色产业的阿胶熬制和加工技术形成较早，产业基础雄厚，已长期成为我国阿胶熬制生产加工中心之一。近年来，阿城镇阿胶生产规模有所扩大，行业产值增加迅速。

作为独具特色的运河古镇，全盛时的张秋面积很大，分为东西两城，有护城河环绕。清代时有九门，城门外为关厢街，有"九门九关厢，七十二街八十二胡同"之说。古镇内公共建筑众多，是中国传统城池公共建设内涵的集中体现。如文昌阁、毛帝庙、城隍庙、碧霞行宫、真武庙、申明亭、等张仓、火神庙、鲁班庙等。但现在只有几处历史遗迹得以保留。虽然镇上颁布了保护现有文物古迹的条例，但几乎所有文物古迹保存现状均较差，情况颇为堪忧。张秋镇旅游业的发展并未充分利用该地特有的运河物质文化遗产与非物质文化遗产。张秋镇拥有自己的地方特色，其中最为著名的有张秋木版年画、张秋炖鱼、景阳冈陈酿酒，这些作为张秋的非物质文化遗产虽具地方特色，但并未带来明显的产业效益，更不存在规模化的发展，只是空有技艺而未得以充分开发利用。

2.交通条件较便利

张秋、七级、阿城三镇地处阳谷县东北部，黄河以北，属于山东省聊城市，北靠东昌府区，东接东阿县，西邻莘县，南边则与台前、范县接壤，隔黄河同东平县相接。且处于阳谷县、东阿县、东昌府区三地交界处；七级镇与张秋、阿城两镇联系密切，文旅资源相通，规划协调。总的来看，目前三镇属于阳谷县东部的门户城镇，区位和交通条件较偏远城镇来说有一定优势。近年来，聊城市政府一直把发展当地旅游产业作为政府工作的重中之重，持续加大对旅游产业的政策和财政支持力度,初步形成集生态观光、休闲度假、林果生产等功能于一体的综合性国家历史文化名城,目前工程正在积极建设中。近几年,聊城市加大了对外宣传推介力度,尤其是2022年7月成功举办2022大运河主题旅游海外推广季启动仪式,展现了聊城地区运河风貌,同步举办的大运河手工艺品展、“河和之契”大运河黄河书画名家创作大展、“大河风华”大运河黄河文化旅游摄影展、大运河城市专场推介等一系列丰富多彩的活动也推动了聊城地区文旅融合的进程。相关规划的落地及活动的开展为阳谷运河三镇保护提升利用提供了良好的机遇。

(二)劣势

1.运河遗产损毁

由于历史原因,运河长期失修、堵塞严重,工程设施多数处于无人管理的状态,闸坝废弃。运河遗产功能性受损,七级镇古格局不复存在,对其进行恢复存在一定难度。古街已开展了相关保护,但不少清末及民国年间的建筑仍面临年久失修的窘境,给排水设施有限,消防设施更是缺少,居住质量难以保证。七级水次仓、七级闸官署等运河遗存和南极台街、东顺河街、永安街、吉庆街、春秋阁街、关帝皋街、三义庙、真武庙、奶奶庙、龙王庙、罗汉庙、土地庙、关帝庙等遗迹淹没在历史长河中。

如今张秋镇内城墙已不复存在,大部分古街巷、古寺庙也被拆除,昔日辉煌的格局由于居住需要的扩建被几度破坏。村镇建成区的逐年扩张,对镇内文化遗址环境造成侵占,更多历史遗迹随时间的流逝被严重蚕食,丧失了必要的观赏价值。因道路、建筑、围墙等的分割,多数文化遗址资源的分布范围、空间格局等价值载体得不到有效阐述,古镇文化资源更得不到有效的整合与传播。

当前阿城还有许多古民居、名人宅院、古祠堂、古桥梁船闸等急需修复,富有特色的古迹需要复建。建筑修缮要将古镇文化贯穿于始终,既要体现自身的个性,又要与街道及古镇整体风貌协调,以复原古镇的风貌。

2 经济实力有限

聊城地区属于山东欠发达地区,与发达地市相比,在经济社会发展水平、产业结构层次、经济增长方式等方面差距较大。聊城市的GDP在山东省内处下游水平，由于地理位置等因素，聊城市的经济在省内一直不温不火。聊城市是山东省传统的粮食生产基地，农业和重化工业所占比例较大，高新技术产业和第三产业与胶东地区比较还有很大差距。聊城工业整体水平不高，优势产业的规模效益尚未完全显现，传统产业所占份额较大，生产的多是低附加值的劳动密集型和资源密集型产品，高新技术产业发展滞后。七级、张秋、阿城三镇作为聊城市阳谷县下辖乡镇，经济发展也主要以农业为主，经济发展水平较低。运河古镇培育还需要一定资金投入，以营造良好的发展建设环境，镇域经济实力偏低是制约古镇发展的限制性因素。

（三）机遇

1.大运河国家文化公园建设

自2014年京杭大运河申遗成功，运河古镇保护开发被纳入大运河文化带的建设当中。国家文化公园建设工作领导小组2021年8月印发《大运河国家文化公园建设保护规划》要求沿运各地加大管控保护力度，加强主题展示功能，促进文旅融合带动，提升传统利用水平，推进实施重点工程，着力将大运河国家文化公园建设成为新时代宣传中国形象、展示中华文明、彰显文化自信的亮丽名片。注重线性遗产的综合发展，不断增强运河沿线城镇的交流，在不同地域不同层次的交流中将本地区运河文化传播出去，推动运河周边城镇的运河文化产业联合发展。大运河国家文化公园的建设为运河沿线古镇的保护和开发提供了更为直接的帮助。

山东省发布《大运河国家文化公园（山东段）建设保护规划》也对山东省认真落实国家要求、切实搞好山东省大运河国家文化公园建设，提出了明确的要求。聊城段运河城镇密度相对较大，在聊城“两城七镇”的建设布局中，阳谷三镇占据重要地位，正致力于修复运河生态、打造运河古镇、开发大运河文化旅游产品。

（四）挑战

1.上下游运河古镇开发的竞争

随着大运河文化带建设以及国家文化公园建设，大运河作为巨大的线性文化遗产贯通南北，北京、天津、河北、山东、江苏、浙江等都在进行运河古镇的保护开发，而且运河文化并非山东独有，南方地区无锡、苏州、杭州等地都有诸多运河古镇[1]，且文物古迹保存相对较好，质量也具有比较优势。苏州市、无锡市、扬州市、天津市、杭州市等沿线城市的规划中也明确提出打造运河文化古镇。北京张家湾古镇[2]、河南道口古镇[3]、扬州邵伯古镇[4]等运河古镇在运河遗产及运河文化的丰富度、资金、开发程度等方面都具有很强的竞争力，因此阳谷三镇的保护开发要充分发挥比较优势，着力避免同质化竞争现象。

表 4　阳谷三镇保护开发利用 SWOT 分析表

内部因素	优势(S)	劣势(W)
	运河文化底蕴深厚	运河遗产损毁
	交通条件便利	经济实力限制
外部因素	机遇(O)	威胁(T)
	大运河文化带建设	上下游运河古镇开发的竞争
	相关政策扶持	基础理论研究相对滞后

在 SWOT 战略分析后的战略制定上，可以进行战略的组合，形成 SO、WO、ST、WT 的战略组合，在内部发挥优势、克服劣势，在外部抓住机遇、迎接挑战，依据战略组合选择最优举措。如下表：

表 5　阳谷三镇保护开发利用战略组合表

	内部机遇(S)	内部劣势(W)
外部机遇(O)	SO 战略	WO 战略
	充分利用国家战略，挖掘运河文化内涵，保护运河遗产，与运河文化公园建设相联系	抓住政策机遇，弥补资金不足，进行文旅融合发展，进行生态环境治理修复
外部挑战(T)	ST 战略	WT 战略
	深刻认识遗产运河的价值以及对古镇的带动作用，打造特色品牌	保护修缮运河遗产，加强基础理论研究

三、保护与开发对策

大运河的建造史与其沿岸的聚落发展变迁史密切相关，运河的存在推动

① 赵一诺：《文化线路视角下京杭运河沿岸古镇保护发展探究》，中央美术学院硕士学位论文，2017 年。

② 王铭、刘爽：《运河京门：张家湾运河古镇的独特定位及其当代塑造》，《新视野》2021 年第 3 期。

③ 陈静、闫文君、常淼：《河南道口运河古镇历史地段保护及更新设计》，《工业建筑》2018 年第 3 期。

④ 陈华、汪涛：《运河古镇扬州市邵伯镇历史文化特色保护》，《山西建筑》2021 年第 6 期。

了人类聚集形成聚落，而聚落中的人类活动也改变着运河周围环境。大运河及其沿岸聚落在历史文化和自然环境上是交叉融合且不可分割的。大运河国家文化公园建设为阳谷三镇保护与开发利用提供了良好的契机。面对运河古镇境内现存众多文化遗产及非物质文化遗产，对于后续发展既要注重对文物的保护也要注重其开发带来的经济效益，因而对其文化产业的研究显得尤为重要。在运河古镇的保护过程中，更要注重人居环境质量的提升，打造舒适的人居环境有利于激发人们对现存资源的保护意识。对阳谷运河三镇的保护开发利用需要科学规划、群策群力，在政府的指导下积极引进社会资本，结合乡村振兴战略，不断提高古镇自我造血能力，为古镇的保护利用提供持续动力。

（一）保护与开发原则

1.原真性与完整性原则

原真性，是指保护原本的、真实的历史文化遗产，要尽量保持遗产的原物、原貌和历史印迹。对历史遗产进行保护与开发主要有遗产价值辨识、遗产保护、遗产利用三个子课题。原真性和完整性是三个子课题所必须坚持的核心原则："遗产价值辨识"的本质是对其进行认识；"遗产保护"是采取举措保护管理；"遗产利用"更侧重于可持续利用①。

2.可持续发展原则

可持续性是指确立遗产保护对象后，采取法律、教育、资金、宣传、管理等诸多举措对其进行全方位可持续的保护。运河古镇发展的支点在于运河文化遗产，需要杜绝只注重经济效益的片面发展观，以功利的手段过度推行商业开发。若运河文化遗产的真实性和完整性破坏严重，运河古镇的保护开发则会失去其动力。在对运河古镇的保护开发利用过程中要将运河文化遗产保护放在首位，不能盲目大规模开发，使运河遗产得以长期留存并且可以持续利用。

3.协调发展原则

协调发展原则是指要统筹兼顾区域经济、社会和生态等方面，平衡多层次、多主体的利益。协调发展原则建立在可持续发展思想的基础之上，在对运

① 张成渝:《国内外世界遗产原真性与完整性研究综述》,《东南文化》2010 年第 4 期。

河古镇进行保护开发的时候要注意规划先行，突出顶层设计，统筹考虑资源、区位和市场需求，处理好政府、当地居民以及开发商等各利益主体的关系，努力构建运河遗产活态保护与开发的可持续发展协调机制，促进运河古镇经济、社会、环境三者协调发展。

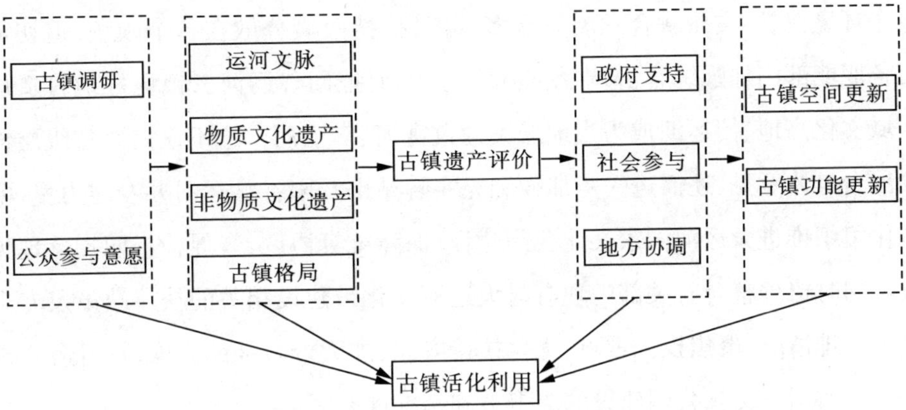

图 8　阳谷运河三镇保护利用构建示意图

(二)保护利用措施

1.全面开展古镇调查

阳谷运河三镇遗产类型较丰富，在黄河以北地区属分布密集区域。因此建议全面开展三镇大运河遗产资源的调查、认定，结合调研实际落实建设项目遗产影响评估制度和工程建设考古前置制度，及时发现、掌握考古项目底数，科学确定古镇考古项目的考古发掘计划。开展三镇大运河文物及考古领域的专题研究，加强对重要考古成果保护利用工作的监督检查，努力打造大运河文化带“山东标识”。由于镇域及阳谷县经济实力及文化人才的限制，建议把阳谷三镇大运河文化研究纳入省市文脉整理研究与传播工程，集中进行“文化高地”攻关研究，深入挖掘和全面阐释大运河遗存所承载的历史文化。

组织开展非物质文化遗产田野调查，建立运河沿线非遗动态数字化档案，实施运河非遗记录工程，全面、客观、系统地采集记录非遗名录项目和非遗传承人的情况。此外，还需要充分调研了解古镇居民对大运河文化保护传承的认知状况，结合调研实际制定相关的改造提升方案。重点建设公众认同度高的著名遗产景点，并以此为中心开展建设工程，采取点轴式发展模式带动周围遗产景点，以交通设施条件与运河为轴线串联三镇及聊城地区周围其他遗产景点，结合交通优势、客源优势、宣传优势，进而实现增加旅游客流量的目标。

2.加强综合协调

大运河国家文化公园建设涵盖面广，涉及文化遗产保护、基础设施建设、生态环境保护、文旅融合发展等众多部门，扶持政策分散在各个领域，迫切需要各职能部门加强综合协调、统筹推进。如何把阳谷运河三镇更好地打造成区域文化高地、使运河成为当地居民的致富河、幸福河？这不仅需要省级层面要出台具体意见，还需进一步加强和充实聊城市及阳谷县运河办专门力量，实体化组织推进大运河国家文化公园建设，保障统筹协调、督促检查职责落地见效。同时梳理整合有关部门现有与大运河文化带建设相关的扶持政策及专项资金安排情况，聚焦投入重点，优化扶持方向，加大资金补助力度，提升各方参与大运河国家文化公园建设的凝聚力和精准度。

3.高标准保护

目前阳谷三镇中仅七级镇还保存有相对完整历史地段，明清极盛之时街巷繁密，随多年的历史进程不断变迁，尚需考虑如何呈现沿袭明清时期的古镇基本格局。在梳理古镇格局的基础上整治街巷景观，完善公共基础设施。古镇保护开发过程中要保留格局和尺度尚为完整的传统街巷，七一古街、西街两侧的单体建筑多建于新中国成立之后，并且保存有百货商店等建筑。随着漕运的衰落，这些原本承担公众交流场所功能的街巷逐渐走向没落。此外，为充分发挥街巷功能，需要修缮传统民居，整治规范新建民居。在此基础之上完善街巷道路等设施，充分利用零散的街巷空间，提高空间利用率，并精细化管理。重点是建设公共服务设施和文化旅游设施，通过铺设青石板路和绿化建设将整个街巷空间系统相贯通，美化街巷景观格局，提升古镇的生命力和旅游服务能力。

4.充分挖掘文化底蕴

在建设当中注重挖掘运河文化底蕴，认识到大运河赋予运河沿岸古镇的丰富历史文化价值。在大运河国家文化公园建设背景下，保存大运河文化共性的同时挖掘古镇的独特个性。对于运河古镇而言发展的支点就是对运河遗产的保护和利用，对运河遗产来说最好的保护方式是对其“活态”利用。运用运河遗产进行数字化利用、生态利用和旅游开发建设等多种方式,修建保护三镇的闸、坝、桥梁等运河水利工程遗存,并以此为基础作为展示会通河段闸河特色展示区。充分利用现代科技手段,对漕船过闸进行模拟显示或采用3D虚拟现实全景技术,重现昔日运河城镇的繁华商贸等历史场景,使其成为展示鲁运河文化和古城历史的一条时光隧道,成为大运河国家文化公园建设中的瞩目点。

5.树立运河古镇品牌,促进文旅融合

充分传承本地区运河文化,首先需要形成运河古镇文化IP,吸引年轻一代和艺术机构进驻,尤其可以吸引新媒体行业从业人员以及运河文化爱好者。构建创意空间、文化产业集群,通过此方式将历史文化与现代生活相融合,提供整洁美观的街道空间、多样的社交场所和充分的创意空间①。阳谷三镇附近区域有众多的土特产,如东阿阿胶、东昌毛笔、剪纸、葫芦雕刻、木版年画、临清哈达等等,均可作为旅游产品引入并开发创造,在古街展示技艺。将历史文化街区适度改造为旅游街区,充分发掘本区域吃、住、行、游、娱、购的特色,展现特色地方产品和文化习俗。

阿城镇自古就是我国著名的阿胶产地,目前,阿胶熬制在阿城镇仍有广泛的基础,带动了一批人口就业。当前可以以古阿井为中心,以古阿井阿胶工厂为载体,将工厂进行转型再升级,用实际行动践行“绿水青山就是金山银山”的绿色发展理念。打造花园式工厂,面向游客开放非保密区域,用现代科技诠释阿胶文化,融合智能机器人、全息投影、4D等多媒体技术演绎千年阿胶风采;将生产场景融入互动体验,让游客在胶香弥漫中参观感受千年阿胶的生产工艺和流程。

6.完善交通体系,集中连片发展

完善古镇到中心城区的交通系统,加速从中心城区到古镇的空间转换,使游客进入古镇进行休闲娱乐所耗用的时间和成本减少。加强与周围运河古镇的协调发展以及合作交流,考虑到单个村庄影响力的有限性,在打造运河文化带这一趋势中联合扩大影响力,推出联通三镇的旅游线路串联可游览景点,在此过程中需注意打造本镇独有的旅游特色。结合周边消费群体及交通状况,旅游人群将

① 林惠清、欧振武:《历史文化名镇名村声景营造研究》,《中国名城》2020年第3期。

以短途游居多，绝大部分来自聊城周边地区，且大多数可能为观光型游客。可以沿运河小镇与景阳冈景区进行综合开发，延长目标群体旅游时间。

7.协调利益群体，完善居民参与机制

居民作为镇域旅游业发展的直接利益相关者，进行古镇旅游开发建设必须保障当地居民的利益。首先需要使当地居民享受到建设运河带来的益处，使居民不排斥所带来的改变和建设。其次是居民积极参与到镇域旅游业发展。使原生居民参与到古镇的文化和旅游建设中，原生居民的融入可以使古镇保护开发更能保留其传统。在发展过程中，政府部门、当地居民、企业多方主体需要进行利益共享，以切身利益促进多方主体共同参与文化遗产保护与开发建设。

四、结语

运河辐射区域内古镇的进一步发展，也需要在运河遗产的基础之上开展，运河和古镇相辅相成，共同发展。在大运河国家文化公园建设的大背景下，运河沿线遗产保护开发向区域协同发展成为必然。推进以遗产运河为主要方向的古镇保护不仅对古镇具有重要意义，在很大程度上更有利于实现古镇与运河的双赢。现如今，江苏塘栖、扬州邵伯等古镇借助运河遗存与自身特色相结合已取得瞩目的保护与开发成效，但黄河以北不可通航河段的运河古镇如何结合运河遗存进行保护利用仍缺乏系统的研究。

因此，在运河文化建设主旋律下，要严格监管古镇维护和发展，进一步维护古镇运河历史文化遗产的真实历史风貌和建筑完整性，不断推动物质文化遗产和非物质化遗产的保护弘扬，提高解决生态环境问题的能力，统筹运河各要素与系统之间的治理关系，强化运河河道水系管理与保护，与文化旅游深度融合共同发展，并借助古镇现存的历史文化遗迹，不断挖掘其人文特色和时代特色。运河和古镇作为命运共同体，在漕运时期运河促进了古镇的发展，现如今大运河国家文化公园建设的推进，无疑会给古镇的发展带来新的机遇。

关于济宁大运河国家文化公园建设的思考

焦振炜①

济宁与大运河有着千丝万缕的联系，举世闻名的京杭大运河在济宁穿城而过，作为济宁对外开放交流的重要通道，曾为济宁带来了数百年的繁荣，将济宁的商业文明推向了顶峰，济宁也由此获得了“江北小苏州”和“中国运河之都”的美誉。大运河在数百年的历史演进中，不仅是条诚招四方来客、汇聚八方财源的致富河，还是条有着丰富内涵、深厚底蕴的文化河，更是条造福一方水土、养育周边百姓的幸福河。近年来，济宁市各级党委、政府高度重视大运河文化的建设发展，积极响应国家部署推动大运河国家文化公园建设。济宁作为中华文明的重要发祥地，积极开展大运河国家文化公园建设是传承弘扬优秀传统文化的客观需要，可以为中华民族伟大复兴集聚智慧和力量，对于坚定文化自信、彰显中华优秀传统文化的影响力具有十分重要的现实意义。就济宁自身而言，大张旗鼓地开展大运河国家文化公园建设符合中央及省市战略部署，具有广泛的社会基础和深厚的群众基础，是大势所趋，民心所向，济宁有条件、有能力、有优势把大运河国家文化公园建设好。

一、济宁大运河国家文化公园的建设现状

（一）资源丰厚蓄势待发

济宁位于京杭大运河核心地段，全长约 230 公里，流经梁山、汶上、嘉祥、任城、太白湖新区、鱼台、微山等 7 个县区，是大运河全线重要的水陆交通枢

---

① 焦振炜（1975—），男，大学学历，济宁市运河文化研究会特邀副会长，研究方向为大运河工程技术史、大运河航运史。

纽,南北物资运输的水运重镇,素有“中国运河之都”之美誉。虽历经岁月演变,辖区内仍存留了一定体量、类型丰富的大运河文化资源。既包括总督河道部院署遗址、南旺分水枢纽遗址等重要历史文化遗迹,又包括太白楼、东大寺、潘家大楼、吕家宅院、戴庄花园、南阳古镇等一大批富有地方特色的历史文化景点。济宁还是北方少有的水资源富足的城市,主要河流有黄河、京杭大运河、大汶河、泗河、洸府河、惠河、洙赵新河、万福河、白马河、西支河、东鱼河、复新河等。济宁现有湖泊主要是南四湖和太白湖,历史上还曾有安山湖、南旺湖、蜀山湖、马踏湖、马场湖等。南四湖由微山、昭阳、独山、南阳四个湖泊共同组成,总面积1200多平方公里,是中国北方最大的淡水湖,水域广阔,水产丰饶,风光秀丽,水生动植物丰富多样。这些资源为济宁建设大运河国家文化公园创造了必要条件,奠定了坚实基础。

(二)项目建设开局良好

近年来,济宁市有关部门积极响应党和国家大运河文化带建设的号召,对现有大运河文化重点项目进行升级改造。加快落实物力、财力、人力等建设要素,积极推进项目开工的必备条件和审批手续,有力推进大运河文化项目建设。一是大运河南旺枢纽博物馆项目升级改造完毕,正式对外运营。该项目作为国家南旺枢纽考古遗址公园配套项目,已纳入大运河国家文化公园重点规划项目和山东省大运河规划建设重点工程。科技馆占地约5000平方米,馆内水工模型长50米,宽7米,旨在通过物理模型方式全方位展示南旺枢纽工程的科技价值,使观众切身体验大运河深沉厚重的文化内涵。二是总督河道部院署遗址博物馆项目持续推进。该项目东临古槐路,西邻云路街,北依院后街,南沿西门大街,用地面积4.15公顷,总投资约1亿元。2020年7月完成了遗址考古发掘工作,2020年11月总督河道部院署遗址博物馆举行了项目开工仪式,目前主体工程已经封顶,其余工程仍在建设中。三是“运河记忆”文化街区项目正在建设施工中。“运河记忆”分为三期进行规划建设,该项目按照景区化、公司化运营模式,串联东大寺、竹竿巷、太白楼、宣阜巷、玉堂酱园及沿河桥梁等历史文物景点,旨在包装实施一批有历史记忆、有时尚元素的文旅项目,形成“一河两岸、三街六巷、四馆五点”的生动景象。2022年8月4日晚,七夕之夜，运河记忆历史文化老街举行了隆重的开街仪式，老街已被山东省命名为省级示范步行街。四是济宁主城区至微山南阳的水上旅游线路已经开通运营，弥补了从市区没有直达南四湖旅游区大运河水上线路的缺憾。五是微山湖旅游区成功创建国家5A级旅游景区。该项目通过对微山湖旅游区景点提升改造、配套服务设施建设和综合环境整治，达到国家5A级旅游景区创建标准。微山湖旅游区于2022年7月被国家文旅部正式确定为5A级旅游景区。

图1　建设中的总督河道部院署博物馆

图2　运河记忆历史文化老街开街

（三）政府扶持逐步增强。2020年初，根据济宁市委、市政府工作部署，成立了运河文化经济带建设指挥部，由市政府分管市长担任指挥长，分管秘书长任副指挥长，市文化和旅游局主要负责同志任指挥部办公室主任。以市文旅局为主体组建了工作专班，抽调市发改、自然资源规划、城乡水务、住建、港航、生态环境、知识产权等部门单位骨干人员参与，建立起推动大运河文化保护传承利用的工作团队，统筹推进大运河文化、旅游、生态、物流等方面重点项目建设。围绕规划编制、对上争取、对外宣传等工作积极担当作为，狠抓工作落实。2020 年成功争取总督河道部院署遗址博物馆项目获得中央预算内资金 2000 万元，是山东运河沿线唯一文化旅游提升工程专项获得中央预算内资金支持的重大项目，2021 年再次为该项目争取省预算内配套资金 200 万元。积极争取将大运河南旺枢纽遗址博物馆等 9 个项目纳入国家文化公园项目储备库。2022 年 4 月，山东省国家文化公园建设领导小组印发《大运河国家文化公园（山东段）建设保护规划》，微山湖、南旺枢纽纳入核心展示园，总督河道部院署遗址等 29 处运河遗产、文化资源纳入特色展示点。《2022 年济宁市国家文化公园建设工作要点》已经印发，《济宁市大运河国家文化公园保护建设规划》于 2021 年 12 月 3 日顺利通过专家评审，《大运河（济宁段）文化保护传承利用实施规划》编制完成。

二、济宁大运河国家文化公园建设面临的问题

济宁市在大运河国家文化公园建设中做了大量的工作，付出了巨大努力，取得了明显成效，但也面临一些现实问题，与其作为中国运河之都的应有地位仍有较大差距。

（一）大运河文化内涵价值有待深掘

当前，济宁市大运河国家文化公园建设尚处于起步阶段，尚无系统理论和成熟经验，存在着概念界定不清、发展思路不明等问题。研究是规划的前提和基础，规划的高下源自认知程度的高低。研究问题的过程就是提高认知的过程。由于官方研究机构、高校学术机构长期缺位，对济宁大运河文化的内涵和外延等方面的战略研究不够深入、应用研究不够充分，某些大运河文化相关建设规划的编制看似“高大上”，实则流于规式，离地太远，未能真正突显济宁作为中国运河之都城市的应有地位和固有优势。

（二）大运河文化竞争力有待提高

中国大运河流经8个省（市）、35个城市，150余个县（市）区，大运河作为公有资源和城市品牌，当前存在资源分布不均和无序竞争问题。山东省枣庄市依托滕州微山湖湿地红荷风景区、台儿庄古城等生态人文资源，提出“江北水乡·运河古城”城市建设品牌，推进文化产业和经济转型发展，成效明显。江苏的淮安、扬州等沿运城市纷纷打造运河之都乃至世界运河之都等品牌，对济宁运河之都的地位构成极大的挑战。在当前国家大运河文化建设的形势下，大运河文化就像一块诱人的美味蛋糕，但总量是有限的，人有我失，失不再来。沿运资源竞争激烈，国家已将江苏作为大运河国家文化公园的重点建设区，扶持力度非常大。在近年来的大运河文化建设过程中，济宁竞争意识、危机意识明显不足，特别是站在大运河全线融合发展、运河之都品牌塑造高度上布局谋篇的较少。对涉及的大运河文化建设工作疲于应付，主动宣传少，难以形成有效的舆论氛围。

（三）运河之都标识有待突显

运河之都是济宁大运河文化建设的金字招牌，也是济宁大运河文化公园建设的重要载体。尽管济宁在全国率先提出运河之都的概念，但运河之都相关文化资源的收集、整理、保护、传承、利用不深不够，运河之都品牌塑造缺平台、缺支撑、缺载体、缺项目、缺行动，特别是运河之都标志性建筑不明显、标识性符号不突出。总督河道部院署遗址公园建设后劲不足，仍需省市财政对项目配套资金予以大力支持。

（四）现有大运河文化项目不能满足人们对高质量文化生活的需求

济宁不缺文化资源，但是缺少文化产品、文化产能和文化产业，大运河文化资源转化明显不够。大运河国家文化公园是以大运河沿线特定区域为开放空间的公共文化载体，随着人们精神文化需求的日益提高，人们不再满足于走马观花式的参观游览，而对于切身的文化体验、精神愉悦、互动式参与、生活化融入的要求越来越高。然而，济宁现有的大运河文化产品和项目对外展示形式单一，群众参与度低、体验性差，难以形成规模效应和社会影响。

三、济宁大运河国家文化公园建设的基本思路

就其本质而言，大运河国家文化公园建设是对大运河文化保护传承利用工作的具体化和项目化。济宁建设大运河国家文化公园是彰显运河之都城市品牌的迫切需要，对于提升济宁城市形象，打造城市文化品牌具有十分重要的现实意义。其总体要求应是，以习近平新时代中国特色社会主义思想为指导，按照“五位一体”总体布局和“四个全面”战略布局，牢固树立创新、协调、绿色、开放、共享的新发展理念，深入贯彻落实中央、省市决策部署，切实明确发展理念，突出地域特色，发挥资源优势，找准功能定位。真正将政治、经济、文化、社会、生态、法制等建设发展要素融入大运河国家文化公园这个载体去诠释和阐发。

（一）突出“济宁”作为，争当大运河国家文化公园建设的示范区

济宁作为中国运河之都，要不断提高政治站位，以高度的政治自觉和强烈的使命担当，切实承担起主体责任，聚焦生态保护和文脉传承，把济宁放到国家整体的大运河文化带建设中统筹考虑，通过精心组织实施，选择带动性强、具有典型性、代表性的优势项目、精品项目着力进行打造，要将以总督河道部院署遗址公园为代表的运河之都标志物的建设作为济宁大运河国家文化公园建设的核心项目。发挥比较优势，形成示范效应，真正体现济宁价值、济宁地位、济宁作为，在更高层次、更大范围上推进大运河国家文化公园的建设与发展，争当落实中央首长批示精神和中央战略部署的示范，当好大运河全面保护、文化传承、综合利用的龙头，真正使济宁成为大运河文化带和大运河国家文化公园建设的示范城市、样板城市。

（二）突出“大运河”主题，将济宁打造成弘扬中华民族治水精神的圣地

济宁对大运河国家文化公园建设要站在弘扬中华民族伟大治水精神的高度上重新定位，站在策应国家重大区域发展战略的高度上重新定位，站在打造实至名归中国运河之都的高度上重新定位。在古代社会，济宁是京杭大运河全线工程难度最大、地势最高、运河闸坝最多、河工科技含量最大的一段。要弘扬大运河所承载的中华民族伟大的治水精神，传承治水能臣“为政以德”的从政思想，体现劳动人民的勤劳实干和伟大智慧。济宁是元明清三代封建王

朝治河治运最高机构的驻地，也是京杭大运河全程科技含量最高的南旺分水枢纽工程的所在地。济宁作为运河之都不仅是大运河管理之都，还是大运河科技之都，总督河道部院署和南旺分水枢纽工程是同一事物不同方面，两者相互补充，相互印证。要将总督河道部院署和南旺分水枢纽工程的建设上升到弘扬中华民族伟大的治水精神来认识，上升到中华民族伟大复兴的高度来认识。中国古代社会以农业立国，素有“治水如治天下”之说。古代社会设立总督河道部院署主管黄河、运河的事务，在治河治运过程中，亦涌现出一大批能“御大灾、捍大患、法施于民、以劳定国”的有功之臣，如宋礼、潘季驯、朱之锡、靳辅、林则徐、栗毓美等。还有千千万万无私奉献的能工巧匠和聪明正直、勤劳善良的劳动人民，如白英等。要将总督河道部院署和南旺分水枢纽工程作为传统文化和爱国主义的教育基地来打造，可以传承弘扬中国劳动人民数千年来利用自然、改造自然、风雨同舟、荣辱与共的治水治运精神；可以传承弘扬中华儿女勤劳勇敢、自强不息、爱好和平、团结统一的民族精神；可以传承弘扬中华民族开放包容、沟通交流、改革创新、开拓进取的时代精神。就大运河国家文化公园建设项目而言，要聚零为整，抓大放小，以点带面，涉及大运河的项目尽可能地纳入运河之都品牌体系来建设。切实做到厘清项目，优中选优，全面打造实至名归的中国运河之都。

图3　明代工部尚书宋礼石像拓片

（三）突出“国家”形象，体现大运河的整体意义和普遍价值

大运河国家文化公园建设是国家推进实施的重大文化创新工程，即国字号文化工程。大运河之“大”在于是国之大计、国家形象、民族标识。济宁大运河国家文化公园要能够代表国家形象、国家意志、国家精神，彰显中华文明的精华，要站在国家层面上，将大运河国家文化公园建设成为向世界传播中华优秀文化的重要标识。在山东省大运河国家文化公园规划中，给济宁确立的目标是打造儒运融合交汇的文化胜地。我们认为，仅限于此是不够的，因为济宁不但是儒运文化的交汇地，更是黄运文化的交汇地。历史上黄河和大运河之间有着千丝万缕的联系，济宁是大运河和黄河的治理中心和管理高地。历代王朝倾力治河，主要是为了保运、通漕，黄运关系的治理对区域经济社会的演变发展至关重要且影响深远。大运河国家文化公园是整个国家文化公园的重要组成部分，济宁位于大运河国家文化公园和黄河国家文化公园的叠加区域，要协调好、衔接好大运河国家文化公园与黄河国家文化公园的关系。另外，大运河南旺枢纽国家考古遗址公园作为目前唯一以大运河为内容的国家级考古遗址公园，同时也是大运河国家文化公园建设的重要组成部分，需要在内容上正确处理好国家考古遗址公园和国家文化公园的关系。真正将大运河国家文化公园建成传承弘扬中华优秀传统文化、展现中华民族精神特质、推进中华民族伟大复兴的重要载体与平台。

（四）突出“文化”内涵，做好大运河文化的保护传承利用

文化是济宁建设大运河国家文化公园的灵魂。建设大运河国家文化公园是推动中华优秀传统文化创造性转化、创新性发展的重要举措。大运河国家文化公园作为以文化为主题的区域空间概念，要坚持以文化为引领，强化大运河文化遗产保护传承和活化利用，重点在于梳理大运河文化的源流和发展脉络，深挖文化资源的价值内涵，重点整合历史故事、风土人情、名物名产、著名人物等人文历史资源，精心策划设计项目，讲好大运河故事，弘扬优秀传统文化，特别是弘扬大运河蕴含的精神内涵。要全方位体现大运河文化所承载的文化价值观，包括中华民族和中国人民追求国家统一、民族团结的执着信念，勤劳勇敢、自强不息的民族精神，开放包容、兼收并蓄的文化态度，天人合一、和谐共生的思想智慧等，

要科学处理大运河及大运河文化所蕴含的物质文明和精神文明、物质文化遗产和非物质文化遗产、意识形态与非意识形态等关系。

(五)突出"公园"功能,体现大运河的人文生态之美

公园要有空间载体,可以是一个景区,也可以是一座城市。济宁建设大运河国家文化公园的一个重要目标是将城市建在公园里。济宁大运河国家文化公园要明确大运河国家文化公园的空间范围,既要避免大拆大建、拆旧建新。又要科学布局遗产保护区、文化展示区、文旅融合区、产业利用区等空间架构,合理布局核心区、缓冲区、服务区层次,重点打造运河之都核心展示区。在坚持生态优先、强化保护的原则下,持续推进大运河河道生态空间修复,恢复河道净化功能。公园姓"公",公园的最大功能是供公众休闲游览,是公众体验大运河文化的重要载体和重要形式。作为国家级文化公园与一般公园相比应该具备更佳的游览体验。公园属性决定大运河国家文化公园必须是开放的、公共的、生态的文化空间。其建设工作要先有空间实体,再依托空间实体将众多文化精华融汇于"公园"这个平台,多形式、全方位展示大运河的历史价值、文化价值、科技价值、艺术价值和经济价值。不断完善物质载体、价值阐释、产业活力、文化传播和制度保障等基本构成要素,实现整个流程要素的有机衔接。使大运河国家文化公园真正成为文化保护、生产、创新、消费和生活于一体的多功能复合空间。济宁大运河国家文化公园根据地域特点和文化资源实际,可分为场馆展示型、遗址公园型、亲水景观型等多种建设形式。要不断完善大运河国家文化公园的文化教育、公共服务、旅游观光、休闲娱乐、科学研究等综合功能。大运河国家文化公园的公益化价值取向决定了其建设发展要以服务人民需求为中心,主动走向人民,一切为了人民,以大运河国家文化公园建设带动城市人居环境持续改善、促进城乡居民共同富裕,不断提升人民群众获得感、幸福感,精准打造人民的致富河、幸福河。

四、济宁大运河国家文化公园建设的对策建议

大运河国家文化公园建设是事关济宁经济、文化、社会发展的带动性强、影响深远的社会性系统工程,济宁需要把握历史机遇,坚持问题导向,分类施策,分步实施,分级管理,持续推进大运河国家文化公园标志性工程建设。

（一）以系统研究为基础，弘扬时代价值

济宁大运河国家文化公园建设点多、线长、面广，济宁需要以高度责任感和历史使命感扎实推进大运河国家文化公园建设，深入挖掘大运河文化精神内涵、时代价值。要强化系统研究，在把握好历史研究这个底盘的基础上，更要研究政策、研究趋势、研究文化、研究需求、研究方法，厘清助推济宁大发展的水脉、文脉、社会动脉和经济主脉，理顺济宁发改、规划、城建、环保、水利、文化、旅游、交通、航运等大运河相关行业的内在关系。全面梳理大运河济宁段的历史、自然、人文、生态、旅游等要素资源，将大运河国家文化公园建设与地域文化资源开发、乡村振兴、城市品牌创建等结合起来，让物质、精神、社会、生态相和谐，让保护、建设与发展相平衡。结合新时代特点，全面阐释大运河文化的时代精神。高段位开展文化研究、高水准讲好大运河故事、高质量培育公园新业态，使大运河文化焕发全新的时代风采。

（二）以科学谋划为引领，构建运行体系

要站在现中华民族伟大复兴和传承中华文明的战略高度，充分认识大运河国家文化公园建设的重要地位和社会价值。本着对历史、对人民、对未来负责的态度，突出济宁大运河国家文化公园体系的构建，做好顶层设计和底层设计。当前，济宁市相关部门已经编制完成大运河国家文化公园规划，进而要强化决策的执行性、规划的操作性，重点在于执行落实上下功夫。在建设目标、空间格局、功能分区、重大工程、保障措施等环节要拿出细化、量化措施，真正形成解决大运河国家文化公园建设中存在的诸多问题的济宁方案。以确保大运河文化科学保护、合理利用、有机融合。从前期调研、专项规划、创意设计，再到后期的项目建设、市场运营都要保持政策的一致性、连续性，形成闭环式融合发展链条。统筹考虑大运河国家文化公园的整体布局以及大运河沿线禀赋差异、人居环境、人文历史、自然条件、区位特点、公众需求、配套设施等情况，注重跨地区、跨部门协调，与法律法规、制度规范有效衔接，通过整合文化资源，实施公园化管理运营，将河湖水系、历史文脉、名人展馆、现代农业、新型城镇化等资源要素聚集到大运河国家文化公园中来，形成集聚效应。要持续推进河道、驳岸、桥梁、绿植、码头等配套设施建设，因地制宜地开发大运河文创产品，高标准设计大运河国家文化公园标识系统。合理规划运河沿岸功能分区，不断完善公共设施体系，彰显城水交融、生态宜居、文明和谐的运河之都城市底色。

图 4　济宁城区老运河航道治理

（三）以项目建设为核心，打造金字招牌

大运河国家文化公园是在大运河文化带建设基础上提出的重点工程，大运河国家文化公园建设不同于大运河文化带建设，“园”与“带”相比更具有针对性。由“带”的建设提升为“园”的建设，是一个强化区域品牌塑造的过程，也是一个文化要素和文化精髓集聚化展示的过程。相关部门和参建单位要集中精干力量，高起点、高标准、高要求推进大运河国家文化公园项目建设。按照项目研究、规划、设计、施工、运营、管理的规律和周期，加快推进大运河国家文化公园各项关键节点和标志性项目建设。将总督河道部院署遗址公园和南旺分水枢纽遗址公园作为济宁打造运河之都品牌和大运河国家文化公园的关键标志工程加快建设，实现从项目定位、策划、规划、设计、施工、运营、管理整套闭环。集中力量将其打造成为济宁大运河国家文化公园建设的样板工程、示范工程，打造成大运河文化保护传承的重要窗口和靓丽名片。总督河道部院署遗址博物馆项目作为大运河国家文化公园的重点工程，尽管在现有条件下国家文物局不允许济宁在原址按原貌复建总督河道部院署，但在不破坏文物遗址的前提下，争取国家政策和资金建个总督河道部院署大门装点一下门面应该不难。另外，可以积极探索新的展陈模式，如总督河道部院署遗址博物馆可以加挂中华治水精神传承馆的牌子，并不断赋予其全新的功能。将济宁“运河记忆”历史文化街区作为“运河之都核心景观区”精心建设打造，对济宁老城区内的历史文化资源进行统筹规划，将核心区域内孤立的、零碎的、分散的运河历史文化资源整合起来，使单体文物、遗产点、历史文化街区、文化旅游线路实现点、线、面的有机结合，统一贴上“运河之都”的标签进行规划建设和运营，水岸相依，文旅相宜，充分体现济宁水城风貌和运河风韵。

南旺分水枢纽工程是为了解决船舶爬坡难题而建设的综合性水利工程，以其科学的治水理念和先进的工程技术，在中国水利水运史上占有极其重要的地位。都江堰和灵渠均是两千多年前秦朝兴建的水利工程，至今仍在使用，造福一方水土，养育一方百姓。而南旺分水枢纽使用了不到600年便废弃，实在可惜。大运河现今的基础条件、科技水平、现实优势，已非宋礼、白英修建南旺分水枢纽工程时可以比拟，包括南旺分水枢纽在内的大运河工程已不再是复杂而艰难的技术难题。真正视水为宝贵资源，对大运河水系实施统筹规划，真正解决水系结构问题，进一步做活水文章。要坚持以用水为大运河的第一要务，结合生态保护，提高蓄水能力，拓展湿地水域面积，全新构建大运河水柜系统，再现区域水乡风貌、生态宜居特色。以南旺分水枢纽为核心，在建设大运河国家文化公园上下功夫，精心打造“大运河之心”金字招牌。将太白湖新区纳入济宁建设大运河国家文化公园的重要组成部分。京杭大运河太白湖新区段是目前原生态存留较好的一段。近年来，济宁市委、市政府将太白湖新区作为城市引领发展的主中心，提升中心城市功能的核心区域。结合太白湖新区“十四五”建设发展，需要对大运河国家文化公园建设与太白湖的发展再定位。盘活太白湖新区水系，实现京杭大运河太白湖段的通航，在现有市区段老运河旅游航线正常运行的基础上，尽快开通草桥口—老洋桥—石佛闸—太白湖的内循环水上客运航线，重点打造大运河两岸原生态文化旅游带，使之成为济宁版的“清明桥”和“秦淮河”。

图5　济宁城区运河上的游船

(四)以服务需求为目的,打造场景体验

大运河国家文化公园是大运河文化保护传承利用的重要载体,人民群众是大运河国家文化公园的消费主体,大运河国家文化公园要根植于人民生活,建什么、怎么建,都要广泛征求群众的意见和建议,通过扎实的调研工作,弄清楚人民群众的真正需求是什么,进而切实搞好市场定位。要突出生态保护、文化传承、宣传教育、修学研学、公共服务、旅游观光、休闲娱乐、商贸宜居、学术研究等功能。要讲好大运河故事,让文化遗产活起来,在保护中发展,在发展中保护,真正实现中华优秀传统文化创造性转化、创新性发展。要聚人气,引客流,不断服务于群众日益增长的多元化物质和精神文化需求,内化于心,外化于行,要不断提升群众的大运河文化遗产的保护意识和文化审美品位,使大运河文化的建设与发展更具生命力,更具可持续性。围绕大运河文化保护和资源开发,着重在精、细、深、实上下功夫,强化项目策划和文创设计,开展形式多样的运河文化展演、研讨、文化交流、宣传活动,以大运河国家文化公园为主线和引领,重点培育发展观光休闲、旅游演艺、文化创意、文博旅游、研学旅游、节庆赛事等业态,让群众和游客充分体会大运河的历史文化魅力。充分利用现代展示技术,建立集管理监测、文化研究、展示传播、学习教育、休闲娱乐等服务于一体的数字云平台，满足游客的物质精神等不同层面的切身体验。科学统筹实景参观体验、虚拟场景体验、情境互动体验。通过沉浸式体验、数字化展示等方式，生动再现大运河历史文化，让群众和游客如临其境、感同身受，不断增强观众体验黏性，使人民群众获得多层次的精神文化享受和更多切身的利益实惠，实现大运河文化的活化传承。

（五）以平台团队为保障，确保长效运行

成立高规格的大运河国家文化公园维护平台和运营团队，广泛开展深层次、全方位、多领域的对外交流合作，实施强强联合、实现优势互补。相关部门单位要切实履行主体责任和属地责任，从专业化运营到政策性扶持，从市场化运作到保姆式服务，都要建立健全一整套良性运行机制，切实做好本辖区大运河国家文化公园建设的组织实施工作。对重点工作进行细化分解，明确时间表和路线图。要加大宣传推广力度，树立良好的社会形象，加强指导，加快推进，把困难和问题弄清楚，把做法和经验总结好。地方财政要积极完善扶持政策，合理引导社会资金发挥作用，激发市场主体活力，完善多元投入机制。各地各级党委、政府要强化督促落实，把大运河国家文化公园建设工作纳入年度综合考核评价体系。

五、结语

文化是一个国家、一个民族的灵魂。文化兴则国运兴，文化强则民族强。大运河所具有的文化属性是世界上任何一条河流所不能比拟的。川流不息的运河水延续着济宁文脉。可以说，没有运河就没有济宁，大运河哺育了济宁，使济宁一度成为具有水乡特色的名城，运河印证着济宁的历史变迁和经济兴衰。济宁开展大运河国家文化公园建设是济宁经济社会发展的必然要求，是深入发掘济宁优势资源的重要举措，需要多措并举、持之以恒、坚定不移地抓好项目建设和各项工作落实。不论经济社会形势如何变幻，坚持以人为本，统筹保护好、传承好、利用好大运河，让大运河继续造福济宁人民将是一个永恒的课题。随着大运河国家文化公园的建设，这条承载着济宁丰厚的历史和过往的文化之河、使命之河和荣光之河，必将济宁繁荣的今天送往灿烂的明天，生机勃勃的大运河必将托起济宁的未来，使济宁真正成为融古汇今、开放包容、幸福和谐、流光溢彩的中国运河之都。

大运河国家文化公园建设研究

——以大运河南旺枢纽段为例

赵　磊　陈洪亮①

大运河是中国古代创造的一项伟大工程,是流动的、活着的世界级人类文化遗产,是一条闻名于世的文化廊道,传承着中华民族的悠久历史与文明。被称为“水脊”的汶上县南旺镇,是运河全程的制高点。南旺分水枢纽工程是大运河上最具科技价值的节点之一,解决了大运河跨越水脊的难题,确保了运河漕运连续500余年畅通无阻,也代表了17世纪工业革命前世界土木工程技术的最高成就。2014年6月,南旺枢纽工程作为中国大运河的重要组成部分被列入世界文化遗产名单。

国家文化公园是由国家批准设立并主导管理,以保护具有国家代表性的文物和文化资源,传承、弘扬中华民族文化精神、文化信仰和价值观为主要目的,实施公园化管理经营的特定区域②。2019年7月24日,中央全面深化改革委员会第九次会议审议通过了《长城、大运河、长征国家文化公园建设方案》,充分体现了国家对大运河文化保护传承利用的高度重视。大运河国家文化公园项目是我国第一批规划建设的三大国家文化公园之一。习近平总书记要求,要把大运河文化遗产保护同生态环境保护提升、沿线名城名镇保护修复、文化旅游融合发展、运河航运转型提升统一起来,为大运河沿线区域经济社会发展、人民生活改善创造有利条件。大运河国家文化公园涵括3个层面的内容:“国家”是高度,代

---

① 赵磊(1982—),女,大学本科,汶上县文化和旅游局文物保护中心馆员,研究方向为民俗文化、文物旅游融合发展。陈洪亮(1970—),男,本科学历,汶上县干部政德教育中心副主任,研究方向为大运河文化、政德教育。

② 李树信:《国家文化公园的功能、价值及实现途径》,《中国经贸导刊(理论版)》2021年第3期。

表着顶层设计，展示宏观格局(政治根源)；“文化”是属性和灵魂，强化情感关联(文化根源)；“公园”则是权属表达和空间限定，拥有复合功能(组织管理根源)①。因此，大运河国家文化公园意在通过国家文化公园的形式，形成具有特定开放空间的公共文化载体，彰显中华文明的重要标识。大运河国家文化公园侧重于对运河文化遗产的保护和展示，主要展示的是河道、城镇、闸坝、钞关、驿站、码头等物质文化遗产。大运河国家文化公园包括3个部分运河，10个河段，涉及8个省市。目前，大运河文化保护传承利用的“四梁八柱”②规划体系已经形成。

一、大运河南旺枢纽段建设国家文化公园的资源优势

大运河全长1794公里，在山东境内总长643公里，比例约三分之一，依次流经德州、聊城、泰安、济宁和枣庄5市，济宁段的运河主河道全长为230公里，流域涉及现济宁市管辖的梁山县、汶上县、嘉祥县、任城区、经开区、太白湖新区、鱼台县和微山县8个县市区的行政范围。济宁依运河而兴，是著名的“运河之都”。元、明、清三代均把济宁作为治运司运中心，派设最高治运司运机构和相应的军事机构且常驻于此。因居运河道路中心位置，有了“南控江淮、北接京畿”的美誉，济宁因大运河，从原来的“路上无人行，烟火渺萧瑟”，“积潦流交衢，霜蹄破丛棘”③的荒凉景象，变成了“水陆交汇，南北冲要之区”和“控引江淮咽喉”地带，成为漕河管理中心和鲁西南政治、经济中心，出现了“官舸商舶鳞集，麻拥于济城之下”④的兴旺景象，成为会通河南段著名的商品集散中心。在当时“政莫大于治河，功莫高于漕运”的国家发展大势下，济宁特殊的地理环境，成就了它关乎大运河命运的“心脏工程”——南旺分水枢纽、“神经中枢”——河道总督衙门，形成了儒运交汇融合的运河文化，成为中华优秀传统文化的主干、主流和主脉。

---

① 李飞、邹统钎：《论国家文化公园：逻辑、源流、意蕴》，《旅游学刊》2021年第1期。

② “四梁”是指国家发改委联合国家文物局、水利部、生态环境部、文化和旅游部分别编制的文化遗产保护传承、河道水系治理管护、生态环境保护修复、文化和旅游融合发展4个专项规划。“八柱”指国家发改委指导大运河沿线北京、天津、河北、山东、河南、安徽、江苏、浙江等省市编制的8个地方实施规划，作为各地推动大运河文化保护传承利用的具体实施依据。

③ (南宋)文天祥：《文天祥全集》卷十四《指南后录》，中国书店出版社1985年版，第365页。

④ 刘玉平、高建军主编：《运河文化与济宁》(上册)，中国社会出版社2012年版，第4页。

汶上段的大运河位于京杭大运河中枢河段，是水利工程难度最大、运河水位最高、运河闸坝最多、水利智慧最为凝聚的一段，是大运河南北贯通的重要枢纽。中国大运河成功入选世界文化遗产名录，济宁段共有世界文化遗产 11 处，其中 9 处均位于汶上段，包括小汶河、会通河南旺枢纽段、十里闸、徐建口斗门遗址、运河砖砌河堤、邢通斗门遗址、南旺分水龙王庙、柳林闸和寺前铺闸等典型河道段落和重要的遗产点。随着漕运制度的停止，大运河逐渐退出历史舞台的主角地位，很多著名的运河段或淤废而成土埂，或随着农田垦殖而完全消失于地面，需要借助考古普查才能窥探其中踪迹。汶上由于运河文化遗产点和现代生产区域、生活区域错杂分布，部分河道已被掩埋，河槽破坏严重，部分河段找不到河口，河道淤积、填河、缩河、取土烧窑现象严重，有些文物主体已不存在，大多属于遗址类型遗产，沿岸的历史文化风貌已不再现。尽管如此，丰富的文化遗产仍遍布运河两岸，运河区域处处留存着大运河的优秀传统文化，体现着特色的物质文明和精神财富，为鲁西运河区域的经济振兴和运河文化带的建设提供了良好的条件。因此，亟须当代政府和群众做好运河文化本体的保护传承利用工作，提高区域文化品位，优化文化环境，大运河国家文化公园建设的需求应运而生。

图 1　南旺分水枢纽遗址俯瞰图

加快大运河国家文化公园建设，对于推动大运河文化的创造性转化、创新性发展，加快经济文化发展建设具有现实意义。近年来，山东省大力推进大运河文化带建设，各级财政投入资金量大，实施了 43 项文化遗产保护工程，倾力打造

"鲁风运河"文化旅游品牌。汶上县十分重视大运河国家文化公园建设和沿线文物遗产保护传承利用工作，紧紧围绕习近平总书记作出的"统筹保护好、传承好、利用好"大运河宝贵遗产的重要指示精神，认真贯彻落实国家大运河保护传承利用规划纲要和大运河国家文化公园建设规划，整合境内的运河文化旅游资源，加大管控保护力度，加强主题展示功能，促进文旅融合带动，提升传统利用水平，重点推进大运河南旺枢纽数字化和展示项目、柳林闸示范段环境整治、十里闸保护展示、大运河南旺枢纽分水口——徐建口斗门段小汶河环境整治等项目建设，用工程项目深刻阐释大运河文化价值，加快融入运河文化带和大运河国家文化公园建设，让古老的运河重新焕发出新的光彩，力求将大运河国家文化公园建设成为新时代宣传中国形象、展示中华文明、彰显文化自信的亮丽名片。

二、大运河南旺枢纽段建设国家文化公园的现状

（一）规划先行，全面融入大运河国家文化公园建设发展大格局

悠悠运河，泽被千年，通衢南北。汶上县按照适度、合理、可持续要求，创新体制机制，把大运河文化建设纳入汶上县国民经济和社会发展"十四五"规划，全面融入大运河文化带建设发展大格局。编制了《大运河遗产南旺枢纽保护规划》《南旺枢纽考古遗址公园规划》，为大运河保护与申遗工作和南旺枢纽考古遗址公园建设提供了依据。编制《大运河遗产南旺枢纽本体保护工程设计》《大运河南旺枢纽分水遗址展示设计》《南旺分水龙王庙禹王殿等建筑维修保护方案》《南旺枢纽历史河道环境整治方案》《南旺枢纽国家大运河文化公园柳林闸示范段环境整治方案》等系列方案，对遗址公园的景观环境、布局、游览流线服务设施等进行升级改造，提升考古遗址公园的展示效果，为大运河南旺枢纽保护利用建立了严密的规划方案体系。

（二）保护第一，创新发展，大力推进大运河南旺枢纽考古遗址公园建设

严格落实地方政府保护文化遗产的责任，高水平建设南旺分水枢纽国家考古遗址公园，持续推进"活态展示工程"。对古运河道本体、水工设施以及沿线文物古迹遗存进行全面调查、勘探、收集整理，建立了完整的历史档案资料。对占压南旺湖遗址、运河河堤和河道的居民住所进行整体搬迁，对十里闸、柳林闸附近占压遗址房屋部分搬迁，共搬迁群众近 747 户，拆迁建筑面积近 13 万平方米，

最大程度地维护了文化遗产尊严。精心做好古建筑维修与保护，对宋公祠、文公祠、关帝庙、观音阁、禹王殿等建筑单体进行了抢救性维修和油漆保护。高标准建设大运河南旺枢纽科技馆。以南旺枢纽科技成就为主题，综合运用文字、图片、实物、模型、演示等多种方式展现水工技术成就，全方位展现和反映大运河自然风貌与历史文化。

图 2　大运河南旺枢纽科技馆

(三)文化引领，创造传承，留住运河文化“根”和“魂”

强化文化遗产传承发展方式创新，深入挖掘和展示大运河的历史价值和当代价值。以非物质文化遗产优秀的“人(传承人)、艺(核心技艺)、品(优秀作品)”为中心，发展汶上梆子、柳子戏、渔鼓、文圣拳、郭氏木雕等非遗项目。省级非遗传承人刘炳金创作的山东渔鼓《白英治水》展现了大运河畔古人用智慧与汗水开挖运河的历史典故，让动态的非遗进入固态的运河遗产。编制完成了《汶上县南旺运河古镇旅游规划》，依托大运河南旺枢纽考古遗址公园核心资源，以“京杭水脊，古镇南旺”为主题，推进南旺镇驻地拆迁改造，建设仿古商业街、运河生态农庄、游客码头等设施，恢复古镇风貌，打造集遗址观光、考古研学、文化体验、特色度假、综合接待等功能于一体的运河古镇。

(四)文旅融合,深化宣传,打造独具魅力的"京杭水脊"品牌

坚持"共抓大保护,不搞大开发"的理念,推进大运河沿线文化和旅游全方位、深层次、宽领域融合。以保护大运河文化为前提,深化宣传。南旺枢纽考古遗址公园于2012年成功创建为国家3A级旅游景区,2013年被批准为第二批国家考古遗址公园,2021年被评为第六批省级爱国教育基地,2023年跻身第五批国家水情教育基地,先后获得国家、省市级科普教育基地、济宁市中华文化传承基地、济宁市政德教育基地等称号。利用遗址公园内运河文化资源富集的优势,通过举办各种研学旅行活动和专题研讨会,提升南旺枢纽遗产的保护展示水平,如联合驻地学校,组织接纳大、中专院校生来公园进行社会实践,联合开展党员干部的政德教育和周边学生运河文化研学旅游等,扩大运河研学的品牌知名度。积极协调配合央视媒体、户外媒体、新媒体等平台做好大运河文化宣传拍摄工作,形成独具特色的大运河南旺枢纽文化品牌。

三、大运河南旺枢纽段建设国家文化公园存在的问题

汶上南旺段大运河国家文化公园建设项目是山东省、济宁市大运河文化遗产保护展示传承示范的重要组成部分,过去与未来会继续发挥其引领带动作用。因此,汶上面临的机遇和挑战共存。目前,发展大运河国家文化公园面临的现状主要有:

一是南旺分水枢纽系统废弃,水利奇观消失。随着会通河河道的废弃,南旺运河段湿地系统退化,生态基底破坏严重,仅剩南旺分水龙王庙建筑群遗址类建筑,其他文化遗产要素分布零散,部分资源破坏严重,保护利用难度加大,水利科技工程无法现实还原。

二是代表性文物古迹保护展示欠缺,核心地位受到周边运河沿线城市的威胁。由于通航河道废弃或存在断流的情况,运河砖砌河堤、邢通斗门、徐建口斗门、柳林闸、十里闸、寺前铺闸等闸、坝、堤防水利设施的保护现状堪忧,遗址类建筑文化对游客的吸引力不足,游客的感官体验不强烈。

三是汶上在运河沿岸城市中开发利用特色不明显,地位不突出。与周边运河城市台儿庄、苏州、扬州、杭州的经济发展相比,汶上运河商贸盛景不再。项目开发利用程度低,没有足够的财力支撑,缺少代表性的特色文化旅游产品,竞争

压力大。

四是保护、挖掘和阐释大运河优秀传统文化的力度不够。汶上大运河的文化遗产呈现方式单一,目前主要以保护为主,没有充分挖掘汶上运河历史文化资源,缺乏形式多样的沉浸式体验项目。围绕大运河实体的空间管控、环境保护、产业发展、城乡建设、体制机制等工作不到位。

五是建设和管理主体不明确[①]。由于我国引入"国家文化公园"的概念时间不久,相关理论不完善,缺少实践经验。虽然目前国家及沿运各省市均已开始进行规划和设计,但对于大运河国家文化公园的建设主体没有明确阐释。由于建设主体不明确,导致其管理体制较为模糊。大运河国家文化公园该由谁来投资建设,建设完成后该由谁来负责管理,是当前大运河国家文化公园亟待解决的问题。

四、探索有序开展大运河国家文化公园建设的有效途径

(一)构建专项规划体系,完善保护传承机制

启动编制南旺枢纽国家大运河文化公园概念规划。立足大运河文物资源,科学建立阐释其文化价值的展示体系,达到保护管理与传承利用的和谐统一,实现与人民群众精神文化生活深度融合、开放共享。探索保护传承机制,成立大运河(汶上段)文化保护传承利用工作领导小组,协调沟通发改、财政、交通运输、国土、文旅等部门,采取一事一议的方式,从实际情况出发,妥善解决运河公园带建设过程中遇到的难题。建立大运河世界文化遗产一体化管理机制,加强南旺大运河重要遗产河道、遗产点的日常维护和日常监管。

(二)做好项目储备,加快重点项目建设力度

一是推进南旺枢纽国家大运河文化公园柳林闸示范段建设。做好大运河遗产柳林闸的保护利用,集中力量打造国家文化公园项目建设的样板工程。包括柳林闸、历史河道及周边村庄沿街建筑。通过标识展示,图文、数字展示,模拟展示等方式,做好示范段项目的场景再现。二是大运河十里闸保护展示项目。利

① 胡梦飞:《山东省大运河国家文化公园建设路径与策略研究》,《华北水利水电大学学报(社会科学版)》2021年第6期。

用大运河遗产十里闸，打造大运河申遗成功后遗产保护传承利用的亮点工程，通过本体保护工程和展示工程，做好十里闸遗址考古发掘和十里闸文物本体实景展示，运河船闸展示，建造工艺展示，船闸相关文化展示，恢复十里闸原始风貌。三是大运河南旺枢纽数字化和展示项目。搭建南旺枢纽遗址数字化展示系统，推动智慧文物试点建设。通过采用现代科学技术手段，展示三维立体化的映射系统，建立数据采集处理平台和三维数据库，建立运河科技最高技术的数字展示厅。四是南旺枢纽遗址本体保护和展示工程，提升大运河南旺枢纽分水遗址的保护和展示水平，打造大运河全线保护展示的新亮点。五是南旺枢纽遗址环境整治工程。通过环境整治营造优美的景区环境，凸显遗址公园的文化风格，改善游客体验，创造良好的游览环境。

（三）提升保护展示水平，科技赋能运河产业

一是宣传大运河保护理念。合理开发运河文化资源，正确处理当地经济、民生与遗产保护之间的矛盾，建立健全运河环境和遗产管理保护机制，切实保护群众利益，鼓励民众参与，“保护运河，人人有责”使他们有更多的获得感、幸福感。二是探索遗产“活起来”途径。促进大运河文化与新业态、新技术加速融合，积极发展与大运河文化相关的文旅业态，推进大运河数字文化内容与互联网旅游、云旅游融合发展。加大对南旺枢纽大运河文学艺术、传统工艺、地方戏曲、风土人情、民间故事等非物质文化遗产的挖掘力度，建设非物质文化遗产廊道，进一步扩大传承人群，提高传承实践能力。三是推动大运河文化走出去。借助国家运河文化带建设契机，不断拓宽大运河遗产工作宣传渠道，推动运河文创与市场结合。紧紧抓住中国自然和文化遗产日、国际博物馆日等活动契机，重点做好政策宣贯落地、文化遗产保护、非遗传承、人文历史、政德教育等宣传工作。四是加快推进复合廊道建设。以交通一体化建设为基础，贯通汶上与梁山、任城、微山的交通网络建设体系，带动县市区产业发展，打造以运河文化为主题的景区、乡村旅游重点村、乡村民宿、精品线路等多元载体建设，营造“运河古镇”的浓厚氛围。

五、大运河国家文化公园建设过程引发的几点思考

（一）正确对待文物保护与旅游开发的关系

坚持文物保护和旅游开发协调发展的理念。运河沿线的政府要坚持以文物

保护为主、旅游开发为辅的理念推动文物与旅游可持续发展。树立统筹兼顾社会效益和经济效益的理念。首先重视发挥运河文物的社会效益,不能急功近利、单纯追求经济效益,造成文物的重大损失,不能因为短期的经济利益而忽视长期和根本的民族利益,在开发旅游业的同时保护好大运河沿线的环境,共同实现两者效益的良性循环。

(二)妥善处理公园开放与运营自理的问题

公园免费向公众开放是城市发展社会进步的必然趋势,是加强精神文明建设、提高人民幸福指数的必然要求。由于部分城市的大运河国家文化公园免费开放受到当地政府资金投入力度、维持运营成本和公共服务意识等各方面的影响,公园保护难度较大、维护成本较高,采取收费的模式以达到正常开园的目的。可在公园内增设研学项目、沉浸式演出、研发文创商品等,以此增加公园收入,解决公益性和商业性的矛盾。

(三)实现文旅融合要共同兼顾差异化和区域协同发展

目前大运河文化公园的建设文旅融合水平不高,景观打造存在趋同性问题。沿线城市在打造大运河文化品牌方面的定位还不够清晰,协同发展联动性有待增强。因此,实现大运河文旅融合发展要树立新发展理念,既要充分发挥各地的特色资源比较优势,注重差异化创新发展,也要高度重视区域间统筹协调。从差异化发展角度推进大运河文旅融合,促进当地产业转型升级。加强组织协同,是实现大运河沿线城市文旅产业互惠共生的重要保障。

(四)借势发展,打造特色的国家文化公园

汶上应该利用"运河之都、运河水脊"的品牌影响力,全力打造儒运融合交汇的文化胜地和遗产保护、文旅融合发展示范区。通过村庄净化、环境美化、夜景亮化,盘活村庄空置资源发展文化旅游,做强"运河水脊"水利遗产主题的南旺古镇,发挥南旺枢纽运河遗产文化的效应。实施遗址组团式整体保护工程,高水平打造大运河南旺分水枢纽国家考古遗址公园;集社会的力量,共同打造集大运河考古研学、古迹探寻、生态休闲、文化体验功能于一体的世界级遗产景区、"运河水脊"水工文化旅游休憩带,打造"专、精、特、新"南旺段的大运河国家文化公园。通过持之以恒的努力,将南旺运河历史和运河文化生动地展现在世人面前,有效带动县城和景区周边镇村改造升级，面貌更新，开启以文化旅游产业为载体的城乡统筹发展新模式。

六、结语

在中华民族优良的历史文化当中，大运河文化给我国的历史加上了浓墨重彩的一笔，并且给后人们留存了非常珍贵的文化财富。大运河是中华民族的伟大工程业绩，两千多年来，它经历了兴衰起落的崎岖曲折道路，随着人类科技的运用，新的交通方式的便捷取代了水运的地位，但是大运河的使命也发生了质的变化，从原先主要为统治集团服务转而为广大人民服务，职能也从运输物资转化为美化环境、陶冶情操、发展旅游、提升群众满意度。大运河的生命力不仅没有消失殆尽，反而焕发新的生机，被赋予了新的使命。如何保护、利用运河文化遗产，如何依托遗址遗迹进一步对运河国家文化公园开展研究、清理、修整、保护、开发、利用，这些问题都应该引起社会各界的高度重视。我们应该从新的视角、新的高度看待运河国家文化公园，进一步提高运河沿线民众的文化遗产保护意识，把运河文化遗产保护工作和大运河国家文化公园的建设与开发作为一项长期工程，探寻出一条大运河国家文化公园建设的可持续发展的新路子。

枣庄市大运河国家文化公园建设与发展策略探究[①]

李　纲　吴元芳[②]

2019年2月到12月，中央办公厅、国务院办公厅连续印发《大运河文化保护传承利用规划纲要》和《长城、大运河、长征国家文化公园建设方案》两个文件，2021年，国家文化公园建设工作领导小组印发《大运河国家文化公园建设保护规划》，标志着大运河国家文化公园建设已成为迫在眉睫的任务，同时也成为沿运各地经济、社会、文化事业发展的新机遇。

京杭运河枣庄段地处鲁南苏北边缘地带，是京杭运河由江南进入山东的咽喉，地理位置十分重要。枣庄大运河国家文化公园位于京杭大运河的中间部位，是齐鲁大运河文化高地和淮扬大运河文化高地的接合部，也是“鲁风运河”的龙头，起着引领山东、牵连全国的作用。枣庄市属于资源枯竭型城市，台儿庄古城的复建已成为资源城市转型和大运河文化带建设的典型样板。大运河国家文化公园的建设进一步整合当地文化旅游资源，必将为资源城市转型、新旧动能转换提供新动力、带来新飞跃。

一、枣庄市运河的发展简史

枣庄先民开凿人工运河可以上溯至春秋时期。2700年前，偪阳国开凿了境内最早的运河[③]。战国时期，吴王夫差为和齐国争霸，凿邗沟，四年后（前482），

① ［基金项目］山东省社会科学规划研究项目《运河文化视阈下鲁南地理变迁与创新发展》（18BSJJ09）；枣庄市社科联2021年研究项目《枣庄市大运河国家文化公园发展模式创新》（LX2021095）。

② 李纲（1973—），男，山东滕州市人，枣庄学院旅游与资源环境学院副教授，主要从事运河文化、旅游规划和文化地理学研究。吴元芳（1973—），女，山东枣庄市人，枣庄学院文化研究与传播中心副主任、副教授，主要从事运河文化和人文地理学研究。

③ 陈伟：《复活古城台儿庄》，中华书局2012年版，第9页。

为和晋国争霸，在鲁南开菏水。在邗沟和菏水的沟通下，当时长江流域和黄河流域联结起来。创烧于晋代的中陈郝瓷窑，凭借蟠龙河便捷廉价的水运达到了空前繁荣，成为“江北第一窑”①。北宋时期开凿的南梁运河，距今已有1000多年的历史②。这些运河当时都是泗泇河道的一部分或其支流。

京杭运河枣庄段历史上包括夏镇新河和泇运河两段，是明中后期避黄行运、运河东迁的结果。明中期以前，会通河自临清过济宁，由南阳经谷亭，循昭阳湖西，再经沛县、留城达徐州入黄河，是为运河旧道。南宋建炎二年（1128），黄河长期夺泗、夺淮入海，河道一直在运河旧道以西徘徊，黄河一旦决口，河水便会冲毁运河堤防，淤积运河河道。由于昭阳湖一带的地势由东向西倾斜，因此运河旧道在湖西通过之处，也就是黄河洪水频频光顾之地。为了避开黄河扰运之害，嘉靖四十五年（1566）开凿夏镇新河。夏镇新河北自南阳，经夏镇南至留城，移运道于昭阳湖东，开新河141里，至留城以南复浚旧河53里，共长194里。新河开后，南阳和留城之间的运道得到改善，但留城以南运道仍时受黄泛威胁，遂有万历三十二年（1604）泇河之开。泇运河自夏镇李家口接新河，东南会彭河，从马家桥东过微山诸湖，于韩庄折而东，过台儿庄经鲁苏边界，复折而南至泇口，达骆马湖出直河口入黄河，共260余里（详见图1）。引泗水合泇、沂诸水济运，避黄河300余里及二洪之险③。明朝中后期所进行的避黄改运，使运河由湖西迁往湖东摆脱了黄河的威胁。

---

① 沙雪斌主编：《奚仲文化丛书·古薛瓷窑》，山东友谊出版社2010年版，第3页、42页、131—138页。

② （明）王元宾：《山东省历代方志集成·枣庄卷二·万历滕县志》，天津古籍出版社2017年版，第975页。

③ 姚汉源著：《京杭运河史》，中国水利水电出版社1998年版，第258页。

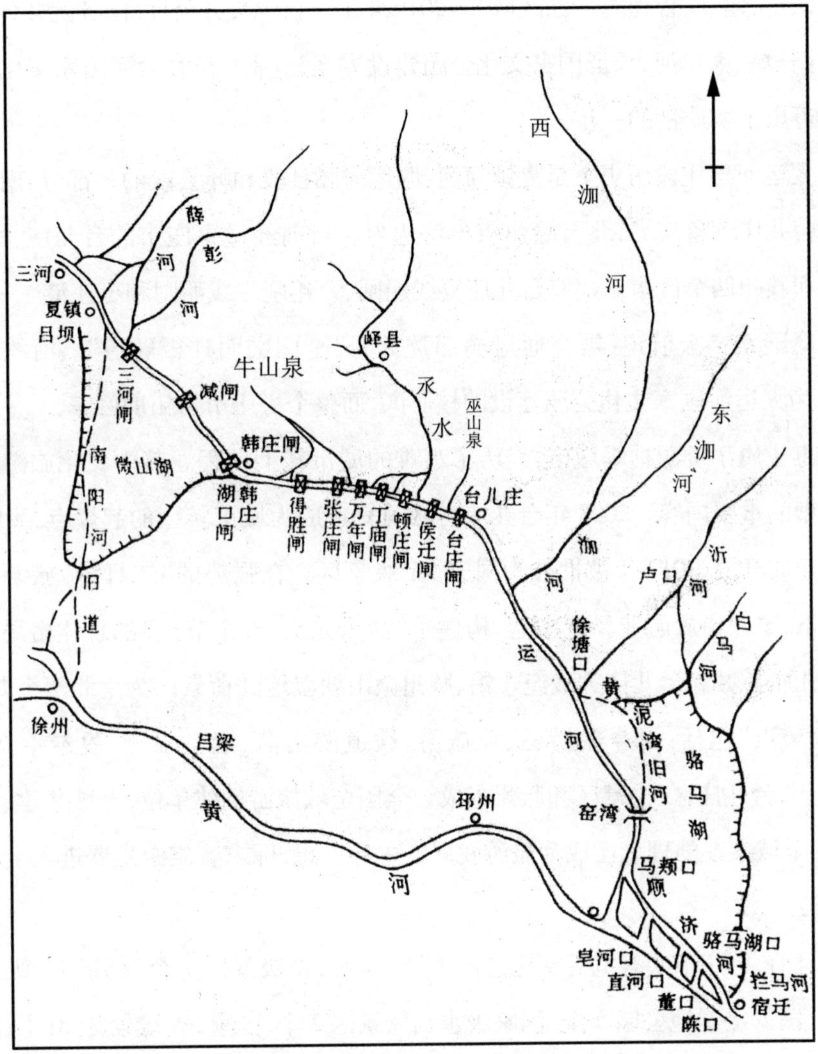

图 1　明代泇运河示意图①

二、枣庄市大运河国家文化公园建设的现状

国家文化公园概念属中国首创。是以保护传承和弘扬具有国家或国际意义的文化资源、文化精神或价值的主要目的，兼具弘扬与传承中华传统文化、爱国教育、科研实践、国际交流、旅游休闲、娱乐体验等文化服务功能，且经国家有关

① 李振启:《运河渔火》，中国炎黄文化出版社 2008 年版。

部门认定、建立、管理的特殊区域①。2019年12月，中央办公厅、国务院办公厅印发了《长城、大运河、长征国家文化公园建设方案》，标志着大运河国家文化公园建设迈出了实质性的一步。

大运河枣庄段历史上是夏镇新河、泇运河滕县段和峄县段的一部分，南起大运河台儿庄苏鲁交界，北至滕州市枣济边界。目前经过枣庄市的台儿庄、峄城、薛城和滕州四个区市。建有台儿庄复线船闸、万年闸一线船闸和枣庄港“一港四区”，属国家二级航道，被交通运输部赞誉为“全国文明样板航道”。沿线四区（市）为大运河国家文化公园建设的核心区，而整个枣庄市为拓展区。

枣庄属于资源枯竭城市，经历了艰难的城市转型历程。其中文化旅游是城市转型的重要内容。2008年台儿庄古城的复建成为城市转型的起爆点，2010年古城建成开放，2012年被批准为国家5A级景区。在强势的“二日游”旅游营销推动下，枣庄市旅游业风生水起，构建了“两个龙头、五个节点”的总体格局。即以台儿庄古城和台儿庄大战纪念馆、滕州微山湖湿地红荷景区为南北两个龙头；“五个节点”包括：山乡旅游、工业旅游、铁道游击队、冠世榴园、盈泰生态园。2016年，台儿庄区、山亭区和滕州市成为全国全域旅游创建单位，全域共建、全域共管、全域共享的理念已成为旅游发展的主导思想，标志着旅游发展进入全域发展阶段。

目前，枣庄市共有世界文化遗产1处，国家5A级景区1个，国家4A级景区12个，国家级湿地公园5个，国家级水利风景区2个，国家3A级景区20个；国家级重点文物保护单位11个，国家级非物质文化遗产2个，省级非物质文化遗产42个；特色文旅小镇4个，全国特色景观旅游名镇4个，全国乡村旅游重点村1个，全国农业旅游示范点3个，中国传统村落10个，历史文化名镇5个，历史文化名村1个，中国民间文化艺术之乡3个，全国特色小镇1个，山东省特色小镇4个。这些条件成为大运河国家文化公园的建设基础，其建设给枣庄市带来了新的机遇，必将极大地推动生态、休闲和文化事业的发展。

---

① 邹统钎主编：《国家文化公园管理总论》，中国旅游出版社2021年版，第16页。

三、枣庄市大运河国家文化公园建设当前存在的问题

(一)规划开发体系未统一

大运河国家文化公园的建设“强化中央统筹、突出省负总责”,地市以下“实行分级管理”。鉴于国家文化公园建设的特殊性,应该走一条先规划后开发、自上而下的统一规划的道路,先有高层规划,再有低层规划。从空间尺度考虑,各地市制定统一规划更为合适,既能贯彻中央、省统一定位,又能针对地脉、文脉把握各自发展优势,保证规划的特色性、准确性和操作性。目前,枣庄市大运河国家文化公园保护建设规划还没有出台,尚未形成高效的管理机构和高水平的专家团队,保护建设尚未形成全市的统一行动。各区(市)处于各自为战状态,缺乏沟通联系。项目间缺乏统一协调,留下缺口或出现重复,造成资源浪费和环境破坏。

(二)主题目标定位不明确

主题定位是指旅游地发展的核心、旅游产业功能要凸显的主题、旅游吸引物的布局要围绕主题展开。主题形象的确立一般有三个来源:发展目标、发展功能和旅游形象①。大运河国家文化公园在全国“千年运河”、山东省的“鲁风运河”统一主题基础上,枣庄市应该根据区域文化确定独特的主题定位。原有“运河明珠”“生态枣庄”“匠心枣庄”等主题形象,总体来讲文化融合性和区域整合性不足,不能最大限度地涵盖与整合枣庄市特色资源与优秀文化。在具体文化旅游开发和管理过程中,除台儿庄外的其他区市运河文化主题体现得并不明显,统一的国家文化公园建设共识尚未达成。

(三)文化产品特色不鲜明

运河文化挖掘不够。有关泇运河的研究相对薄弱,对研究成果运用不足。如,对水生态研究如黄运关系、湖运关系和运河东迁等研究不深入;对运河经济的研究偏少,如研究运河对沿运地区农业和工商业的影响等;对运河文化的社会影响,如幅军起义等挖掘不够。从广度上,对夏镇新河、泇运河补给支流与闸坝,如薛河之于薛河坝、荆河之于黄甫坝等缺乏研究。运河文化遗产和运河文化生

---

① 马勇、刘军等:《旅游发展规划创新与实践》,高等教育出版社 2016 年版,第 155 页。

态之间的关系缺乏深层揭示和解读，如民间故事中蕴含着大量的运河文化内容，还没有获得足够的重视。

文化融合研究不足。文化发生学上的一致性使地域文化之间存在着密切的纵横向联系，揭示这种文化融合关系，使地域文化之间的联系更紧密、层次更分明、内涵更丰富。全面揭示运河文化和其他地方文化之间的历史、功能和地理联系，将文化之间的关系必然性梳理清楚、论述透彻，找到地方文化的基本精神、核心内涵和个性特色，是非常必要的。先有文化之间的融合，再有文化和旅游之间的融合。枣庄市对运河文化挖掘不够、和地方文化融合不足，在大运河国家文化公园建设上掩盖了泇河的鲜明特色，将其简单化或通识化，造成产品和创意的干瘪化和雷同化。

（四）文化品牌保护不给力

泇河历史地位举足轻重，《明史·河渠志》曾专门为其单独立传，泇河文化记忆光辉灿烂、彪炳史册。这一切无形的资产和财富，使泇河具有打造成著名品牌的潜质。历史上泇河台儿庄段和中河毫无关联，目前泇河台儿庄段被标为中河台儿庄段，不符合历史事实，名字本身破坏了文化遗产的原真性；260 里泇河被人为地、主观地冠名搞得支离破碎、混乱不堪，破坏了文化遗产的完整性。吴元芳专门梳理了泇河名称的演变及中河和泇河的关系，认为山东运河也称泉河，泇河因东西泇水而得名，"泇"字"加水"实为泉河的注解，"加运"可谓"走大运"的隐喻。泇河之名独具特色、意境美妙、寓意吉祥、令人遐想①。

笔者曾专门论述过泇河被误称中河的过程及后果，中河统名泇河掩盖历史真实，误导游人学子；践踏惯例法规，带来地名侵权；破坏文化生态，妨害遗产传承；抛弃泇河母亲、伤害人民感情。认为地名景观和地名内涵的真实性、完整性，也是大运河文化遗产保护的一部分，并提出了为泇河复名的建议②。枣庄市放任泇河名字被中河取代，是知识短板凸显、维权意识缺乏的结果。曾有兰陵地名被侵权在先，再有泇河地名被侵权在后，枣庄市品牌保护意识表现得十分淡薄。

① 吴元芳：《泇运河的名实之辩》，《枣庄学院学报》2021 年第 4 期，第 1—5 页。

② 李纲：《泇河被误称对大运河文化保护与传承的启示》，《枣庄学院学报》2021 年第 4 期，第 7—12 页。

（五）文化遗产保护不到位

文化遗产的保护经历了从文物单体保护到文物和其立地环境一起保护，再到保护整个文化生态的发展过程。2019 年住建部联合国家文物局点名批评对国家历史文化名城保护不力的 5 个城市。其中，山东省聊城市和河南省洛阳市都是运河城市①。

胡梦飞曾指出枣庄市运河文化遗产保护传承与利用存在的问题：保护意识有待增强、管理与协调机制有待健全、保护力度有待加强、旅游开发水平有待提高等②。在台儿庄古城建设中，同样存在着拆旧建新、拆真建假的现象。台儿庄古运河南岸的纤夫村曾是运河纤夫的聚居之地，被誉为“京杭大运河上仅存的遗产村落”。明清时期茅草屋达 20 间以上，具有穴居的历史印记③，保存较为完整。可以看出当时古运河沿岸居民的生活特点，是最为典型的运河文化生态保护地，村内保存大量传统渔业、农业民俗和非物质文化遗产，古朴的乡村风貌和运河以北商业古镇形成鲜明的对比。

在《台儿庄古城区修建性详细规划》中，曾被规划为古城八景之一的“土村绿荫”，是一个以休闲度假和传统村落景观为特色的景区。在后来建设高潮中，纤夫村被全部拆毁，曾一度开辟为古城滑雪场，现在成为古城南停车场，呈现出一片荒凉的景象，破坏了运河文化遗产的原真性和完整性，实为可叹可悲之举。见图 2 至图 5 所示。

---

① 《住建部点名批评这五个城市：国家历史文化名城保护不力，限期整改！》：https://www.toutiao.com/article/66708594703120471150

② 胡梦飞：《山东运河文化遗产保护、传承与利用研究》，中国社会科学出版社 2021 年版，第 181—182 页。

③ 张杰，乔兴亚：《古运河遗产村落茅草屋内在价值的探析——基于鲁南台儿庄地区兴隆村茅草屋的调研》，《华中建筑》2008 年第 26 卷，第 166 页。

图 2　1938 年台儿庄大战时期的纤夫村

图 3　2008 年台儿庄古城建设时的纤夫村

图 4　2013 年纤夫村被开发成古城滑雪场

图 5　2022 年纤夫村已成为古城南门停车场

四、枣庄市大运河国家文化公园发展当选模式

（一）空间格局——遗产廊道

美国是最早提出通过遗产廊道模式开展运河区域保护与利用的国家。1984 年 8 月，伊利诺伊—密歇根运河遗产廊道被认定为美国第一条遗产廊道，标志着遗产廊道这一概念的正式确立①。中国大运河国家文化公园完全具备遗产廊道特征，是特色鲜明、内涵丰富、结构庞大的遗产廊道。大运河国家文化公园建设的思路是通过“河为线，城为珠，线串珠，珠带面”，形成区域一体化的空间遗产网络。

吴元芳于2008年首次提出建设枣庄市大运河遗产廊道的设想②。枣庄市和济宁市运河遗产廊道呈交织状态，从区域连接性、文化联系性和主体完整性的角度，应该称之为大运河鲁南段遗产廊道。根据其资源和环境特征，建设枣庄市大运河国家文化公园，应重点构造“一体、两翼、三廊、四区、五河、六工程”的宏观格局和总体思路。

所谓“一体”即以台儿庄—韩庄—微山—滕州运河主干道构成的鲁南遗产廊道。这里汇集了世界文化遗产1处，国家5A级景区2个，4A级景区3个，国家级湿地公园3个，国家级水利风景区2个。集运河遗产、湖岛湿地、水利工程、航道港口、古镇古村、博物展馆、红色文化、名人文化、非物遗产等为一体，是全国首屈一指的运河文化景观组合。凭借其巨大的集聚和辐射效应，成为整合地方其他资源要素的重要平台，和展示中国“千年运河”风采的窗口和高地。

（二）增长极点——两翼建设

但从枣庄市来看，运河遗产廊道分别以台儿庄古城文旅综合体和滕州微山湖湿地红荷景区文旅综合体为南北两翼。台儿庄古城被确定为国家5A级旅游景区，获得“首个国家文化遗产公园”“首个国家非物质文化遗产博览园”“全国首个海峡两岸交流基地”“中国首座二战纪念城市”等荣誉称号。规划在尊重历史、保持原貌的基础上，将其打造为运河文化旅游高地、运河文化产业基地，和运河遗产保护传承地、运河文化深度体验地，争取打造成国际知名旅游地和世界文化遗产地。

微山湖是我国北方最大的淡水湖，物产富饶，是北方优良的生态旅游度假地、红色旅游胜地及爱国主义教育基地，济宁市微山湖旅游区新晋国家5A级景

---

① 龚道德：《美国运河国家遗产廊道研究》，中国建筑工业出版社2018年版，第4—5页。

② 吴元芳：《基于遗产廊道模式的运河旅游开发研究——以山东省枣庄市为例》，《枣庄学院学报》2008年第1期，第129—132页。

区。滕州微山湖湿地红荷景区是国家城市湿地公园、国家水利风景区、全国环境教育示范基地、全国湿地红荷标准化示范区，正在创建国家5A级景区。正如南旺分水枢纽的水脊地位一样，台儿庄和微山湖组合成为大运河的文化之脊，理所当然成为鲁南经济发展的两个增长极。

（三）属性分类——三廊构建

《大运河文化保护传承利用规划纲要》要求，打造大运河璀璨文化带、绿色生态带、缤纷旅游带，实质就是遗产廊道概念。枣庄市运河遗产廊道由京杭运河主干道、补给河流支线构成，在遗产廊道建设上树立“大生态、大文化、大产业”的格局。大运河遗产廊道发挥生态水系优势，使滨河生态资源与城市空间、居民休憩空间相互渗透，串联生态斑块构建生态网络，以打造人与自然生命共同体、提升景观价值、促进经济发展、丰富游憩空间为最终目标。

1.绿色生态廊道

绿水青山就是金山银山，枣庄市大致辖明清时期峄滕两县，“山络绎相属曰峄”[①]，“泉水腾涌”为“滕”[②]，这样看来，枣庄市就是绿水青山的代名词。山东运河又称泉河、闸河，通过引泉济运以利漕保航。枣庄市大部分河流是运河和微山湖的补给水源，有些河流历史上曾经也是运河。这些河流包括白水河、龙河、荆河、滕河、薛河、蟠龙河、氶水、涛沟河、伊家河等。它们沟通了枣庄市马河、户主、岩马、石嘴子、周村、庄里等水库，关联着微山湖、月亮湾、蟠龙河、九龙湾、台儿庄运河等湿地公园，以及台儿庄、微山湖国家级水利风景区，上游或流经地区有抱犊崮、莲青山、灵泉山、墨子、龟山等森林公园和冠世榴园、刘村梨园等特色农林生态区。

山水林田湖草是一个生命共同体，运河绿色生态廊道建设必然是包含山水林田湖草的综合治理和整体建设工程。枣庄市已将山水林田大会战列入“十四五”规划重点项目，提出“荒山披绿、河道治理、产业增绿、绿道加绿、城区绣绿、村镇兴绿、湿地复绿、防火护绿、山体修复、沃田高产”等项目和全域绿色生态廊道

① 史大丰等:《康熙〈峄县志〉整理与研究》,中国海洋出版社2019年版,第27页。

② 李广星:《滕州史话》,中华书局1992年版,第1页。

工程。城乡水务局提出了构建“一带两区、四纵七横、一湖八库”水网的规划方案。全面打造“河畅、水清、岸绿、景美、人和”的生态、美丽、幸福河湖①。以此为契机，打造以运河干流为主，支流为辅构成的绿色生态廊道，搞好河流泉源保护、山林生态保育、水土流失治理等培元固本工作，培养大生态建设观念已成为必然趋势。

2.历史文化廊道

枣庄属于海岱文化区，地域文化源远流长，积淀丰厚。三国之前，鲁南一直是文化创新的高地。自进入新石器时代以来，以北辛文化、大汶口文化、龙山文化、岳石文化为主线的东夷文化序列从未中断，成为中华文明的发祥地之一。枣庄先民获得了发展的先机，又能持续进行文化的薪火相传。邾娄文化的科技传统，逐渐从实践向理论发展。使这里成为儒家文化的中心地、墨家文化和匠心文化的发源地、两汉文化的辐射地。

鲁南向为文化边缘区。“东山西水，南北过渡”，东受沂蒙文化的熏陶，西受黄河文化的影响，枣庄西部成为运河文化、湖泊文化和黄河文化的交汇影响地带。“三国五邑，朝齐暮楚”，列国纷争，相互吞并，并且长期处于鲁苏行政边界的位置，文化在碰撞中交流融合。所以本地文化以齐鲁文化为主，又深受楚、中原等区域文化的影响。

沟通长江黄河的菏水、连接南北两京的官道、贯通京杭的大运河，使本地自古成为交通走廊，万历二十三年(1595)滕县有碑记称“滕县系九省通衢”。上溯至禹夏时代，本地先祖番禺做舟、奚仲造车，交通工具随经济发展不断改进。文明早期，土民就能够远行进行文化交流。本地成为文化交流融合之地，燕赵、三晋、中原、吴越等文化也成为本地文化的一部分。台儿庄古镇和中兴公司因运而兴，台儿庄集商贸、民俗和宗教文化为一体，中兴公司矿山文化独树一帜。1926年，自第一个党组织在中兴公司成立，在大革命、土地革命、抗日战争和解放战争时期，枣庄市都留下了光辉灿烂的红色文化。

---

① 《枣庄构建“一带两区、四纵七横、一湖八库”市级水网总体格局》，https://mp.weixin.qq.com/s/xv6h13_XdI4NUCnUL4vt5Q.

地域文化的悠久性、独特性、丰富性和高质性，要求枣庄市大运河历史文化廊道建设必须坚定文化自信，树立大文化理念，进行文化保护和传承，关注文化整合和创新，发展文化创意产业，打造独具特色的文化IP，成为"千年运河""鲁风运河"上的一块文化高地。枣庄市典型区域文化情况如表1。

表1 枣庄市典型区域文化一览表

文化效应	文化内容
创新高地	东夷、始祖、郳娄、城邦、儒家、墨家、匠心、名人、运河、中兴、两汉、湖泊、红色、商贸、民俗、宗教等文化；
渗透边缘	齐鲁、荆楚、儒家、战地、两汉、名人、沂蒙、黄河、商贸、民俗、宗教等文化；
传播走廊	战地、运河、名人、泰山、燕赵、三晋、中原、吴越、商贸、民俗、宗教等文化。

3.休闲旅游廊道

大运河国家文化公园建设的目的是运河沿线的全面振兴，应该从大产业的角度探讨其产业发展问题。不仅要将大运河建设成"美丽长河""魅力长河"，还要通过"文化+""+文化"带动沿线一、二、三产业的发展，建设"经济长河""富裕长河"。通过融入地方优秀文化，繁荣民间文化艺术，创新文化产品商品，建设"多彩长河""创意长河"；通过沿岸城镇社区参与，让人民参与建设、经营、管理，共同分享运河区域社会发展的红利，建设"共享长河""幸福长河"。例如，大运河国家文化公园可以优先为沿线各类特色、文化或传统村镇（如表2）提供发展机遇和发展动力，为全面乡村振兴作出贡献。

表2 枣庄市各类特色、文化、传统村镇一览表

类　型	内　容
运河特色小镇	微山湖湿地古镇、古邵港航物流小镇、古薛文旅小镇。
特色文旅小镇	滕州市微山湖红荷水镇、古薛文旅小镇、古邵港航物流小镇、台儿庄区祥和特色小镇。
全国特色景观旅游名镇	滕州市滨湖镇、柴胡店镇；山亭区店子镇、北庄镇。
全国乡村旅游重点村	山亭区徐庄镇葫芦套村
全国农业旅游示范点	峄城区枣庄冠世榴园、山亭区洪门葡萄村、店子镇长红枣基地。

续表

类　型	内　容
中国传统村落	山亭区山城街道兴隆庄村、北庄镇双山涧村、冯卯镇独孤城村、冯卯镇冯卯村、冯卯镇朱元村、冯卯镇付庄村、城头镇东岭村；滕州市羊庄镇东辛庄村、柴胡店镇葫芦套老村；薛城区陶庄镇前西仓村。
历史文化名镇	滕州市大坞镇、薛城区邹坞镇、山亭区西集镇、北庄镇、冯卯镇。
历史文化名村	山亭区水山村
中国民间文化艺术之乡	滕州市书画之乡、薛城区唢呐之乡、市中区齐村镇游艺之乡。
全国(省)特色小镇	滕州市西岗镇、鲍沟工艺玻璃小镇；山亭区徐庄休闲慢游小镇、城头豆香小镇、峄城区中国(枣庄)石榴盆景特色小镇。

大众化休闲旅游的新时代，旅游模式已经转变为全域旅游模式。基于旅游业极强的关联带动作用，通过“旅游+”“+旅游”，发挥旅游业的拉动力、融合力、催化力、集成力，为相关产业和领域发展提供平台，以旅游为媒介，通过产业资源的组合、融合形成新业态，提升发展水平和综合价值。休闲旅游廊道应该确立大休闲、大旅游、大演艺的观念，利用旅游资源发展以运河文化为依托的休闲旅游综合体，此外依托优质生态、文化资源，凭借城市功能核心的区位优势，策划生态、文化、养生、游乐、演艺、休闲度假等多元体验的旅游项目，汇集人气，支撑并推动运河区域的繁荣发展，真正成为融合一、二、三产业发展的“第六产业”。

五、枣庄市大运河国家文化公园的功能分区①

根据大运河沿线文物和文化资源的整体布局、禀赋差异及周边环境与配套设施等情况，聚焦大运河流经的范围，确定大运河遗产管控保护区、文化主题展示区、文化旅游融合区和沿线传统利用区四个主体功能区。

(一)遗产管控保护区

由与大运河相关的全国重点文物保护单位保护范围和建设控制地带、中国大运河世界文化遗产核心区和缓冲区、与大运河存在直接关联的其他世界文化遗产的遗产区，以及新发现发掘文物遗产临时保护区组成。切实做好保护第一、传承优先，保护区是大运河国家文化公园的基础资源空间。重点实施大运河文

---

① 国家发展改革委社会发展司:《大运河国家文化建设保护规划》,2021 年。

化遗产保护工程，严格保护和管控文物本体及环境，实施文物抢救性保护，建设保护优先、强化传承的样板区。最大限度保护运河文化遗产的完整性，最大限度还原游客对文化的原真感受。

（二）文化主题展示区

由具备开放参观游览条件、地理位置和交通条件相对便利的特色文物和文化遗产资源、周边与之文脉关联、风貌统一的区域环境，以及其他布局分散但具有特色文化意义和体验价值的资源点组成。具体包括核心展示园、集中展示带、特色展示点三种形态。形成多维展示格局，健全综合展示体系，丰富多样展示体验方式，是大运河国家文化公园的主要实体空间。

（三）文化旅游融合区

由主题展示区及其周边就近就便和可看可览的历史文化、自然生态、优质文旅资源组成，通过充分利用文物和文化资源的外溢辐射效应，着力推进优秀文艺作品创作、优质文创产品开发、优美生态环境打造、相关产业系统整合，彰显地域性文化旅游特色和独特内涵，全面提升文旅融合水平，推进地区经济高质量发展，是大运河国家文化公园的价值延展空间。

（四）沿线传统利用区

由管控保护区、主题展示区、文旅融合区之外的城乡居民和企事业单位、社团组织的传统生活生产区域组成，最大范围为大运河流经的地市。通过保护传统文化生态、推动绿色产业发展、规范生产经营活动，逐步形成绿色生产生活方式，同时利用区域内集聚的各类生活生产资源要素，有力支撑文物与文化资源保护利用，实现协调发展，是大运河国家文化公园的重要支撑空间。枣庄市的大运河文化公园的功能分区对应内容见表3。

表3 枣庄市大运河国家文化公园主体功能区及包含内容

<table>
<tr><th colspan="2">功能分区</th><th colspan="2">包含内容</th></tr>
<tr><td colspan="2">遗产管控保护区</td><td colspan="2">泇河台儿庄段(月河)(起点台儿庄运河大桥,终点老运河交汇处)码头群。</td></tr>
<tr><td rowspan="7">文化主题展示区</td><td>核心展示园</td><td colspan="2">台儿庄古城核心展示园:泇河台儿庄段、台儿庄古城、沿岸码头、台儿庄大战遗址公园、清真古寺等。</td></tr>
<tr><td>集中展示带</td><td colspan="2">泇河台儿庄段集中展示带:台儿庄古城核心展示园、台儿庄大战纪念馆、李宗仁史料馆、台儿庄国家级运河湿地公园等。</td></tr>
<tr><td rowspan="5">特色展示点</td><td>革命遗产</td><td>运河支队黄邱山抗战根据地、铁道游击队纪念园(馆)、滕州鲁南人民抗日武装起义纪念馆、国共谈判旧址等。</td></tr>
<tr><td>工业遗产</td><td>枣庄中兴煤矿公司旧址。</td></tr>
<tr><td>农业遗产</td><td>中华石榴文化博览园等。</td></tr>
<tr><td>自然遗产</td><td>微山湖、蟠龙河国家湿地公园、冠世榴园等。</td></tr>
<tr><td>其他遗产</td><td>全国重点文物保护单位:北辛遗址、岗上遗址、前掌大遗址、建新遗址、偪阳故城、薛国故城、龙泉塔、中陈郝窑址。</td></tr>
<tr><td colspan="2">文化旅游融合区</td><td colspan="2">台儿庄古城和运河文旅小镇、微山湖红荷湿地和滨湖古镇、冠世榴园与榴园小镇、铁道游击队纪念园和纪念馆、中兴国家矿山公园和鲁南水城·枣庄老街、翼云山石板房和翼云小镇、滕州市“一塔六馆”等。</td></tr>
<tr><td colspan="2">沿线传统利用区</td><td colspan="2">纤夫村和兴隆庄的消失,使泇河台儿庄段永远失去了一个难得的特色传统利用区,建议按照原样恢复,还原“土村绿荫”景观。</td></tr>
</table>

六、枣庄市大运河国家文化公园的发展定位

(一)主题定位——鲁风运河·墨韵枣庄

将大运河保护好、传承好、利用好,延续壮美大运河的千年神韵。通过大运河国家文化公园的建设,成功塑造“千年运河”的统一品牌。山东省重点打造“鲁风运河”文化高地,强调调水分水和蓄水排水等闸坝科技和科学管理,充分挖掘齐鲁文化特质。枣庄市突出古城特色、红色文化、中兴文化、鲁南文化,实现运河文化与墨子文化、鲁班文化、儒家文化的有机融合,重点建设台儿庄古城、滕州微山湖湿地红荷景区等,提升在大运河文化建设中的辐射力和影响力,打造“活

着的运河”和沿运独有、世界知名的旅游度假休闲区①。

大运河国家文化公园建设的重要目的是弘扬中华优秀传统文化,鲁南优秀区域文化也是中华优秀传统文化的一部分,其中蕴含的文化精神正是中华民族生命不息、奋斗不止的灵魂。枣庄市区域文化的精神内涵见表4。

基于国家发展的总体目标要求和枣庄市区域文化精神特质,将枣庄市大运河国家文化公园的主题形象设定为“鲁风运河 · 墨韵枣庄”,以体现枣庄市场域之魂,打造一个威武不屈、拼搏奋斗、探索创新、开放包容、动感活力、江湖豪气的励志畅心之地。

表4　枣庄市区域文化的精神内涵

名称	精神内涵
墨家思想(精神)	兼爱、非攻、尚贤、尚同、节葬、节用;科技、创新、博物、戴行。
工匠精神	专注执着的敬业精神;精益求精的完美精神;超越自我的创新精神②。
开泇精神	砥砺奋进的开拓精神;求实创新的科学精神;鞠躬尽瘁的奉献精神;前仆后继的团结精神。
中兴精神	自强、开放、务实、创新、奉献、抗争;兼天下之任,求国之发展;重创新精神,求平等自由;兼容并包,融合互鉴③。
铁道游击队精神	听党指挥、不怕牺牲的革命精神;敢于亮剑、攻坚克难的担当精神;机智勇敢、敢为人先的创新精神。

笔者曾提出枣庄市“四城”建设主题形象设计方案,即“休闲绿城 · 运河名城 · 匠心圣城 · 复兴梦城”,来整体表达枣庄市地域文化精神。同样,在“鲁风运河 · 墨韵枣庄”统一的主题之下,大运河国家文化公园可以概括出五个支撑形象,即大运河枣庄段是绿色生态河、匠心科技河、繁荣复兴河、红色英雄河、多彩加运河“五位一体”的多面立体长河(如图6),而多样的形象又从不同角度,共同支撑起“鲁风运河 · 墨韵枣庄”的主题定位。

① 根据《大运河文化保护传承利用规划纲要》《大运河国家文化公园建设保护规划》《大运河(山东段)文化保护传承利用规划纲要》《山东省大运河国家文化公园建设保护规划》等文件整理。

② 张蕊、张楠主编:《传班墨文化弘工匠精神》,高等教育出版社2020年版,第115—116页。

③ 徐玲:《枣庄运河文化研究》,山东人民出版社2020年版,第116—119页。

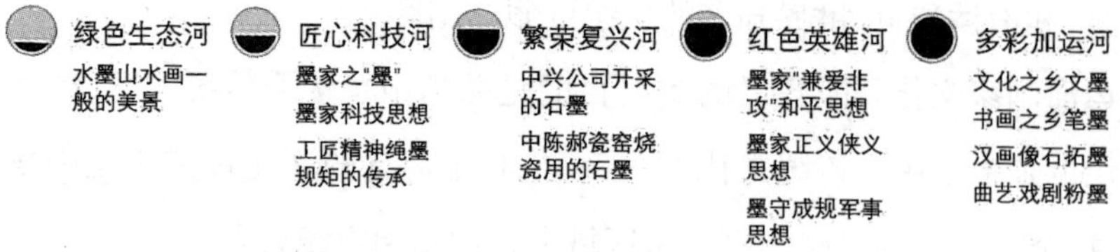

图 6　鲁风运河·墨韵枣庄支撑形象释义

（二）支撑形象——五河营造

1.绿色生态河

大运河枣庄段是绿色生态河。大运河国家文化公园建设应该“以水为魂”。泇河的“泇”字“加水”实为泉河的注解，形象地描画了山东运河的泉河特色。泇河拥有最为独特美丽的“S”形曲线，河湖相济的交融状态和独特景观，历来成为文人墨客歌咏描绘的对象，在他们笔下，大运河、微山湖就是一幅幅水墨山水画。1653 年中秋节，清代历史学家谈迁船经台儿庄，“酒后步月”，见泇河两岸“远山浮黛，荞麦花如雪，亦佳景也”①。“微山湖水如磨镜，照出江南江北山”，是清代学者翁方纲描写泇河最为传神的诗句②。清代麟庆撰《鸿雪因缘图记》多描绘运河美景，《微湖说泇》名列其中，颇具盛名③。古峄、古滕景观“湖口观渔”“微湖夜月”一向享誉鲁南。

大运河和微山湖湿地动植物资源十分丰富，景色秀丽迷人。微山湖作为水柜，源源不断提供澄清的生态之水，维持着泇河的生生不息。如今，南水北调保持着运河、湖泊的水量平衡，将美丽景色定格为永久。红荷映日、芦荡飞雪，微湖夕照、鸟飞鱼跃，大河行船、渔舟唱晚，这些景观成为山水林田湖草人与自然生命共同体的完美写照。

2.匠心科技河

枣庄市是车祖奚仲、巧圣鲁班和科圣墨子故里。历史上商鲁间的菏水开凿改变了当地交通条件和地理区位，促进了墨家文化和匠心文化的形成④。匠心精

① （清）谈迁：《北游录》，中华书局 1960 年版，第 25 页。

② （清）翁方纲：《韩庄闸》，《千年咏运河》，广陵书社 2019 年版，第 124 页。

③ （清）麟庆撰，（清）汪春泉绘：《鸿雪因缘图记（下）》，国家图书馆出版社 2011 年版，第 589 页。

④ 李春泰等：《墨子科学技术思想研究》，中国社会科学出版社 2015 年版，第 62—77 页。

神包含科学、实践、创新、敬业、精益、专注等丰富内涵，在各行各业都有所体现。水利史上著名的都江堰水利工程就属于匠心工程①。

泇运河是匠心科技河。泇河堪称历史名河，因其设计科学，至今通航不辍。清代河道总督靳辅称："有明一代，治河莫善于泇河之绩。"②运河东迁是中国治水思想从"借黄行运"到"避黄改运"的理论创新。泇河是运河东迁的重要成果，是产生最为艰难的运河，从首议到竣工总共持续了39年。泇河之议是持续时间最长、牵涉人数最多的水利专论。持续的争辩、兴工与停工，其实是治水开河的不断实践和经验积累。

开泇"三公殚心国事，不恤人言，尽智竭力，前后相继"，以成泇河万世之功③。鲁南向来能工巧匠辈出，这种惊天动地的开河工程，匠人自然无法缺席。他们投入到代代相继、默默无闻的役夫河工洪流之中，为开河贡献了匠心智慧，专于一技、精益求精。在极端艰苦的条件下忍辱负重、抛家舍业甚至献出生命。这一切都凝聚成可歌可泣的开泇精神：砥砺奋进的开拓精神、求实创新的科学精神、鞠躬尽瘁的奉献精神、前仆后继的团结精神④。开泇精神和匠心精神有着异曲同工之妙。

3.繁荣复兴河

泇运河是繁荣复兴河。运河促进了沿线商贸业的发展，成就了古镇台儿庄的繁荣。明清时期，"台庄跨漕渠，当南北孔道，商旅所萃，居民饶给，村镇之大，甲于一邑，俗称'天下第一庄'"⑤。清末漕运中止后，台儿庄作为铁水联运的结合点，峄县中兴煤矿公司的煤炭贸易延续了台儿庄古镇的辉煌。1938年的台儿庄大战，将古镇沦为一片废墟。2008年，值台儿庄大捷70周年之际，古城恢复重建走向复兴，成为永恒的文化遗产。

中兴公司是中国民族资本企业，"中兴公司"的名字里寄予了"中华复兴"的

① 谷道宗、王光炎等编著：《鲁班文化与工匠精神》，清华大学出版社2021年版，第90页、71页。
② （清）靳辅：《治河方略》，《中国水利史典·黄河卷2》，中国水利水电出版社2015年版，第457页。
③ （清）杨锡绂：《万年闸三公祠碑记》，《山东运河备览》卷十二《名论下》，第24页。
④ 吴元芳：《泇运河的名实之辩》，《枣庄学院学报》2021年第4期，第2页。
⑤ 赵亚伟主编：清光绪《峄县志（点注本）》卷八，线装书局2007年版，第129页。

梦想。运河因素是中兴矿局创建的重要前提条件,大运河通过大量的煤炭外运,奠定了中兴公司的发展基础。通过大运河运来的外购机械设备,使中兴公司完成了台枣铁路、第一大井和发电厂三大工程的建设,提高了煤产量,延长了产业链,开拓了煤市场。大运河承载了中兴远洋航运公司,通过铁路、铁水联运途径,煤炭远销北至天津、南到宁波的运河沿线,并打破了长江中下游和沿海一带洋煤垄断市场的局面,为中国近现代民族工商业的发展作出了卓越的贡献。大运河和海上丝绸之路相连,使煤炭甚至远销日本、小吕宋。泇河使中兴公司迅速崛起,成为创下了中国近代工业史上许多"唯一"和"第一"的完全之矿①。

4.红色英雄河

"三国五邑"的政治格局和"九省通衢"的交通优势,使鲁南成为兵家必争之地。春秋时期,偪阳人民英勇抗击以晋为首的十三国联军,开威武不屈抗击侵略的先河。菏水之开,更使此地成为大国会盟中心和争霸的通道。墨子"兼爱、非攻"的和平主张、抑强扶弱的肝胆义气、"墨守"成规的军事科技,和薛国孟尝君的好客养士、任侠尚气结合在一起,更加塑造了威武不屈的性格。

清朝末年,鲁南灾荒频仍,加上吏治腐败,人民不堪其苦。运河漕运的废止,使依靠运河生存的随漕逐沫、挽舟顾食者无以为生,泇河两岸终于爆发了幅军起义。起义风靡十余年,盛时人数十余万,可谓波澜壮阔,在大运河社会史上难得一见②。

红色文化是大运河枣庄段神圣的精神遗产。抗日战争时期,台儿庄作为"鲁南门户,苏北屏障",成为拱卫徐州的一道屏障。1938 年的台儿庄大捷,使这里成为"中华民族扬威不屈"之地。运河支队是中国唯一以运河为番号的队伍,以运河之南的黄邱山套为根据地战斗在泇河两岸,北辟延安通道,南锁山东大门,功勋卓著,被罗荣桓誉为"敢于在日军头上跳舞"的部队,陈毅赞称"运河支队可以写成一部大书"③。铁道游击队活跃在铁道沿线和微山湖畔,机智勇敢,敢于亮剑,不怕牺牲,威震敌胆,铸造了光辉闪亮的"铁道游击队精神"。鲁南战役陈毅

① 于良主编:《百年中兴》,现代教育出版社 2013 年版,第 61—63 页。

② 苑继平主编:《枣庄战事》,青岛出版社 2006 年版,第 6—14 页。

③ 中共台儿庄区委办公室等编:《八路军一一五师运河支队抗战史》,中国文史出版社 2014 年版,第 5 页。

指挥山东野战军和华东野战军,首创华东战场人民解放军一次歼灭国民党军两个整编师和1个快速纵队的纪录。

5.多彩枷运河

枣庄市是著名的文化之乡、艺术(书画、戏剧、曲艺)之乡。邑人贾三近称“东海兰陵,世有文学”①。他独立创作的伟大世情小说《金瓶梅》,描绘了五彩缤纷的运河社会②。汉画像石是我国艺术瑰宝,翦伯赞称其为“绣像汉代史”,滕州汉画像石居全国县级市之首,内容丰富、雕刻精美,具有浓厚的民族风格和地方特色,其中一部分反映了泗水流域的水乡生活。目前,枣庄市省级及以上非物质文化遗产共计42项(如表5),这些非物质文化遗产很多和运河之间存在着功能或历史、地理的关联。文化遗产为大运河国家文化公园的文化创意提供了无限的可能,枷运河是一条运河文化丰富绚丽的“多彩长河”。

表5　枣庄市省级以上非物质文化遗产名录

类型	遗产名称
民间文学	鲁班传说(国家级)、女娲神话、奚仲造车传说
传统戏剧	柳琴戏(国家级)、皮影戏
曲艺	鼓儿词、山东琴书
传统音乐	枣庄运河号子、唢呐艺术(薛城唢呐、峄县唢呐、滕州鲁南鼓吹乐)
传统舞蹈	独杆轿、四蟹抢船、鲁南花鼓、人灯舞、骨牌灯舞
传统美术	伏里土陶、滕县松枝鸟、运河梁氏石刻脸谱、滕州木版年画、枣庄泥塑
传统体育	大洪拳
传统医药	生氏正骨术
传统技艺	洛房泥玩具制作技艺、滕州张汪竹木玩具制作技艺、鲁班锁制作技艺、传统古琴制作技艺、峄县传统青铜器技艺、石榴盆景栽培制作技艺、枣庄砂陶烧制技艺、齐村古陶窑建造技艺、阴平毛笔制作技艺、枣庄民间缝绣技艺、草编编织技艺、台儿庄蚕丝被制作技艺、蓝印花布印染技艺、传统皮具制作技艺、粉皮制作技艺、松花蛋制作技艺、枣庄辣子鸡烹饪技艺

“枷运”谐音“加运”,正有“行大运”之意,常州市的“常走大运”活动,已成为著名的品牌,可以作为枷运品牌保护的借鉴。大运河是接地气的民俗之河,应该

① 赵亚伟主编:《峄县志(点注本)下》卷二十三《艺文志》,线装书局2007年版,第562页。

② 张远芬:《金瓶梅新证》,齐鲁书社1984年版,第30页。

充分反映趋吉避凶、去恶向善的民间心理。洳运河位于京杭中心位置，沿运河北上或南下给鲁南人带来了很多机会，在民间形成了世俗的走运心理。反映在运河民间故事中，经代代相传成为渴望走运的美梦。县志载康熙帝南巡，邑人李克敬“进诗台庄水次。时献诗赋者六七百人，进呈二十一卷，钦拔第一”，后“举于乡”“成进士”“入翰林”[①]，讲的是学运、官运；《苇毛鞋和四十万》《台儿庄燕家》两个传说演绎了台儿庄万家和燕家神奇的发家史，万年闸上一个大个儿到闸下捕鱼有幸得到一个金耙齿，讲的都是财运[②]。《李公子赶官船》《秃三巧姻缘》《招夫榜》三篇故事，演绎了男主人公终于抱得美人归的离奇爱情经历，讲的是桃花运[③]。类似的运河故事还有很多，无非是“福禄寿喜财学”的“加运”寓言和幻想，为大运河之旅平添一些轻松俏皮和幽默欢谑。洳运河是一条集“幸福、吉庆、亨通、风顺、平安、健康、欢乐、富裕、成功”于一体的多福长河。

在枣庄市大运河国家文化公园建设过程中，“五河”的营造不是空洞的，而是由具体建设项目支撑的，笔者将项目分为写入政府文件的“文件项目”和个人构思的“策划项目”两个部分（如表6）。

---

① 赵亚伟主编：清乾隆《峄县志（点注本）》，长城出版社2014年版，第278页。

② 白庚胜编：《中国民间故事全书·枣庄·台儿庄卷》，知识产权出版社2011年版，第37页、39页、317页。

③ 白庚胜编：《中国民间故事全书·枣庄·台儿庄卷》，知识产权出版社2011年版，第388页、395页、397页。

表6 "五河"营造的支撑项目①

形象	项目分类	项目内容
绿色生态河	文件项目	河道治理项目(19):滕河、薛河、白水河、泇河、伊家河河道重点治理;峄城区运北支流综合治理;城郭河水体治理;台儿庄区韩庄运河干流及其重要支流综合治理;两库四河(岩马水库、庄里水库、荆河、滕河、十字河、蟠龙河)水系连通工程;周营大沙河生态水系综合治理;山亭区十字河段、滕河(桑村段)、东泇河支流综合治理;十字河、北沙河等综合治理;滕河和墨子湖中水回用及生态环境治理;北沙河、小魏河、小冯河生态湿地治理;沿运沿湖绿道项目(5):大运河生态绿色廊道建设;京杭运河枣庄段运北旅游大道绿化;滕州微山湖生态廊道建设;台儿庄沿运旅游风景大道、台儿庄区运河两岸绿化提升;航道建设治理(5):峄城魏家沟航道、京杭运河微山湖至台儿庄古城旅游航道、伊家河京台高速台儿庄大运河服务区至微山湖旅游航道、台儿庄三线船闸工程、台儿庄万年复线船闸;湿地综合整治(2):滕州微山湖退耕还林还湿、蟠龙河区域水生态修复与治理;水库建设治理(13):滕州市马河水库调溉扩容,岩马、马河、周村、户主、辛庄、红石嘴等水库增容扩容工程,城南水库、永安水库建设项目,山亭区岩马水库、辛庄水库、翼云湖生态建设项目,山亭区灵芝湖建设项目;水利调水项目(4):滕州市沿南四湖灌区改造提升、台儿庄区南水北调引调水工程、南水北调东线二期工程、峄城区城乡供水(南四湖调水)工程;岸港涵桥项目(6):台儿庄运河岸堤拓宽改造提升、韩庄运河沿岸堤防排水涵洞更新改造、韩庄运河沿线支流入运河口交通桥、台儿庄古城运河大桥、枣庄港口建设、综合枢纽工程;山体矿山修复(2):西集生态保护区破损山体生态修复、峄城峨山铁矿尾砂库区和山体修复治理;污水处理项目(9):滕州市农村生活污水治理工程、滕州市(城区)第四污水处理厂、陶庄污水处理厂改建、润源污水处理厂新建、山亭区经济开发区污水处理厂及配套管网、市中区第三污水处理厂、峄城化工园区污水处理厂、台儿庄城区污水管网维修改造、台儿庄区第二污水处理厂及配套管网工程;城乡综合治理(6):西岗镇美丽乡村连片治理、台儿庄西部片区综合体项目、峄城万年闸古镇保护与利用工程、滕州书院街历史文化街区、古邵(美丽乡村、绿色生态镇、特色小镇)建设项目、港湾明珠大厦。

① 根据《大运河(山东段)文化保护传承利用规划纲要》《山东省大运河国家文化公园建设保护规划》《山东省文化旅游融合发展规划(2020—2025)》《枣庄市国民经济和社会发展第十四个五年计划和2035年远景目标纲要》文件整理。

续表

形象	项目分类	项目内容
绿色生态河	策划项目	整体打造包括大运河干支流水系、微山湖及其水系在内的生态绿道;结合森林绿道、公路绿道、铁路绿道等共同构建山水林田湖草绿色生态廊道。
匠心科技河	文件项目	文化场馆建设(3):运河“三公祠”保护传承、台儿庄大运河船闸博物馆、滕州鲁班文化创意产品展馆、墨子文化城;科技产业园(3):墨子科技园智能制造小镇、台儿庄大运河启航智能创造科技园、京杭科技船艇制造及船舶智能物联管理平台;节庆活动建设(3):墨子创新高端论坛、墨子创新奖、鲁班传人职业技能大赛。
	策划项目	中国古代水利科技馆、中国古代交通科技馆(舟车)、泇河暨运河东迁博物馆;建立奚公山、落凤山、灵泉山和相关博物馆为主线的科技寻圣文化遗产线路。
繁荣复兴河	文件项目	农业园项目(4):滕州马铃薯现代农业产业园、枣庄石榴省级现代产业园、王府山—青檀寺景村融合发展乡村振兴项目、台儿庄运河现代渔业园;工业园项目(6):中兴文化博物馆4A级建设、中兴文化铁路遗产公园、市中区市南工业园、今缘春酒业、汉诺旅游综合体、国新粮油集团工业博物馆;运河航运项目(3):峄州港港航物流产业园、峄州港公铁水联运物流产业园、台儿庄临港物流产业园;旅游建设提升项目(19):峄城古运荷乡湿地公园、滕州微山湖国家级湿地、蟠龙河国家湿地公园、台儿庄运河国家湿地公园、抱犊崮国家森林公园、熊耳山国家地质公园、冠世榴园、台儿庄古城改造提升项目;龟山森林公园4A级建设、龙山龙湖深度开发;台儿庄古城、古运河组团式保护工程、泇河台儿庄段文化遗产修缮保护工程、台儿庄古城周边历史风貌保护修复;台儿庄古城文化产业园、台儿庄大运河文化国家展示中心、台儿庄大运河国家文化公园、京台高速台儿庄大运河服务区暨大运河城市会客厅、运河印象文旅小镇、微山湖红荷水镇、翼云湖旅游度假区;健身康养项目(6):梦幻台儿庄冰雪世界、枣庄冰雪文体中心;灵芝湖康养小镇、光大美铭温泉康养小镇、岩马湖康养小镇、市中区仙坛山养老服务中心。
	策划项目	提升中兴煤矿国家矿山公园,进行中兴城中城建设;中陈郝瓷窑小镇建设;建立以台枣线、枣临线等铁路线为走向的中兴文化遗产廊道。

续表

形象	项目分类	项目内容
红色英雄河	文件项目	依托铁道游击队纪念园、八路军抱犊崮抗日纪念园、台儿庄大战纪念馆等，策划举办台儿庄大战胜利系列展览、两岸和平文化论坛，建设大运河文化带爱国主义教育基地；台儿庄大战旧址修缮保护工程、台儿庄大战纪念馆馆藏文物数字化保护工程、抗战纪念园建设工程、台儿庄抗战精神干部教育基地、铁道游击队纪念园改造提升、铁道游击队党性教育基地、运河支队纪念馆、刘少奇纪念园党性教育基地、国共谈判旧址、"陈毅在峄县"红色展馆、中兴公司工人运动旧址保护展示项目、偪阳古城遗迹保护工程。
	策划项目	中国古代军事科技馆；建设枣庄市红色文化遗产线路。
多彩加运河	文件项目	文化设施建设(4)：推进图书馆、博物馆、文化馆建设，加快文旅行业大数据创新应用；鲁中南文物保护考古研究中心(岗上遗址保护与展示工程)文化创意工程(7)：打造大运河超级IP(枣庄)、千水星文创旅游项目、红土埠文化旅游产业园、天穹影视文化基地、鲁笔文化产业园、飞羊文旅融合发展产业平台、运河文化特色"枣庄好礼"系列文创产品研发；文化出版工程(6)：《枣庄运河志》《画里枣庄》《枣庄通史》《枣庄历史文化丛书》《山东运河文化丛书》《京杭大运河山东段志》；文化演艺工程(13)：柳琴戏《运河支队》《运河人家》《火种》《善国》《大国工匠》《誓言》《单家庄》等；鼓乐剧《台儿庄大捷》；皮影戏《台儿庄大战》；杂技剧《铁道英雄》等；电视剧《中兴》；推动《铁道游击队》舞剧、《铁道英雄》在枣庄市驻演巡演。
	策划项目	做好滕州市博物馆、滕州市汉画像石馆、枣庄市博物馆等场馆文物活化；建设中国好运民俗馆；拍摄电视专题片《泇河春秋》《魅力泇河》；打造印象台儿庄、泇河千古情等综合性大型演艺；打造泇运文化节；建设东夷文化探奇、鲁南古国寻踪、鲁南非遗体验等文化遗产线路。

七、枣庄市大运河国家文化公园的重点工程

根据《枣庄市大运河国家文化公园三年突破行动》，到2025年，大运河沿线文物保护和传承机制、格局基本形成，大运河国家文化公园台儿庄核心展示区完成建设任务，泇河台儿庄段集中展示带成为示范段。完成150多个项目的全市布局，拟争取中央财政资金支持30多亿元，投资总额超千亿元。把枣庄"活着的

运河”打造为风景优美、文化彰显、设施健全、独具韵味的景观长廊,成为山东运河文化展示“第一窗口”和国际知名旅游目的地。

结合枣庄市发展目标和资源特色,参考三年突破行动方案,重点工作是推动实施“保护传承、研究发掘、环境配套、文旅融合、数字再现、区域合作”六大工程建设。

(一)保护传承工程

加快推进核心展示园范围内的遗址考古发掘、抢救性保护和本体修缮,以及相关的展示设施建设。重点推进台儿庄古城、古运河组团式保护工程,泇河台儿庄段文化遗产修缮保护工程和台儿庄古城周边历史风貌保护修复。加强对枣庄市11处国家重点文物和正在发掘遗产5处遗址的保护,建设鲁中南文物保护考古研究中心(岗上遗址保护与展示工程)。

结合泇运河特色文物资源和文化遗产,重点推进泇运河暨运河东迁博物馆建设。建立与其他国家级重要文博单位的长效合作机制,提高大运河相关文物展陈水平。重点推进枣庄市中国传统村落、历史文化名村、全国特色小镇等各类重点村镇和传统街巷的保护。

重点推进柳琴戏、鲁班传说、伏里土陶、运河号子、鲁南花鼓等省级以上非物质文化遗产的保护传承利用,建设鲁南大运河非物质文化遗产馆,推动代表性项目配套建设传承体验中心,结合相关文物资源实现整体呈现。推进非物质文化遗产整体性保护,推动台儿庄运河文化生态保护试验区规划建设。

(二)研究发掘工程

依托枣庄学院大运河研究院以及其他相关智库,打造高水平大运河研究平台,加强大运河系统研究,牢牢守住大运河枣庄段研究主动权和话语权。加大地方社科基金对大运河文化研究课题的支持力度,构建与大运河国家文化公园建设相适应的理论体系和话语体系。

整合相关研究力量,深入研究提炼泇运河文化价值和精神内涵,总结提炼开泇精神,兼顾学术性和故事性,讲好泇河故事,赋予新的时代内涵和文化价值。重点推动出版《枣庄运河志》《枣庄历史文化丛书》《画里枣庄》等课题研究和宣传丛书。

系统整理挖掘大运河沿线文物和文化资源背后的事件、人物、故事等,推出一批体现大运河文化特点的文艺作品。拍摄电视专题片《泇河春秋》《魅力泇河》等,生动展现泇河神韵、沿线风采、风土人情,以及承载的优秀传统文化,提升泇河的整体辨识度。

（三）环境配套工程

全力构建综合交通体系,打造"内通外联"的鲁南综合交通枢纽。规划建设铁路 3 条:济南至枣庄旅游高铁、济枣旅游高铁京沪二通道连接线、临沂—枣庄—菏泽城际高铁;建设京台高速枣庄段改扩建、临滕高速枣庄段、枣木线至机场至新城高速连接线、京台高速至新台高速台儿庄连接线等 9 条公路;建设机场 3 个:枣庄机场、滨湖通用机场、台儿庄通用机场;场站 2 个:枣庄机场客运换乘中心枢纽、济枣高铁客运枢纽。

围绕泇河功能定位,形成融交通、文化、游憩体验于一体的运河文化遗产廊道。重点打造枣庄大运河旅游风景大道、旅游绿道、自行车道。完善国家文化公园形象标识,打造视觉形象识别系统,建设完善旅游服务设施。推动建设大运河文化生态公园,突出历史文化和生态景观双重价值。建设滨河生态屏障,实施运河沿岸国土绿化。建立健全大运河水资源、水环境和沿线生态环境质量监测,完善污水处理及配套管网设施。

根据相关文件统计,枣庄市规划的大运河环境配套工程总共 70 个,包括河道治理 19 个、航道建设治理 5 个、湿地综合整治 2 个、水库建设治理 13 个、水利调水项目 4 个、沿运沿湖绿道建设 6 个、岸港涵桥建设 6 个、污水处理项目 9 个、城乡综合治理 6 个。这些项目从不同方面给枣庄市大运河国家文化公园以加油助力作用。

（四）文旅融合工程

山东省十大文化旅游目的地品牌包括"东方圣地、仙境海岸、平安泰山、泉城济南、齐国故都、鲁风运河、水浒故里、黄河入海、亲情沂蒙、鸢都龙城",它们都属于一级旅游品牌。枣庄市深入实施品牌化战略,统一打造"鲁风运河 · 墨韵枣庄"的"运河名城"形象,积极开发运河旅游"食住行游购娱"和"商养学闲情奇"产品,培养运河旅游企业等特色品牌。

枣庄市积极融入山东省十大文化旅游目的地品牌,以"鲁风运河"品牌为主设计联程联运线路。率先选择济宁—台儿庄打造水上观光通道，建设省域大运河文化精品线路，选择南运河或通济渠—会通河—洳运河等建设跨省特色旅游线路。着重依托运河重点河段、文物遗址，打造漕运文化精品游、水利文化科普旅游；结合泰山和“三孔”自然人文遗产打造世界文化遗产经典游；依托周边历史遗址遗迹打造历史文明体验游；依托运河沿线名城、名镇、名村打造古城观光游、古镇记忆游、乡村民俗游；依托运河水韵特色打造水乡生态游和滨水休闲游；依托历史名人、红色文化、文学艺术、非物质遗产等打造儒风访圣游、红色追忆游、名著寻踪游、非遗研学游、美食体验游等。部分精品旅游线路见表 7。

表 7　和枣庄市相关的山东省主要旅游精品线路①

旅游线路	旅游可选景点（节点）
世界遗产经典旅游	台儿庄古城、南阳古镇、南旺运河文化旅游区、运河之都济宁、曲阜“三孔”、泰山、戴村坝旅游区、中华水上古城聊城、济南天下第一泉。
漕运文化精品旅游	台儿庄古城、夏镇、微山湖湿地旅游区、南阳古镇、运河之都济宁古城、南旺运河文化旅游区、凤凰台旅游区、戴村坝旅游区、中华水上古城、临清中洲古城、七级镇、阿城镇、张秋镇、武城运河民俗小镇、大运河德州段仓储建筑群、德州董子园风景区。
水利文化科普旅游	台儿庄运河枢纽、韩庄闸、二级坝水利风景区、南旺运河文化旅游区、滕州微山湖湿地红荷景区、戴村坝旅游区、东平湖旅游区、张秋古镇、七级镇、聊城中国运河文化博物馆、四女寺水利枢纽。
运河古镇记忆旅游	台儿庄古城、台儿庄运河枢纽、古邵镇万年闸、韩庄闸、夏镇、微山湖红荷水镇、南阳古镇、济宁古城、南旺古镇、聊城古城、临清中州古城、武城四女寺镇。
美丽乡村生态旅游	台儿庄运河湿地公园、微山湖旅游区、“鱼台花岛”运河水乡、济宁凤凰台旅游区、大清河休闲游憩带、夏津前屯古桑村落、武城运河民俗小镇、德州运河生态游憩带。
古村古镇乡愁旅游	宋家沟村、王家庄村、万紫千红度假区、上九山古村落、南阳古镇、翼云石头部落、石嘴子村柜族部落、龙泉乡村旅游片区、盈泰温泉度假村、微山湖红荷湿地。

① 根据《大运河（山东段）文化保护传承利用规划纲要》《山东省大运河国家文化公园建设保护规划》《山东省文化旅游融合发展规划（2020—2025）》文件整理并作简单修改。

续表

旅游线路	旅游可选景点(节点)
儒风文化访圣旅游	奚仲纪念馆、墨子纪念馆、鲁班纪念馆、邹城“四孟”、曲阜“三孔”“两颜”、孔子研究院、寿丘始祖文化园、尼山圣境、德州四女寺、董子园风景区。
山水圣人文化旅游	德州董子园、济南天下第一泉风景区、泰安泰山、岱庙、曲阜三孔、邹城四孟、滕州墨子纪念馆、台儿庄古城
东方圣地体验旅游	孔庙谒至圣、孔府读先贤、孔林拜先师、古城习六艺、尼山揽胜境、书院读经史、三孟访亚圣、峄山探古迹、古滕研科技、薛城拜车祖、兰陵寻后圣
红色文化追忆旅游	台儿庄大战纪念馆、台儿庄古城、枣庄铁道游击队纪念馆、八路军抱犊崮抗日纪念园、鲁南人民抗日武装起义纪念馆、张山公社记忆红色旅游区、梁山独山抗日纪念馆、阳谷孟母文化园、德州四女寺风景区。
亲情沂蒙红色旅游	枣庄铁道游击队红色旅游景区、八路军抱犊崮抗日根据地遗址、台儿庄大战纪念馆、华东革命烈士陵园、沂蒙山孟良崮、沂蒙红嫂纪念馆、沂蒙山小调诞生地、莒南八路军115师司令部旧址、山东省政府旧址九间棚、泰安徂徕山起义旧址、淄博六一八战备电台。
运河味道美食旅游	台儿庄古城、南阳古镇、济宁玉堂酱园、东平湖风景区、阳谷水浒文化旅游区、临清济美酱园、临清中洲古城、德州扒鸡文博馆。
运河水浒侠义旅游	德州九龙湾、临清古城、聊城水城、东阿阿胶城、阳谷景阳冈、梁山景区、郓城好汉城、济宁总督署、微山湖、南阳古镇、滕州墨子纪念馆、薛国故城、台儿庄古城。
工业遗产体验旅游	枣庄中兴煤矿国家矿山公园、东阿阿胶世界、济南泺口黄河铁路、济南铁路博物馆、津浦铁路济南机器厂、济南电源博物馆、济南通讯博物馆、博山工艺美术厂、博山古窑村、潍坊坊茨小镇、张裕酿酒公司、海尔世界家电博物馆。
鲁风运河自驾旅游	临清运河钞关、舍利塔、鳌头矶、东昌湖、山陕会馆、光岳楼、戴村坝、东平湖、汶上运河南旺枢纽遗产、济宁太白楼、微山湖、台儿庄古城。
鲁风运河拍摄旅游	台儿庄古城(夜景)、微山岛、微山湖国家湿地公园、滕州微山湖湿地红荷景区、南阳古镇、戴村坝、山陕会馆、光岳楼、东昌湖(夜景)、武城老船闸、黄河故道森林公园。

打造重点文艺作品。实施柳琴戏等非物质文化遗产振兴工程,打响枣庄

柳琴戏品牌。创作排演现代柳琴戏《运河支队》《运河人家》《善国》《大国工匠》等优秀剧目。编排鼓乐剧《台儿庄大捷》、皮影戏《台儿庄大战》、杂技剧《铁道英雄》等主题演出。摄制完成电视剧《中兴》，推动《铁道游击队》舞剧、《铁道英雄》在枣庄市驻演巡演。争取打造一台整合地方文化资源、艺术表现形式、现代呈现方式的大型演艺活动，如《印象台儿庄》《泇河千古情》之类，唱响、畅享夜间经济。持续打造“泇河文化节”“泇运开河节”等特色主题活动，举办“走大运”全民健身活动，提倡“加运”的“幸福之行、亨通之行、健康之行、欢乐之行、发财之行、成功之行”。

（五）数字再现工程

逐步实现枣庄大运河国家文化公园主体展示区无线网络特别是5G覆盖，引导文化和旅游与VR/AR等现代信息技术相结合，加强基础设施网络安全和可靠性保障。对接大运河国家文化公园（山东）官方网站和数字云平台，对文物和文化资源进行数字化展示。加强大运河山东段文化资源普查，整合运河文献、文物遗址、水利工程、文学艺术、非物质文化遗产等资源，建设大运河文化资源公共数据平台。构建台儿庄大运河国家文化公园数字再现工程（枣庄）、运河智慧旅游大数据平台数字再现工程、运河智慧旅游大数据平台（台儿庄）、枣庄铁道游击队纪念馆数字化平台、滕州市墨子文化城数字化提升项目。推进大运河“互联网+”建设，对接省数据共享平台体系和文物文化资源数字化管理平台，实现大运河文化遗产信息资源数据共享。

（六）区域合作工程

在以上五个重点工程之外，鉴于泇运河和微山湖地跨两省三市，枣庄市处在济宁市和江苏徐州市中间，三市一衣带水地理相连相接，同饮运河水文化相亲相近，形成了“你中有我、我中有你”的地缘格局。历史上，在旅游发展领域，鲁南苏北就成为全国旅游合作典型样板。枣庄市处在“西水东山连接处，北孔南汉交汇点”上，处在“一山、一水、两汉、三孔”黄金旅游线路上，目前正在开创的“大泰山、大圣人、大运河”新的旅游格局，更给枣庄市区域合作发展带来了新的机遇。例如，以运河东迁为主脉，建立湖西会通河、湖东南阳新河—泇运河旅游线，形成济宁—枣庄—徐州水陆并行、东西互鉴的运河寻踪考古旅游线。三市应尽快加强以高铁、高速公路、快速公交沟通运河城镇的同城化建设;加强三地运河文化旅游的一体化营销战略等。

区域合作工程还要深度参与“一带一路”建设,积极对接长三角、京津冀国家战略,深度融入黄河流域生态保护和高质量发展战略,以及淮河生态经济带、鲁南经济圈一体化发展等重大区域战略,这些战略和大运河文化带、大运河国家文化公园战略互通互联、互融互济,共同推动国家、区域各项事业的发展。

八、结语

大运河横亘3200公里、纵贯2500余年。大运河国家文化公园建设是牵动8省39市的重大宏观战略决策,其发展必须严格贯彻“创新、协调、绿色、开放、共享”五大新发展理念。只有鼓励“八仙过海,各显神通”的独特性创造,“各美其美,美美与共”,才能迎来大运河五彩缤纷的光辉前景。各级管理部门在营造绿色发展环境上协调,在有损绿色发展环境、危害绿色发展理念上管控,从而形成“内联外通,内活外欢”的开放局面。运河沿线人民在此生产生活进行创造活动,并参与营建运河文化生态,同时分享运河区域社会发展所带来的红利。

大运河作为一个整体,是中华民族伟大复兴的标志,是中国人民彰显文化自信的名片。从局部来讲,每段运河都别具特色拥有各自不同的故事,大运河国家文化公园就是一个讲述大运河故事的平台。从枣庄市来说,要讲好运河故事,彰显文化自信,就必须讲好枣庄运河故事,因为枣庄的故事就是国家的故事。枣庄人民参与讲述枣庄运河故事,并创造新的运河故事。枣庄运河故事以包容万千的姿态,汇聚成枣庄运河的博大浩瀚,显示了枣庄人民的智慧力量。

大运河国家文化公园建设的探索与实践

——以大运河山东段为例

禚柏红　方　辉[①]

国家文化公园,是由国家主导和实施的重大文化工程,为探索文物和文化资源的保护、传承与利用提供了新思路、新方法与新机制。大运河山东段是京杭大运河贯通南北的重要段落之一,凝聚着中国古代水利科技的最高成就,沿线区域还是儒家文化及中华文明的重要发祥地。大运河成功申报世界文化遗产(以下简称"申遗"),使得大运河山东段沿线点段的本体保护和环境整治得到有效改善。国家文化公园建设的实施,让大运河沿线文化遗产的保护、利用与传承,再次迎来重大机遇,但同时也面临诸多挑战。因此,当国家文化公园建设的理论与实践迈入新的发展阶段之时,笔者通过理论溯源、政策解读与途径探讨,并辅以大运河山东段国家文化公园建设的具体案例,阐述其理论内涵,展望其建设路径,以期未来之发展。

一、大运河国家文化公园的提出背景

(一)"构建中华文明标识"的科学架构

建设国家文化公园,是以习近平同志为核心的党中央的重大决策部署,是推动新时代文化繁荣发展的重大工程。"十三五"时期,我国已有依托重大历史文化遗产建设一批国家文化公园的规划设想,并以此形成中华文化的重要

---

① 禚柏红,供职于山东省文化和旅游厅文物古迹处;方辉,山东大学历史文化学院教授。

标识。2018 年 10 月，中共中央办公厅、国务院办公厅印发了《关于加强文物保护利用改革的若干意见》，其中强调依托价值突出、内涵丰富的文物资源构建文化地标和精神标识，增强民族自豪感和凝聚力，将文化遗产保护与构建文化自信紧密相连[①]。2019 年，《长城、大运河、长征国家文化公园建设方案》（以下简称《建设方案》）的发布，标志着国家开始启动三大文化公园的建设[②]。2020 年，"十四五"规划建议将黄河国家文化公园也列入建设范围之内。2021 年，在国家发展改革委等七部门印发的《文化保护传承利用工程实施方案》中，进一步明确了国家文化公园建设的时间节点及任务要求[③]。2022 年，国家文化公园建设工作领导小组正式启动长江国家文化公园的建设[④]。至此，国家基本完成了对"五大"国家文化公园的整体理念构想及空间格局规划，进入实际建设阶段。当前，国家文化公园建设方兴未艾。除长城、大运河、长征、黄河、长江这些跨区域的巨型线性文化遗产外，实证了中华五千年文明史的良渚遗址也在积极申请纳入国家文化公园的建设体系[⑤]。

长城、大运河、长征、黄河、长江，是中华文明的代表性符号和典型标识，承载了中华民族的历史文脉和民族精神。其沿线具有一系列主题明确、内涵清晰、影响突出的文物和文化资源，以此为载体建设国家文化公园，可以生动呈现中华文化的独特创造、价值理念和鲜明特色，构建起中华文明生生不息、历史演进的发展脉络，彰显新时代的文化自觉和文化自信。作为首批实施建设

---

① 中共中央办公厅、国务院办公厅：《关于加强文物保护利用改革的若干意见》，中华人民共和国中央人民政府网，http://www.gov.cn/zhengce/201810/08/content_5328558.htm，发表时间：2018 年 10 月 08 日。

② 《探索新时代文物和文化资源保护传承利用新路—— 中央有关部门负责人就〈长城、大运河、长征国家文化公园建设方案〉答记者问》，国家文物局网，http://www.ncha.gov.cn/art/2019/12/6/art_722_157755.html，发表时间：2019 年 12 月 06 日。

③ 国家发展改革委等：《关于印发〈文化保护传承利用工程实施方案〉的通知》，中华人民共和国国家发展和改革委员会网，https://www.ndrc.gov.cn/xwdt/tzgg/202104/t20210428_1277843.html? code=&state=123，发表时间：2021 年 04 月 28 日；浏览时间：2022 年 10 月 08 日。其中提到具体要求为：到 2025 年，"大运河、长城、长征、黄河等国家文化公园建设基本完成，打造形成一批中华文化重要标志，相关重要文化遗产得到有效保护利用，一批重大标志性项目综合效益有效发挥，承载的中华优秀传统文化传承发展水平显著提高"。

④ 《长江国家文化公园建设正式启动》，国家文物局网，http://www.ncha.gov.cn/art/2022/1/3/art_722_172575.html，发表时间：2022 年 01 月 03 日。

⑤ 参见王国平：《从"国家遗址公园"到"国家文化公园"——关于良渚国家文化公园申报导则的思考》，《城乡规划》2020 年第 4 期。

的大运河国家文化公园，它立足于深入阐释大运河文化价值、大力弘扬大运河时代精神的目标，旨在推动具有千年人文积淀的大运河文化风貌的整体再现，以及对沿线文化遗产的系统性保护①。围绕这一目标，《大运河国家文化公园建设实施方案》确定了各项重点任务的时间表与路线图，沿线各省（市）纷纷启动对大运河国家文化公园的建设，相关博物馆、展览馆、文化公园、遗址保护工程等如火如荼地开展，力图将其打造为宣传国家形象、彰显文化自信、展示中华文明的亮丽名片。

（二）文化遗产保护理念的拓展创新

自20世纪70年代《保护世界自然和文化遗产公约》（以下简称《公约》）签订以来，世界自然与文化遗产的保护运动在全球蓬勃发展，在充分肯定真实性和完整性两大基本原则的前提下，文化遗产的保护理念和保护方法也在不断扩充和完善。从保护要素、保护类型、保护的空间和时间尺度、保护的性质、形态等方面均呈现出若干新的发展趋势。在这一发展态势下，诸如文化线路、文化景观、遗产廊道、系列遗产等国际文化遗产保护理念，开始被引入到我国的文化遗产保护领域，并且不断深入人心。尤其是对大运河、丝绸之路、长城、茶马古道、古代栈道、红旗渠等大型线性文化遗产的保护与研究，更是受到人们的极大关注。作为世界遗产最多的国家之一，中国的文化遗产类型丰富，价值突出，生动再现了古老文明的辉煌，特别是丝绸之路和大运河的成功“申遗”，反映了中国对世界遗产保护的坚定决心。从学术研究的角度看，中国在世界遗产领域积累了丰富的保护管理经验，并长期致力于对遗产保护理论的建设。在外来理念与本土实践的碰撞与融合中，探索具有中国特色的文物保护利用传承之路，并在此基础上进一步凝练提升，为世界文化遗产保护的理论与方法提供中国经验。

国家文化公园作为一项创新性的文化工程，自出现之时就备受学界的高度关注，一系列基础理论研究应运而生，逐渐构建起与国家文化公园建设相适

① 参见王秀伟、白栎影：《大运河国家文化公园建设的逻辑遵循与路径探索——文化记忆与空间生产的双重理论视角》，《浙江社会科学》2021年第10期。

应的理论体系和话语体系。孙华通过溯源“公园”“文化公园”“国家公园”的关系及定义，明确了国家文化公园的概念，廓清了其分类、特质及价值[①]，从“国家公园”到“国家文化公园”的转变，显示出我国从单纯的生态性保护到注重文化传承的探索路径；李飞等对国家文化公园的逻辑根源、理论源流和多重意蕴进行论证，认为此概念的理论源流主要来自欧洲文化线路、美国遗产廊道和我国线性文化遗产，是大型文化遗产保护和优秀文化展示的新模式[②]；邹统钎等分析了在文化强国背景下国家文化公园建设和管理的理论基础和现实困境，提出应注重整体性保护与融合性发展的双重结合，构建统一规范高效的管理体制、保用平衡的分区管控机制和多元主体参与的利用机制。[③] 此外，彭兆荣、吴丽云、钟晟、王健等学者也对国家文化公园的理论构建和概念形成进行了有益探索。随着各省国家文化公园建设的落地，一批结合实地考察和案例分析的研究成果也陆续发表。总体来说，诸多文章从不同角度对国家文化公园的建设理念、现实困境、突破路径、策略研究等方面进行了全方位、多角度的回顾、总结与思考，聚焦国际文化遗产保护理论趋势和我国文物保护发展的新格局、新发展，重点揭示了国家文化公园的概念与内涵、实践与构想、策略与管理。

作为一种积极而非被动的保护思路，国家文化公园是文化遗产保护领域的集成创新。其一，创新保护理念，在充分吸收文化线路、遗产廊道、文化景观、系列遗产等国际文化遗产保护理论的基础上，关注整体保护和可持续发展，重视遗产本体和环境风貌的协调一致；其二，注重人地关系，强调以人为本的保护理念，尊重社会民众对身边遗产的知情权、参与权、监督权和收益权，充分考虑地方民众的需要和诉求，使他们可以更好地享受到文化遗产保护的成果；其三，创新保护模式，汲取国家公园、线性遗产、大遗址保护与国家考古遗址公园建设的经验，通过积极建设遗址博物馆、文化遗产保护示范园区等，对遗产价值进行全方位展示与诠释，使文化遗产保护融入社会经济发展和民众

① 参见孙华：《国家文化公园初论——概念、类型、特征与建设》，《中国文化遗产》2021 年第 5 期。

② 参见李飞、邹统钎：《论国家文化公园：逻辑、源流、意蕴》，《旅游学刊》2021 年第 1 期。

③ 参见邹统钎、韩全、李颖：《国家文化公园：理论溯源、现实问题与制度探索》，《东南文化》2022 年第 1 期。

生活中，提升人居环境品质，让古老的历史焕发出新的生机与活力。该建设思路为国际社会特别是发展中国家，在面临人口增长、城市化进程加快、文物保护压力上升等问题时，如何完善可持续保护发展体系提供了“中国方案”。

（三）大运河国家文化公园建设的世界价值

中国大运河全长近3200公里，具有2500多年的历史，纵贯富饶的江南水乡与大水系，是世界上距离最长、规模最大的运河。2014年，中国大运河项目被正式列入《世界遗产名录》，这是国际社会对此大型线性水利遗产、运河流域文化和巨型活态文化景观遗产的认可与肯定。作为横贯我国中东部地区的巨大内陆水道系统，大运河是工业革命之前世界上规模最大、范围最广的土木工程，至今仍在保证经济繁荣和国家稳定等方面发挥着不可替代的重要作用。在《世界遗产名录》中，目前共有8处河流类的世界文化遗产，其中7处在当今几乎是作为遗迹存在的、仅具有旅游休闲功能的河流类遗产，相比之下，中国大运河更具有复杂性与动态性①。这条由人工打造的“母亲河”，是人类历史上超大规模的水利工程杰作，是农业文明时期人类非凡创造力的杰出例证，更是中华文明绵延不断的重要支撑。大运河作为我国第一项大型线性文化遗产，以“系列遗产”身份申报世界遗产，不但使大运河保护工作进入一个崭新的阶段，而且也引发了文化遗产保护领域的一场思想变革。大运河的保护、管理及利用，成为学界关注的热点，对跨区域的“文化线路”“线性文化遗产”“活态遗产”“文化遗产廊道”等遗产类型的讨论热度持续不减②。按照《公约》及《实施〈世界遗产公约〉操作指南》（以下简称《操作指南》）的要求，在大运河相关保护管理法规的框架内，妥善保护各类遗产构成要素及其周边环境，维护遗产的突出普遍价值、真实性和完整性，全面提升保护、管理、监测和利用的整体水平，有效防止过度开发和破坏性建设，维护大运河的历史风貌与文化特色，确

---

① 根据《世界遗产名录》记载，除中国大运河之外的河流类世界文化遗产共有7处，它们分别是：荷兰辛厄尔运河内侧的阿姆斯特丹17世纪运河环形区域（2010）、英国庞特基西斯特输水道及运河（2009）、加拿大里多运河（2007）、德国莱茵河中上游河谷（2002）、法国叙利到沙洛纳间卢瓦尔河流域（2000）、法国米迪运河（1996）、法国塞纳河沿岸（1991）。

② 大运河“申遗”前后，关于探讨大运河文化遗产保护、“申遗”的论文、专著呈几何倍数增长。运河文化遗产保护、利用与开发及运河生态环境建设成为运河研究中的热点问题。

保大运河遗产永续保存，是中国政府及大运河沿线各省市作为世界遗产地必须履行的职责。大运河国家文化公园强调整体性保护与融合性发展的理念，注重可持续发展与文化资源引领统筹兼顾的建设思路①，这与《公约》及其《操作指南》的保护理念不谋而合。在实践层面上，与国家文化公园建设配套的专项规划②也应运而生，这些文件强调整合、规划、建设相关的文化遗产及资源，通过系统规划管控保护、主题展示、文旅融合、传统利用四类主体功能区，统筹协调历史与当下、物质与精神、文物保护与城乡发展的关系，着力构建乃至强化国家象征和文化标识。除此之外，各地还不断加强对运河本体遗产、生态环境、博物馆等重点建设项目的支持，汇聚形成了大运河国家文化公园建设合力，运河两岸正在成为广大民众的游憩胜地和精神家园。

二、大运河山东段遗产概况

山东内河航运历史悠久。历代通航河道，均在人工河道的基础上不断利用天然河流、湖泊沟通延伸而成，最终形成四通八达的水运网。这些河道大致可分为御河(永济渠或卫运河)、济水(含淄济运河)、小清河、菏水(广济河)、会通河、泗水、古汴水及胶莱运河等诸多板块，它们相辅相成，互为补充，为当时中国政治、经济、军事、文化和社会的发展作出了卓越贡献。元朝是京杭运河的兴起阶段，也是大运河山东段的定型期。特别是济州河、会通河的开挖，对山东内河航运产生了深刻的影响。自此，会通河(含济州河)成为京杭运河的核心组成部分，山东运河从区域性航道正式成为国家水路运输的主干线，奠定了元、明、清三朝运河的航运格局。与此同时，山东沿运城镇迅速形成并崛起，成为南北漕运的繁华地区。

具体来说，大运河山东段位于京杭运河中段，包括元代以来京杭运河穿越

---

① 参见李雪、赵云:《可持续发展视野下的国家文化公园主体功能区研究——以大运河为例》,《中国文化遗产》2021年第5期。

② 相关专项规划主要包括《大运河国家文化公园建设保护规划》《大运河文化和旅游融合发展规划》《大运河文化遗产保护传承规划》等文件。

山东的流域范围，北接京津冀，南通江浙，即由河北景县桑园西南方向，进入山东德州市德城区二屯镇第二店村北，沿途流经德城、武城、夏津、临清、东昌府、阳谷、台前（现属河南省）、东平、梁山、汶上、任城、济宁市市中区、微山、鱼台、峄城、台儿庄等5市16县（市、区），由台儿庄镇新赵村东南方向出境，进入江苏邳州市，全长643公里，约占京杭运河总长度的1/3，依据其历史发展脉络和空间分布特点，大运河山东段可具体分为南运河德州段、会通河段以及中河台儿庄段三部分①。

南运河德州段始于公元3世纪初开凿的白沟和平虏渠，隋代初期被作为大运河永济渠的北部段落。元代，在南北大运河打通之后，从天津至临清的南运河段落初步形成。南运河的主要水源为卫河和漳河，是漕运穿越华北地区的重要交通干线。会通河又称山东运河、鲁运河，北起临清，南至济宁微山县。会通河始建于元至元二十六年（1289），是大运河中最关键的河段，“开魏博之渠，通江淮之运，古所未有”②。该河段被元世祖赐名为“会通河”，并立碑记之。③ 中运河是指自山东微山县夏镇，向南至江苏淮安清口枢纽的一段运河，它是北接会通河、南连江淮平原的淮扬运河的纽带。中运河在山东境内里程较短。

深厚的运河文化，衍生出丰富的历史遗存。据调查资料统计，大运河山东段共计有运河物质文化遗产128项，类型涵盖了河道、码头、河堤、桥梁、闸坝等水利水运工程遗产104处、运河城镇6处、其他相关遗存18处；运河非物质文化遗产27个，包括传统音乐、传统技艺、民间文学、传统舞蹈、曲艺等类型④。不过，大运河山东段被列入《世界遗产名录》的点段主要是运河的水工遗存。从山东地势观察，元代京杭大运河弃弓走弦，选择跨越山东西部，既有难得的地理优势，也会面临不同寻常的挑战。济宁以北、汶泗之间有一片高耸地带，

---

① 参见原山东省文物科技保护中心主编：《大运河遗产山东段保护规划（2012—2030年）》，内部资料，2012年。

② 宋濂等：《元史》卷十五，中华书局1976年版，第324页。

③ 1998年，山东省梁山县文物管理所在进行境域文物调查时，在梁山县梁山镇前码头村东老运河边发现《大元新开会通河记》碑，该碑文共28行，满行71字。按碑文所记，该碑立于元至元二十六年（1289）冬十一月，详细记载了该年开挖会通河的全过程，撰文者为元世祖至元年间翰林院学士杨文郁。

④ 参见原山东省文物科技保护中心主编：《大运河遗产山东段保护规划（2012—2030年）》，内部资料，2012年。

由汶泗两水下游冲积物共同堆积而成，也是汶泗两水系的分水岭，古代被称作“东原”①，即今山东汶上、东平、济宁一带。其中，济宁以北的汶上县南旺镇所处地势最高，平均海拔 43 米，由此分别向南北倾斜，地形纵坡降 0.2‰ 左右。运河南北贯通，首先要解决的问题是如何突破山东这一“水脊”。同时，需要面临的另一个挑战是水源的缺乏。虽然北有御河，南有泗水，中有汶河，但地形上的高差以及南北跨度之大，加之年际降水量的不均，水源缺乏问题成为确保运河通航的难题。另外，山东段运河还受到黄河的巨大影响，南段几次线路微调，均由黄河泥沙侵袭所致。元代以来，为了解决上述航运难题，运河山东段建设了一系列水利水运工程。从遗产的核心价值来讲，这些为治理高差、水源等问题而形成的重要工程实践，是世界水利工程史上的伟大创造，从技术史的角度证明了人类的智慧、决心与勇气。

然而，作为运河整体，无论是拥有“核心价值”的世界遗产，还是具有“一般价值”的遗产点段，都是需要我们保护的对象。即使最终未被列入世界遗产的部分，也依然与运河息息相关、同生共存，它们通过对风俗传统、生活方式的塑造，与沿线广大民众有着深刻的情感关联和文脉传承。国家文化公园建设的载体，不仅涵盖与大运河相关的全部物质及非物质文化遗产，还应关注其他有关的遗产类型及生态资源，在一定程度上可以弥补大运河部分“申遗”的缺憾。

三、大运河山东段国家文化公园主题展示现状

大运河遗产价值的实现过程离不开对遗产本身的阐释与展示。由于特殊的历史地位、丰富的文化资源与重大的遗产价值，大运河山东段国家文化公园的建设在构建中华文明标识、展示优秀传统文化等方面发挥着重要作用。依据《建设方案》，国家文化公园着力打造管控保护区、主题展示区、文旅融合区和传统利用区四类主体功能区。其中主题展示区是大运河国家文化公园的主

---

① 孔安国传，孔颖达正义，黄怀信整理：《尚书正义》，上海古籍出版社 2008 年版，第 204 页。

要实体空间，通过核心展示园、集中展示带、特色展示点三种空间结构，实现构建多维展示格局、健全综合展示体系、丰富展示体验方式的建设目标。综合考量遗产和环境的价值完整性、功能适合性和可操作性，大运河山东段国家文化公园以文化价值为引领，总体形成“一条文化主轴、四类功能区、五大特色片区、五大重点工程”的发展布局。其中，主题展示区将通过遴选“7 个核心展示园、5 条集中展示带和 94 个特色展示点”，构建多维展示格局①。这种“园、带、点”的主题展示体系，依托具有突出意义、重要影响、重大主题的文物和文化资源，涵盖作为大运河遗产要素的自然环境与人文环境。结合大运河遗产点段的性质特征和保存情况，以遗产保护和环境整治工程为根本，逐渐形成遗产小道展示、地下遗迹展示、现场实景展示、博物馆/陈列馆展示、考古遗址公园展示、标识/解说展示、多媒体展示等多种方式，因地制宜，或单独使用或组合使用，通过政府主导、市场运作、公众参与、产业带动等运作模式，有序阐释运河遗产的文化、生态、旅游、休憩等价值，打造“鲁风运河”文化品牌，创造国家文化公园建设的“山东典范”。

（一）大运河遗产小道建设的典范：南运河德州段运河自然风貌展示带

南运河德州段的开凿历史可追溯至隋大业四年（608），拥有 1400 多年的历史，至今仍保留着原有河道形态——人工弯道的特点。此段运河在 20 世纪 70 年代以后不再通航，但保存基本完整，主河道仍然贯通，还具有行洪、排涝和输水等功能，总体评估真实性和完整性较好。根据运河所处环境特征的不同，南运河德州段基本可以分为郊野段、村镇段、城市段三种类型。依据三种不同区段的空间特征及周边环境特色，遗产小道的建设应以郊野段为主要展示对象。其中重点展示区的范围，可划定为北至第三店村西（德州市与沧州市交界处），南至杨庄村南，全长约 8 公里。

南运河德州段大运河遗产小道的建设，包括展示平台、运河小道、参观小道、标识系统四部分。展示平台选在空间开敞、自然景观优美的河道转弯处，不同平台之间通过运河小道进行串联。展示平台的体积与自然环境相适应，

① 参见山东省文化和旅游厅：《大运河国家文化公园（山东段）建设保护规划》，内部资料，2022 年。

最宽处不得大于 8 米,最窄处不得小于 6 米,最长处不得大于 12 米,最短处不得小于 6.5 米,临近河岸一侧结合河道进行弧度砌筑,平面略呈扇形。运河小道与参观小道的建设,则主要依据现有地形,随形就势。无论是展示平台还是小道建设,其尺寸及材质,均与运河沿线的现有自然景观风貌相协调。为改善参观条件,当地还新建了一条进入运河河堤的乡村公路。上述标识系统也成为遗产小道的重要构成元素,并且作为景观的一部分融入大运河的背景环境中。

从实践层面来看,大运河遗产小道的理念,是对"线性文化遗产"保护方式的一种探索,是大运河"遗产廊道"理论的落地实践,是政府与民间力量在文化遗产保护行动方面成功结合的典范。小道连接着公众与大运河文化,既是一种文化遗产传播媒介,又是一种有效的公众参与系统。小道的推广者是罗哲文、齐欣两位先生,他们身体力行地推动运河小道的建设,使其成为公众参与和体验大运河文化遗产的通道,成为线性文化遗产审美价值的全新方式和平台。[①]在大运河行走的体验屡屡见诸媒体和书籍,比如徐立峰《运河漫记》[②]、徐林正《骑车走运河》[③]、李存修《行走大运河》[④]等著作,记录了作者的行走历程和体验,让读者获得了一种走出家门的冲动。行走和记录本身已是大运河文化遗产保护的一部分。

在旅游者和体验者的心目中,大运河是一个有机的整体。遗产小道可以贯穿全线,这的确是大运河文化遗产展示的理想状态,行走运河融合了美感、生命体验与对运河的敬畏之情。南运河德州段遗产小道的建设,为运河上的行走模式提供了良好的体验,为未来大运河遗产小道全线贯通的理想状态提供了范本。作为运河国家文化公园最具特征的展示游览路径,南运河德州段的自然风貌展示带,通过遗产小道建设,串联起各类文化资源,为集中展示带

---

① 罗哲文讲道,大运河"遗产小道可以说是一个吸引人们越来越广泛地参与和体验大运河文化遗产的试验平台。也就是说,我们不用那么多推土机去进行制造假古董的破坏,但是却依然有办法吸引人来到运河旁边。这是件非常伟大的事"。参见罗哲文:《中国大运河的保护与申遗》,2011 年 3 月 21 日《光明日报》。

② 徐立峰:《运河漫记》,上海百家出版社 2010 年版。

③ 徐林正:《骑车走运河》,北京大学出版社 2010 年版。

④ 李存修:《行走大运河》,中国旅游出版社 2013 年版。

的布局打下坚实基础。

(二)国家考古遗址公园的示范:南旺枢纽遗址水工科技核心展示点

大运河南旺枢纽位于山东省汶上县。明初,因黄河决口,会通河淤塞,运河漕运中断。永乐九年(1411),工部尚书宋礼奉旨疏浚会通河,采纳汶上民间水利专家白英的建议,实施“引汶济运”工程,修筑戴村坝遏汶水,开挖小汶河,引汶水至南旺入大运河。主要做法是在汶、运交汇处设分水口,使汶水北流以济漳、卫,南下以济黄、淮。通过“引、蓄、分、排”四大环节,科学解决了“水脊”缺水的难题,保证了明清大运河的南北贯通,创造了世界上首次越岭的运河奇迹。

南旺枢纽遗址,考古发掘工程区域面积约4000平方米,重点勘探和发掘南旺分水枢纽工程中的石驳岸和运河河道,同时详细清理了分水枢纽工程的附属建筑——分水龙王庙古建筑群基址,并全面系统地调查了周围的南旺湖、蜀山湖、马踏湖等水柜、闸坝设施。此次考古工作明确了南旺枢纽的遗产构成,包括河道遗存①、水工设施遗存②及相关遗产③等,是目前通过考古发掘整理的保存最完整、类型最丰富、规模最庞大的运河遗产点段④。2011年,“大运河南旺枢纽考古遗址公园”建设项目正式启动,遗址区内的村庄整体搬迁,747户、4000多人得到了妥善安置。2013年,南旺枢纽遗址被国家文物局公布为第二批国家考古遗址公园,规划总面积128公顷,包括六处世界文化遗产点和会通河南旺枢纽段、小汶河两段世界文化遗产河段。

根据遗产价值、遗存现状、场地特点等因素,遗产展示方法主要包括遗址现场展示、馆舍室内展示、室外空间和活动场地展示三大部分,兼顾了大运河遗产的保护、教育、科研、游览、休闲等多项功能。遗址现场通过原址现状展示、回填保护、建设保护棚、地貌标识展示等形式,全面呈现了南旺枢纽分水遗

---

① 南旺枢纽的河道遗存包括会通河(运河主河道)遗址、小汶河故道。

② 南旺枢纽的水工设施遗存包括砖石堤岸、石筑台阶码头、邢通斗门、常明斗门、徐建口斗门、木桩挡板遗迹等。

③ 相关遗产主要指分水龙王庙建筑群遗址。

④ 参见山东省文物考古研究所等编著:《汶上南旺:京杭大运河南旺分水枢纽工程及龙王庙古建筑群调查与发掘报告》,文物出版社2011年版。

址的结构、运行原理、分水机制与遗址布局等①；南旺枢纽博物馆综合运用文物展品、历史文献等实物和图片展览、模型复制、数字展示等方式，全方位、立体化呈现了南旺枢纽的历史和成就；室外空间和活动场地建设包括游客服务中心、大运河游客游线标识系统、公众活动区广场、停车场等配套服务工程。

总体而言，南旺枢纽考古遗址公园，以"遗址+ 博物馆"的诠释方式，首次实现了整体化、系统化的保护与利用，将展示、教育、科研作为目标，在增进公众对运河水利科技理解的同时，又较好完善了公园的游憩服务功能，促进了对周边环境品质的提升，是加强大运河遗产保护、深化遗址展示与利用的有效途径。南旺枢纽考古遗址公园作为大运河山东段具有突出价值的展示点，是阐释大运河遗址科技价值的重要支撑，具有全国性的示范意义。

（三）运河城镇实景展示的例证：会通河临清段集中展示带

历史上的鲁西运河沿线地区，曾经是山东经济最发达、文化最繁荣、交流最便利的地域。运河的畅通，促进了古代商品经济的繁荣，并由此营造出了独具风格的商业文化。大运河山东段沿岸由南向北孕育出台儿庄、济宁、东昌（聊城）、临清、德州等一批工商兴旺、交易繁盛的运河城市。临清，地处山东省西北部，漳卫运河与会通河交汇处，是因运河而生、因运河而兴的典型例证。早在隋唐时期，临清就是大运河上的重要城镇；元朝开通由安山至临清的会通河，临清成为汶、卫交汇的重要节点城市；明清之际，依据优越的地理位置与漕运的日渐繁盛，临清有"富庶甲齐郡""繁华压两京"之誉，是当时非常重要的税收、商贸流通以及粮食储运购销中心，成为运河城市的典型代表，繁荣昌盛达五百年。

临清运河文化遗产众多。元代运河、明代运河与卫运河共同勾勒了临清古城与大运河的空间关系，主要表现在城内建筑沿运河走势分布；水利工程遗产包括砖闸（二闸）、会通闸（会通闸）、临清闸（问津桥）、水门桥、迎春桥、月径桥等，它们共同见证了运河的通航历史；运河钞关、清真寺、舍利塔、鳌头矶、河

---

① 参见黎慧、崔明、冯辽：《遗址类大运河遗产的利用与展示策略——以南旺枢纽分水遗址为例》，《中国名城》2013 年第 4 期。

限张庄明清砖官窑遗址等历史遗存塑造了这个城市的独特风貌；老城区“中洲古城”依然延续了大运河沿岸城镇的街巷肌理和历史风貌。大运河还深刻影响了当地群众的生产、生活和习俗，使得临清拥有丰富多彩的非物质文化，如国家级非物质文化遗产临清肘锤、临清贡砖烧制技艺等。

临清通过对运河河道、水工设施、古建筑等进行本体的修缮保护，以及对遗产环境、地形地貌和空间结构的整治和修复，科学适度地还原了大运河遗产的真实性和完整性，实景展示了运河城镇生成的背景环境、历史格局与景观风貌。这些具有活态性、地域性和传承性的展示空间，精准阐释了大运河遗产的核心价值，激发了人们对运河文化的深刻共鸣。古城的胡同错综复杂，坊间有“三十二街，七十二巷”之说，“临清运河胡同游”成为文旅融合的临清范式，传递着这座城市的意蕴、文脉和精神魅力①。作为大运河国家文化公园的集中展示带之一，临清古城的保护利用是一项庞大的系统工程，涉及文物保护、展示利用、科技创新、文旅融合、产业振兴等多个领域。

（四）节制闸群展示的代表：会通河阳谷段梯级船闸核心展示园

会通河阳谷段，又名小运河，漕运废止后失去航运功能，改为灌溉、排洪河道。现存河道基本保持了自元代以来的历史走向和基本形态。其中有大约长19公里的河段②被列入《世界遗产名录》，包括荆门上闸、荆门下闸、阿城上闸和阿城下闸四处节制闸。

节制闸是大运河山东段运行的关键。元明清时期，大运河山东段正是通过广置闸坝的方法，稳定了运河枯水期和丰水期的水位，故“山东运河，关键全在各闸”③，且因地形变化较大，重要的码头港埠均由两至三座船闸串联而成。如临清、济宁均为三闸组成，七级、阿城、荆门、金沟、沽头等五处码头则由两闸组合，组合闸间距一般为2至3里。因会通河上连续设置节制闸，明代运河分段，又将此段运河称之为闸漕或闸河，所谓“自临清逆南旺，又自南旺顺出茶

① 参见刘建峰：《重走临清老胡同唤醒运河古城记忆—— 临清胡同保护与审美体验研究》，李泉主编：《运河学研究》第2辑，社会科学文献出版社2018年版，第207—219页。

② 该河段的范围大致是北起阿城下闸以北1公里处，南至金堤闸。

③ 张伯行：《居济一得》卷一，商务印书馆1936年版，第9页。

城,为闸漕”[1]。在长度超过400公里的河道上,节制闸科学地设置了严格的启闭制度,体现了中国水运工程杰出的选址技术和规划能力。阳谷段运河通过连续四处节制闸的设置和上下闸的联动运用,维持了河道畅通所必要的水量和水深,是集中体现会通河作为“闸河”特点的典型段落。

据调查发现,大运河山东段现存节制闸33座,作为水工设施,这些闸体在使用过程中屡经维修。在河道废弃后,节制闸逐渐失去原有功能,沿运河两岸尤其闸体附近,衍生成为村庄,并习惯以闸命名,大部分闸体改建为桥,成为联系村庄之间的必经要道,甚至在人口密集的村庄,多有民房占压闸体雁翅[2]之上。阳谷段运河河道与四闸经过前期修缮和环境整治,船闸、河道、村庄互为背景,构成了小桥、流水、人家的美好意蕴和环境景观。可见,梯级船闸核心展示园的建设,有助于改善村落人居环境,提升居住品质,充分彰显文化资源的引领作用。

四、大运河山东段国家文化公园现存问题与建设思考

大运河山东段国家文化公园的建设,已初步构建起科学、合理、规范的空间展示体系。但我们也应该看到,在前期大运河文化带和国家文化公园建设取得一定成绩的同时,关于管控保护、主题展示、文旅融合、传统利用四类功能区的统筹规划依然任重道远,在系统推进诸如环境配套、文旅融合、数字再现等重点基础工程建设方面,仍面临许多问题和挑战。

第一,自然条件差异较大。清咸丰五年(1855)六月,黄河在河南兰阳铜瓦厢决口,改河道北行山东,挟汶水走大清河从利津入渤海,致使安山以北的运河河道几乎没有水源。随后二十年,河水在鲁西南地区随意漫流,河患不断,直至光绪初年才最终形成今黄河下游河道。光绪元年(1875),山东张秋(今阳

---

① 万恭撰,朱更翎整编:《治水筌蹄》,水利电力出版社1985年版,第2页。

② 元代船闸一般长100尺,阔80尺,双孔间净长40尺,净阔80尺,高10尺,并用大条石筑成各长30尺的“雁翅”,技术含量高。

谷）与黄河交汇处的一段运道淤废，曾开挖一段陶城新河保障漕运，这应是大运河山东段开挖的最后一段运河。光绪末年，自东昌（今聊城）到黄河的一段运河淤成平陆，自此漕运停止。由于历史原因，长期以来河道无人管理。济宁以北运道废弃时间较久，存在随意耕种、乱采泥沙、倾倒垃圾、占压河道等现象，部分河段两岸村庄密集，这对运河河道及周边环境造成了很大破坏。目前，被列入世界遗产以及与城市景观融为一体的河段，保存状况相对较好，除此之外，依然有部分河段的保存现状不够理想，甚至会通河多段河道早已被掩埋地下。大运河在不同地区保存现状的差异性，造成了在实际工作中保护措施和展示利用难以统一，保护利用难度相对较大。

第二，保护理念有待完善。大运河山东段历史遗存和非物质文化资源丰富，但是多以散落形式存在，区域协调发展尚显不足。如阳谷七级古街，是会通河沿岸难得保留较为完好的历史街区，明清之际鼎盛时有 6 纵 8 横 14 长街，势如棋盘，街铺连绵，生意兴隆。目前，现存古街巷长 220 米，宽 2.2 米，两侧房屋青砖灰瓦，店铺相连，颇有古意，石刻、残碑散落于街巷之中。但由于缺乏统一的规划管理和经费投入，导致出现了对其价值内涵挖掘不深、传播推广力度不够等问题。即使是世界遗产段落，如南旺枢纽考古遗址公园，作为具有重大科技价值的核心遗产点，在保护理念和展示方式上仍需进一步探索和提升。目前的展示方式，依据文物保护的最小干预原则，按照考古成果，清理出河道的基本走向和形状，从理论上说，是可以实现对遗址本体的最佳保护的。但是，这种相对保守的保护利用方式，在一定程度上受限于传统观念和专业理念，通常难以达到最佳的展示和观赏效果，无法对公众产生足够的吸引力。此外，水是运河的灵魂，但考古遗址的原状展示要求与实现运河通航的理想相违背，未来应结合公众需求与先进的展示手段，进一步加强对南旺枢纽考古遗址公园的文化阐释与解读。

第三，保护意识亟待提升。运河“申遗”工作使得当地政府和人民对古运河的保护意识有所提高，但调查发现，即使是作为世界遗产的部分段落，污染和破坏的现象依旧存在。大运河的历史内涵、遗产价值和现实意义更多地停留在学界和文物保护领域，许多生活在运河沿线的人们仍将其当作身边一条普通的河流,其作为中华文明标识的重要意义以及蕴含的人文意蕴和民族精神尚未得到充分认识。提升广大民众对中华文明、中华优秀传统文化的理解,是新时代大运河保护利用的重要任务。大运河国家文化公园的建设,是鲁西地区最大的文脉工程、民心工程和实事工程,也必将为这一区域打好“文化牌”“运河牌”、实现可持续发展打下坚实基础。因此,应不断丰富传播、教育方式,增强人民群众的保护意识,培养他们对乡土和运河的情感认同,这是对保护运河遗产、守望美好生活的重要保障。

此外,管理机构、人员配置、资金投入依然是国家文化公园建设的主要掣肘。目前,各市均在积极推进大运河文化带、大运河国家文化公园的建设,但多数项目概念谋划居多,落地实施少。沿线文物遗存大多得到了有效的修缮保护,不过对于运河文化的价值仍需进一步挖掘,其背后的历史信息及内涵还未形成系统,精品文旅项目较少,资源禀赋与展示利用之间存在错位。

建设国家文化公园不仅是党中央、国务院作出的重要决策部署,也是国家的重大文化工程和中华文化重要标识。党的二十大报告指出,“加大文物和文化遗产保护力度,加强城乡建设中对历史文化的保护和传承,建好用好国家文化公园”。这一战略部署为大运河国家文化公园的建设提供了遵循依据,大运河沿线城市应以功在当代、利在千秋的历史使命感,肩负起建设国家文化公园的重任,让民众更好地感受中华文化的深厚底蕴和无限魅力。为此,需要做好以下工作。

一是打造“鲁风运河”国家公园品牌。加强管控保护区、主题展示区、文旅融合区与传统利用区的规划设计,做好运河文物资源和非物质文化遗产的保护抢救、挖掘整理及展示传播,促进大运河文化价值的认同与维护。整合沿线地市的特色运河资源,推进旅游景区改造提升,加强景区协同发展和跨区域的旅游合作,开发一批精品旅游线路和产品。打造大运河 logo 标识系统,以中华文明和齐鲁文化为主体脉络,选择生态优美、风貌古朴、历史悠久的代表性区段,打造“大河小道”“运河小镇”“运河人家”“运河美食”等系列品牌,讲好大运河背后的山东故事,说透大运河蕴含的民族精神,坚持将“好客山东”与“鲁风运河”宣传相结合,向世界展现“千年运河、魅力山东”的丰富内涵和人文底蕴。

二是注重遗产的整体性保护。不同于单体遗产保护修缮,运河文化遗产与其周边的景观环境息息相关。国家文化公园的建设理念强调特色文物、文化资源与运河河道水系、自然生态系统、传统人文风貌的协同展示利用。注重遗产的美学特质，突出展现大运河的景观价值，才能使大运河与参观者、当地居民建立起紧密的认知和情感联结，使遗产继续具有生命力。大运河山东段的保护、传承与利用，需要统筹考虑运河两岸的生态环境、自然景观、人文景观、文物古迹、民居村落等因素，遵循自然规律，延续大运河各河段景观的风貌特色，建设沿线田园防护体系，精心策划打造“大运河遗产小道”，打造融文化、体验、旅游于一体的大运河慢行复合廊道，把运河沿线建设成为人文环境与生态环境高度和谐、完美融合的文化遗产保护典范。

三是注重遗产的活态性保护。大运河是活态的文化遗产，因此，在注重保护遗产真实性和完整性的同时，还应处理好其与河道延续功能、城乡建设发展以及生态环境保护的关系，吸取以往“拆旧建新”的教训，以人民为中心，满足人民对日益增长的美好生活的需求，建设过程应符合实际，应得到大众认可。在此基础上，建设真正为民所享、为民所用的文化工程，以此展示中国风貌、弘扬中华精神。在文化遗产保护和城市文化延续的前提下，应重新审视街区功能，提升城市的文化品位和人居环境。

五、结语

大运河绵延千里，穿越古今，承载了中华民族生生不息、传承永续、多元一体的厚重文化内涵，集中展现了中华民族在文明赓续进程中的伟大智慧、坚强决心、拼搏勇气和家国情怀。大运河山东段国家文化公园的建设功在当代，利在千秋，意义重大。今后，应以更加开放包容的姿态，汲取先进的保护理念，秉承优秀传统文化创造性转化和创新性发展的无限可能性，坚持国家站位、突出国家标准，凸显中国特色、中国风格、中国气派，深入挖掘文物和文化资源的精神内涵，创造国家文化公园建设的“山东典范”和“示范样本”，彰显中华民族伟大的创造精神，推动大运河文化遗产更好地走向世界。

政策篇

大运河国家文化公园(山东段)建设保护规划

前言

大运河是中华民族繁荣兴盛的历史见证,也是推动中华优秀传统文化创造性转换、创新性发展的重要载体。2017 年 2 月,习近平总书记在视察北京大运河森林公园时强调,要深入挖掘以大运河为核心的历史文化资源,保护大运河是运河沿线所有地区的共同责任。2017 年 6 月,习近平总书记作出重要批示强调,大运河是祖先留给我们的宝贵遗产,是流动的文化,要统筹保护好、传承好、利用好。

建设国家文化公园是党中央、国务院作出的重要决策部署,是国家重大文化工程和中华文化重要标识。大运河山东段是大运河贯通南北的重要河段,凝聚了中国古代水利科技的最高成就,沿线区域是中华文明的重要发祥地和儒家文化的发源地。根据《大运河文化保护传承利用规划纲要》《大运河国家文化公园建设保护规划》《山东省大运河文化保护传承利用实施规划》《大运河遗产山东段保护规划》等有关要求,制定本规划。

规划核心区为运河流经的 18 个县(市、区),拓展区为德州、聊城、泰安、济宁、枣庄沿运 5 市,面积 4.26 万平方公里,人口 2924.9 万。

规划实施期为 2021—2025 年,展望到 2035 年。

第一章　规划背景

大运河绵延千里，穿越古今，承载了中华民族生生不息、传承永续、多元一体的厚重文化，集中展现了中华民族在文明赓续进程中的伟大智慧、坚强决心、拼搏勇气和家国情怀。建设大运河国家文化公园（山东段）基础扎实，意义重大，影响深远。

第一节　建设基础

区域战略地位重要。大运河山东段位于京杭大运河中部，全长 643 公里，由南运河山东段、会通河山东段和中河山东段 3 部分组成，由北向南依次流经德州、聊城、泰安、济宁、枣庄 5 市，是黄河流域生态保护和高质量发展的重点区域，与中原经济区、淮河生态经济带建设融合叠加，处于连通京津冀协同发展、长三角一体化两大国家级区域战略的中轴线上，发展潜力和空间巨大。

运河功能持续发挥。大运河山东段始凿于公元 7 世纪的隋朝，自元代至清中期 500 余年间，一直是连通中国北方政治中心和南方经济中心的生命线。沿运城镇商埠多因河而兴，实现了区域社会经济与文化的发展。目前，山东境内黄河以南段运河仍然承担着重要的航运功能，是全省内河航道网的主要组成部分；运河其他河段一直发挥着重要的防洪排涝、南水北调、生态景观等作用。

文化遗产资源丰富。运河沿线拥有大运河、泰山、曲阜三孔、齐长城 4 处世界文化遗产，根植于齐鲁文化，融合吸纳南北文化、中外文化，形成了诚信、仁义、包容、开放、多元的鲁风运河文化特质。沿线遗产众多、类型多样，涉及河道、工程、附属建筑诸多方面，拥有国家级重要历史文化资源 85 处，已列入《世界遗产名录》的河道 8 段和遗产点 14 个，纳入《中国大运河山东段遗产保护规划》的大运河物质文化遗产 128 项、非物质文化遗产 27 项；重要工业农业遗产 6 处；国家级历史文化名城 4 个、中国历史文化名镇 2 个、中国历史文化名村 1 个、中国传统村落 18 个；全国重点文物保护单位 74 处；全国爱国主义教育示范基地5处、全国红色旅游经典景区5处、展现革命文化的全国重点文物保护单位4处，是全方位展现中华文化多样性的代表性区域。

生态环境持续改善。全面推行河长制、林长制，持续加大运河和南水北调沿线等地生态环境整治和造林绿化力度，沿线城市能耗、煤耗水平大幅降低，流域生态环境和水环境质量连续14年持续改善。运河沿线河流湿地、湖泊湿地、沼泽湿地、人工湿地等保护建设取得积极成效，成功创建国家“让江河湖泊休养生息”示范省。

表1　大运河山东段沿河5市、18个县（市、区）基本情况表

指标区域	总面积（平方公里）	总人口（万人）	2020年地区生产总值（亿元）
德州市	10358	561.12	3078.99
德城区	538	100.51	713.28
武城县	748	35.37	180.14
夏津县	881.80	54.60	198.76
聊城市	8715	595.21	2316.84
临清市	960	79.45	238.22
茌平区	1003.37	51.76	303.66
东昌府区	829	100.86	470.68
阳谷县	1064	70.01	282.73
泰安市	7762	547.22	2766.50
东平县	1343	68.74	216.88
济宁市	11187	835.79	4494.31
梁山县	961	73.07	240.55
汶上县	889	68.75	225.55
任城区	884	107.56	542.16
嘉祥县	975	70.01	220.18
鱼台县	653	42.00	186.53
微山县	1738	61.34	388.84
枣庄市	4563.53	385.60	1733.25
滕州市	1495.14	157.50	753.05
薛城区	506.50	48.60	253.98

续表

指标区域	总面积（平方公里）	总人口（万人）	2020 年地区生产总值（亿元）
峄城区	636.80	36.30	147.28
台儿庄区	531.79	30.50	119.39

第二节　机遇挑战

党的十九大报告提出，坚定文化自信，推动社会主义文化繁荣兴盛，明确了中国特色社会主义文化发展的主基调。党中央、国务院印发《关于实施中华优秀传统文化传承发展工程的意见》《大运河文化保护传承利用规划纲要》《大运河国家文化公园建设保护规划》等一系列重要规划、意见，对推进文化建设体制机制创新作出了新的安排部署，明晰了建设大运河文化带、生态带、旅游带的总体思路和步骤路径；为进一步建设大运河国家文化公园、打造大运河成为中华文化重要标志，提供了科学遵循。加强生态文明建设、改善大运河沿线生态环境等举措，为建设好绿色生态美丽的大运河国家文化公园奠定了坚实基础。中华文化软实力、竞争力和影响力的快速提升，为山东推动运河文化与儒家文化、泰山文化、黄河文化融合发展，打造世界文明交流互鉴高地提供了重大机遇。新旧动能转换综合试验区建设加快推进，将持续推动经济发展质量变革、效率变革、动力变革，为建设大运河国家文化公园提供了强力支撑。

同时，大运河国家文化公园建设也面临诸多挑战。长期以来，大运河系统性、全方位的遗产保护和文化展示不足，保护、挖掘和阐释大运河优秀传统文化的力度不够，在世界范围内的影响力和吸引力有限，围绕大运河实体的空间管控、环境保护、产业发展、城乡建设、体制机制等工作还不到位。特别是大运河山东段流经地区经济发展水平相对滞后，黄河以北段运河断航，文化遗产要素分布零散，部分资源破坏严重，保护利用难度加大。这些问题需要加强统筹规划，采取有效措施加快破解。

第三节　重大意义

建设大运河国家文化公园（山东段），深入阐释和生动展现大运河在中国历史和中华文明发展演进中的重要作用,有利于推动中华优秀传统文化创造性转化、创新性发展,为新时代现代化强省建设注入新活力;有利于促进区域协调发展,推动乡村振兴,打造经济文化繁荣和生态环境良好的高质量发展增长极;有利于促进齐鲁文化与运河文化融合交汇,讲好中国故事,推动中华文化走向世界;有利于山东融入国家战略大平台,进一步拓展发展空间,深化开放合作,提升山东省在全国发展大局中的位势。

第二章　总体思路

第一节　指导思想

以习近平新时代中国特色社会主义思想为指导,全面贯彻党的十九大和十九届二中、三中、四中、五中、六中全会精神,坚定文化自信,以文化为引领,以人民为中心,坚持科学保护、世代传承、合理利用,以大运河沿线一系列主题明确、内涵清晰、影响突出的文物和文化资源为基础,深入挖掘大运河承载的深厚文化价值和精神内涵,生动呈现大运河文化的独特创造、价值理念和鲜明特色;推动大运河文化创造性转化、创新性发展,探索新时代文物和文化资源保护传承利用新路径,打造“鲁风运河”文化品牌,创造国家文化公园建设的“山东典范”。

第二节　基本原则

文化引领,彰显特色。严格按照国家文化公园建设保护要求,深入挖掘山东省大运河文化精神内涵,突出“鲁风运河”文化特色,充分展现中华民族伟大创造精神、奋斗精神、团结精神和梦想精神,彰显中华优秀传统文化持久影响力、社会主义先进文化强大生命力。

保护优先,强化传承。严格落实保护为主、抢救第一、合理利用、加强管理的方针,根据大运河相关文物和非物质文化遗产的自身特点,加强真实性、完整性保护。充分把握大运河文化时代特征,突出活化传承和合理利用,与人民群众精神文化生活深度融合、开放共享。

统筹规划，分类指导。坚持规划先行，突出顶层设计，有统有分、有主有次，分级管理、地方为主，充分发挥大运河文化属性和综合功能。注重跨地区跨部门协调，加强与法律法规、制度规范的有效衔接，发挥文物和文化资源综合效应。

改革创新，积极稳妥。坚持问题导向，强化全球视野、中国高度、时代眼光，破除制约性瓶颈和深层次矛盾，推动大运河国家文化公园保护、建设、管理全方位创新。立足当前、着眼长远，尽力而为、量力而行，务求符合实际、群众认可，经得起时间和实践检验。

第三节　发展定位

世界文化遗产保护典范。以大运河山东段文化遗产资源为依托，建设主题鲜明、内涵明确、功能完善、文化标识性强的公共文化空间，探索大运河文化遗产保护、传承、利用范式，推进国家文化公园建设机制和管理模式创新。

中外文化交流互鉴高地。充分挖掘大运河山东段蕴含的中华优秀传统文化、革命文化和社会主义先进文化，全面阐发运河文化、运河艺术和运河故事，推动与儒家文化、红色文化、泰山文化、长城文化、黄河文化等深度融合，显著提升中华文化软实力、影响力。

宜居宜业和谐美丽家园。把生态文明建设融入大运河国家文化公园建设全过程和各领域，实施生态保护修复工程，拓展绿色生态空间，推动形成绿色发展方式，打造河湖岸线功能有序、生态空间山清水秀、生活环境绿色宜居、山水林田湖草生命共同体相得益彰的绿色生态廊道。

文化旅游融合发展标杆。坚持以文塑旅、以旅彰文，以运河沿线丰厚的历史文化和浓郁的民俗风情为载体，打造一批特色旅游线路、标志性景区和精品项目，串珠成线、连片成面，创响“鲁风运河”品牌，打造彰显儒韵风尚、领略运河风情的文化旅游目的地。

第四节　空间分布

大运河山东段包括南运河山东段、会通河、中河山东段 3 个部分，北起德州市德城区第三店村，南至山东省与江苏省交汇处大王庙闸，依次经过德州、聊城、泰安、济宁、枣庄 5 市。以山东现有和历史上的运河主河道、水工设施、水源补给地、管理机构及设施为基础，统筹考虑遗产分布，合理划分为国家文化公园的核心区和拓展区。

核心区。主要是指大运河主河道流经的县（市、区），包括典型河道段落和重要遗产点，是孕育形成大运河文化的主要空间，也是大运河国家文化公园（山东段）建设的关键区域，包括德州市德城区、武城县、夏津县，聊城市临清市、茌平区、东昌府区、阳谷县，泰安市东平县，济宁市梁山县、汶上县、任城区、嘉祥县、鱼台县、微山县，枣庄市滕州市、薛城区、峄城区、台儿庄区 18 个县（市、区）。大运河文化带的主轴和具备条件的其他有水河段两岸各 2000 米的核心区范围划定为核心监控区。

拓展区。主要是指大运河主河道流经的市，是大运河文化向外逐步拓展与沿线地域文化融合的交汇地带，也是大运河国家文化公园建设（山东段）的重点区域，包括德州、聊城、泰安、济宁、枣庄等 5 个市除核心区之外的地域范围。

第五节　建设目标

到 2023 年，大运河国家文化公园（山东段）建设管理机制基本建立，河道总督府遗址博物馆、聊城中国运河文化博物馆提升等大运河国家文化公园标志性项目建设保护任务基本完成；运河沿线文物和文化资源保护、传承、利用协调推进格局初步形成，权责明确、运行高效、监督规范的管理模式初步形成，形成一批可复制推广的成果经验，为全面推进国家文化公园建设创造良好条件。

到 2025 年，大运河国家文化公园（山东段）范围内文化遗产梳理甄别全部完成，各类文化遗产资源保护实现全覆盖，分级分类展示体系更加完善，文化和旅游与相关产业深度融合，标志性项目取得明显效益，“鲁风运河”地域品牌基本形成，大运河国家文化公园（山东段）成为向世界传播中华优秀传统文化的重要平台。

展望到2035年，大运河国家文化公园（山东段）高质量建设，运河文化遗产全线实现科学保护、活态传承、合理利用，生态环境根本改善，文化旅游深度融合，品牌影响力显著提升，现代化展示体系全面建成，大运河承载的传统文化实现创造性转化、创新性发展，大运河国家文化公园（山东段）在世界上具有较高的知名度和吸引力。

第三章　总体布局

按照“河为线、城为珠、线串珠、珠带面”的思路，围绕运河沿线5市，优化形成“一条文化主轴、四类功能区、五大特色片区”的大运河国家文化公园（山东段）总体功能布局。

第一节　构筑文化引领主轴

以京杭大运河为骨干，以隋唐大运河为分支，充分发挥线性串联和综合展示功能，推进历史文脉贯通、南北水脉连通，通过连点、成线、展网，构筑大运河山东段文化主轴。

贯通沿线历史文脉。依托曲阜优秀传统文化传承发展示范区，以儒家文化、黄河文化、泰山文化为核心，整合沿线5市各类资源要素，贯通始祖文化、大汶口文化、龙山文化等起源文化和齐鲁文化、漕运文化、农耕文化、民俗文化，充分彰显大运河山东段文化标识和形象价值。

系统阐发价值内涵。深化南北融合、东西交汇、中外交流，凝练升华运河文化价值精神，传承弘扬大运河宝贵遗产所蕴含的丰富哲学思想、人文精神和道德理念，追求国家统一、民族团结的执着信念，勤劳勇敢、自强不息的民族精神，开放包容、兼收并蓄的文化态度，天人合一、和谐共生的思想智慧。

集聚展现文化遗产。依托大运河线性廊道，串联运河沿线水工科技设施、历史名城名镇及钞关、码头、会馆、街市等重要遗产,深入挖掘运河文学艺术、传统工艺、地方戏曲、风土人情、餐饮文化、神话传说等非物质文化遗产,打造运河文化国际交流平台和文化遗产时空展示长廊。

融汇精品文旅元素。以运河文化为载体,以城市为节点,链接核心展示园、集中展示带、特色展示点,整合沿线文化旅游资源,一体推进大运河国家文化公园景区建设、标识系统、品牌打造和服务保障,推动省市联动、区域互动,建成多角度、全方位展示中华文明的发展历程和辉煌成就的魅力长河、共享长河。

第二节　打造四类功能区

统筹山东运河沿线文化资源整体布局和禀赋差异,科学确定大运河重要遗产管控保护区、文化主题展示区、文化和旅游融合区、沿线传统利用区等四类功能区,形成功能互补、特色各异的大运河国家文化公园空间形态。

大运河重要遗产管控保护区。由世界文化遗产核心区和缓冲区、文物保护单位保护范围和建设控制地带以及新发现发掘文物遗存临时保护区组成,是大运河遗产保护工程重点实施区域。重点实施大运河文化遗产保护工程,严格保护和管控文物本体及环境,实施文物抢救性保护,建设保护优先、强化传承的样板区。

大运河文化主题展示区。具体包括核心展示园、集中展示带、特色展示点等3种形式。

1.核心展示园,由开放参观游览、地理位置和交通条件相对便利的国家级文物和文化资源及周边区域组成,是参观游览和文化体验的主体区。

2.集中展示带,以核心展示园为基点,以相应的市、县级文物资源为分支,汇集形成文化载体密集地带。

3.特色展示点,布局分散但具有重要文化价值,可满足分众化参观游览体验。重点实施大运河周边非物质文化遗产活态展示工程、文物文化古迹遗迹活态展示工程。

大运河文化旅游融合区。由主题展示区及其周边就近就便和可看可览的历史文化、自然生态、现代文化旅游优质资源组成，是运河文化传承利用的重要区域。以“鲁风运河”品牌为依托，建设鲁风运河休闲之旅、水浒运河探访之旅、微山湖乡村慢游之旅、古城古镇度假之旅、运河湿地休闲度假之旅等精品旅游产品体系。

大运河沿线传统利用区。由管控保护区、主题展示区、文旅融合区之外的城乡居民和企事业单位、社团组织的传统生活生产区域组成，是大运河国家文化公园的重要支撑空间。在区域范围内，可设立文化生态保护区和非物质文化遗产传承、展示区，适度发展文化旅游、特色生态产业，适当控制生产经营活动，逐步疏导不符合建设规划要求的设施、项目等，有力支撑文物与文化资源的保护传承利用。

第三节　建设五大文化特色片区

突出大运河沿线儒家文化、泰山文化、黄河文化、红色文化等优秀文化，打造德州、聊城、泰安、济宁、枣庄文化特色片区，构筑大运河实体与地域文化伴生共荣的集中展示空间。

德州。突出四女寺枢纽、北厂漕仓遗址、苏禄王墓等重点，深入阐发其在交通枢纽、军事重镇、中外文化交流中的重要作用，探索运河文化与燕赵文化、儒家文化等融合发展新模式，尊重古运河原始自然风貌，建设运河自然风貌展示区。

聊城。突出挖掘运河时代商业文明，依托东昌古城、临清古城以及戴湾、魏湾、梁水镇、李海务、七级、阿城、张秋等运河古镇，深入挖掘《水浒传》《老残游记》等名著文化，融合黄河文化，着力打造运河文化旅游带。实施生态保护修复工程，构建运河水岸景观体系，建设游步道和旅游服务驿站、自驾车营地，打造世界文化遗产旅游目的地、国际自行车赛基地、国家步道、国家级水利风景区、运河城乡生态旅游综合体，建设大运河商业文明展示区。

泰安。突出运河文化与泰山文化、大汶口文化等融合发展，重点推进戴村坝、堽城坝等水利工程的保护展示利用，加强泰山、东平湖、大汶河等山水林田湖草一体保护，构建绿色生态走廊，打造大运河水利文化旅游示范区、国际著名旅游和康养目的地。

济宁。突出“孔孟之乡、运河之都、文化济宁”品牌定位，以儒家文化、运河文化为核心，推进与始祖文化、红色文化、渔家文化、水浒文化融合发展，实施南旺枢纽考古遗址公园、河道总督府遗址博物馆、“运河记忆”文化街区、南阳古镇旅游综合提升等工程，打造儒运融合交汇的文化胜地。

枣庄。突出古城特色、红色文化、鲁南文化，实现运河文化与墨子文化、鲁班文化、儒家文化的有机融合，重点建设台儿庄古城、滕州滨湖国家湿地公园等，提升在大运河文化建设中的辐射力、影响力，打造“活着的运河”和沿运独有、世界知名的旅游度假休闲区。

第四章　加大管控保护力度

认真落实《山东省大运河遗产山东段保护管理办法》《大运河遗产山东段保护规划》，落实统一规划、分级负责、分段管理的体制，构建非物质文化遗产保护传承体系。

第一节　总体构成与空间布局

管控保护区由世界文化遗产核心区、文物保护单位保护范围及新发现发掘文物遗存临时保护区组成。

1.世界文化遗产区。大运河山东段世界文化遗产区包含8个遗产河段，14个遗产要素，核心区为《中国大运河遗产管理规划》确定的遗产范围。

2.文物保护单位保护范围。纳入山东省大运河国家文化公园管控保护区的文物保护单位共65处，其中全国重点文物保护单位45处，山东省文物保护单位20处，保护范围即为文物保护单位的保护范围。

3.新发现发掘文物遗存临时保护区。对于大运河沿线新发现发掘的文物遗存，划定临时保护区，并将临时保护区整体划入管控保护区。

专栏1　管控保护区重点内容

（一）世界文化遗产区

1.遗产河段（8个）：南运河德州段、会通河临清段（元运河、小运河）、会通河阳谷段、会通河南旺枢纽段、小汶河、会通河微山段、中河台儿庄段。

2.遗产要素（14个）：临清运河钞关、阿城下闸、阿城上闸、荆门下闸、荆门上闸、戴村坝、十里闸、柳林闸、南旺分水龙王庙遗址、运河砖砌河堤、邢通斗门、徐建口斗门、寺前铺闸、利建闸。

（二）重点文物保护单位

1.全国重点文物保护单位（45个）：四女寺枢纽、德州码头遗址、苏禄王墓、临清鳌头矶、临清砖闸、临清会通闸（会通桥）、临清闸（问津桥）、临清月径桥、戴湾闸、临清舍利宝塔、河隈张庄明清砖窑遗址、聊城山陕会馆、崇武驿大码头、崇武驿小码头、周家店闸、永通闸（辛闸）、梁乡闸、土桥闸、阿城盐运司、陶城铺闸、白佛山石窟造像、洪顶山摩崖、棘梁山石刻、浣笔泉、金口坝、通济闸、济宁河道总督府遗址、微山县乾隆御碑、济宁东大寺、崇觉寺铁塔、漕井桥、太和桥、通惠闸、羊山战斗纪念地、嘉祥武氏祠、曾庙、薛国故城、台儿庄大战旧址、北辛遗址、龙泉塔、前掌大遗址、岗上遗址、建新遗址、中陈郝窑址、枣庄中兴煤矿公司旧址。

2.省级重点文物保护单位（20个）：德州城墙遗址、窑上窑址、北厂漕仓遗址、三元阁码头、七级码头、七级运河古街、阿城故城址、张秋山陕会馆、戴庙闸、安山闸、宁阳禹王庙、堽城坝遗址、济宁会通桥、济宁柳行东寺、济宁仲子庙、泗河泉林、天井闸遗址、南阳闸遗址、济宁大石桥、夏桥。

第二节　明确管控保护要求

增强保护优先意识。认真落实《山东省大运河遗产山东段保护管理办法》，实行“统一规划、分级负责、分段管理”的体制，对文物本体及环境实施严格保护和管控，对濒危文物实施封闭管理。坚守“共抓大保护、不搞大开发”的理念，突出活化传承和合理利用，保障大运河山东段文化遗产的完整性、真实性和延续性。

加强分类分区保护。梳理整合文物保护区划和世界遗产区划,细化大运河国家文化公园管控保护区界线。推动对新发现文物遗存开展资源评估和认定,及时划定临时保护区。建立历史文化遗产电子化档案库,实施历史文化遗址遗迹保护、抢救和修复工程。进一步遴选沿运五市具有重大文化价值的文物和非物质文化遗产,按程序报请国务院公布为全国重点文物保护单位、国家级非物质文化遗产代表性项目,推动符合条件的大运河全国重点文物保护单位扩展申报世界文化遗产。

依法依规开展保护。构建"政府主导、社会参与、惠及民生"的大运河国家文化公园保护体系,严格执行文物保护督察制度,强化各级政府主体责任。依据相关法律法规,明确大运河山东段遗产受法律保护的地位,划定大运河山东段遗产的保护范围和建设控制地带,分期编制专项文物保护规划。严格执行遗产区和缓冲区管理规定,实施遗产要素分类保护和各组成部分分项管理。深化对大运河沿线文化遗产保护法研究和立法建议论证,适时开展本地大运河文化遗产保护立法工作。(责任单位:省文化和旅游厅、省自然资源厅、省司法厅、省水利厅,沿线各市)

第三节　全面强化保护措施

优化文物本体保护。实施运河文化遗存和文物普查行动计划,健全文物申报、认定和登录制度,建立统一规范的文物资源数据库。加强珍贵文物鉴定评估工作,提高文物保护等级,将更多不可移动文物列入全国重点文物保护单位,把蕴含较高历史、艺术、科学价值的文物列入国家文化遗产名录。加快重点和特色博物馆建设,引导社会力量建设博物馆和投入文物保护。建立文物医院,研发创新修复技艺,建立激励保障机制,支持相关企业、研究机构和传统作坊研发生产文物抢救修复的新技术、新材料。

完善集中连片保护措施。建立完善文化遗产及周边环境风貌保护管控清单,实施周边自然、人文环境和集聚区域整体性保护。加大管控保护力度,城乡建设、产业发展、水利航运、综合交通等规划和项目要严格落实文化遗产保护要求，细化建设要求和约束条件，严禁建设不符合保护传承要求的项目，严防不恰当开发和过度商业化。

加强生态环境保护修复。牢固树立“绿水青山就是金山银山”理念，实行最严格的生态环境保护制度，打造运河生态文明建设示范区。按照生态保护红线、环境质量底线、资源利用上线和生态环境准入清单相关要求，加强沿运五市水环境治理和水生态保护，核心监控区内不符合国土空间规划及生态环境保护等相关规划要求的已有项目和设施原则上全部搬离。落实沿运五市环境污染联防联治，强化城乡、港口水污染防治和水环境综合治理，创新流域生态环境治理模式，建设沿运生态保护共同体。到 2025 年，省控以上断面劣 V 类水体全面消除，区域水生态环境质量持续改善，绿色生态廊道基本建成。

强化监测预警管理。借鉴国内外遗产保护先进理念，进一步完善监测平台和档案管理工作，建立完善监测预警体系。落实跨部门保护管理协调机制，严格执行文物保护督察制度，搭建数字化管理、监测平台，加强信息共建共享，提高处理突发事件的能力。强化年度报告制度，完善考核办法和奖惩机制，严格落实文物保护责任终身追究制度。（责任单位：省文化和旅游厅、省自然资源厅、省生态环境厅、省住房城乡建设厅、省水利厅、省发展改革委，沿线各市）

第五章　强化主题展示功能

依托具有突出意义、重要影响、重大主题的文物和文化资源，建设“点、线、面”有机衔接的山东省大运河国家文化公园展示体系，具体包括 7 个核心展示园、5 条集中展示带和 94 个特色展示点。

第一节　构建多维展示格局

重点打造核心展示园。综合参观游览、地理位置等条件，将交通相对便利的国家级文物和文化资源及周边区域确定为核心展示园，应包含至少 1 处以上具有价值代表性、展示利用示范性的大运河文化遗产。高标准建设临清运河钞关、阳谷梯级船闸、南旺枢纽、微山湖、南运河德州段三抵一闸、戴村坝、台儿庄古城等7个核心展示园,统筹谋划展陈主题,加大对水利遗产、工业遗产、红色遗产等的全面呈现。

构建特色集中展示带。有效串联交通联系紧密、便于整体展示的关联市、县级文物资源,应包含1个或多个空间位置相近的核心展示园,提升大运河山东段文化和周边资源的整体展示效果,汇集形成大运河山东段文化载体密集地带。重点打造会通河集中展示带、临清元明大运河汶卫交汇集中展示带、堽城坝—戴村坝—南旺会通河水源段集中展示带、南运河航运文化集中展示带、中河台儿庄段集中展示带。集中展示带宽度两侧腹地城区段原则上不超过1个街区,郊野段不超过2公里,在核心展示园进行总体展示。在起止点和各重点区域设立大运河国家文化公园集中展示带统一标识。

优化布局特色展示点。覆盖核心展示园、集中展示带之外具有特殊展示利用价值的文物和文化资源及相关联的资源点空间范围,满足分众化参观游览体验需求。加强特色展示点规划设计,加挂山东省大运河国家文化公园特色展示点统一标识,重点介绍与大运河山东段相关的历史文化,持续改善特色展示点与重要文物和文化资源的交通联系和主题关联。(责任单位:省发展改革委、省文化和旅游厅、省委宣传部、省水利厅、省工业和信息化厅)

专栏2:主题展示区重点内容

(一)核心展示园(7个):

1.南运河德州段三湾抵一闸核心展示园:南运河德州段、北厂漕仓遗址、闸子遗址、古苏禄国东王墓、德州城墙遗址、窑上窑址。

2.临清运河钞关核心展示园:会通河临清段(小运河)、临清运河钞关。

3.阳谷梯级船闸核心展示园:会通河阳谷段、荆门上闸、荆门下闸、阿城上闸、阿城下闸。

4.戴村坝核心展示园:戴村坝、小汶河、大汶河、戴村坝博物馆。

5.南旺枢纽核心展示园:会通河南旺枢纽段、小汶河、南旺分水枢纽工程遗址(十里闸、邢通斗门遗址、徐建口斗门遗址、运河砖砌河堤、柳林闸、寺前铺闸、南旺分水龙王庙遗址)。

6.微山湖核心展示园：会通河微山段（湖中运道）、南阳闸、利建闸、南阳古镇、微山湖文化园、铁道游击队纪念园。

7.台儿庄古城核心展示园：中河台儿庄段、台儿庄月河、台儿庄古城、台儿庄月河古码头群、台儿庄大战遗址公园、清真古寺。

（二）集中展示带（5个）：

1.南运河航运文化集中展示带：南运河德州段三湾抵一闸核心展示园、四女寺枢纽、德州仓储建筑群、德州码头、电厂机房旧址。

2.临清元明大运河汶卫交汇集中展示带：临清钞关核心展示园、会通河临清段（元运河）、卫运河、会通闸、临清闸、月径桥、砖闸、临清舍利塔、清真寺（北寺）、清真东寺、鳌头矶。

3.会通河集中展示带：阳谷梯级船闸核心展示园、七级下闸、七级上闸、七级镇运河古街区、七级码头遗址、阿城盐运司、张秋古镇。

4.堽城坝—戴村坝—南旺会通河水源段集中展示带：南旺枢纽核心展示园、大汶河、元代堽城坝遗址、堽城坝、戴村坝、汶上宝相寺、大汶口遗址、宁阳文庙、宁阳禹王庙、宁阳颜子庙。

5.中河台儿庄段集中展示带：台儿庄古城核心展示园、台儿庄大战纪念馆、李宗仁史料馆、万年闸、偪阳故城、八路军115师运河支队黄邱山抗战根据地、台儿庄国家级运河湿地公园、张塘银杏树。

（三）特色展示点（94个）：

1.运河遗产展示点（28个）：聊城市：周家店闸、永通闸（辛闸）、梁乡闸、土桥闸、戴湾闸、李海务闸、陶城铺闸、崇武驿大码头、崇武驿小码头、聊城山陕会馆、河隈张庄明清砖窑遗址；泰安市：戴庙闸、安山闸、会通河东平段、上泉古泉群；济宁市：金口坝、通济闸、漕井桥、太和桥、通惠闸、济宁河道总督府遗址、天井闸、济宁东大寺、靳口闸、袁口闸、仲浅闸、师庄闸、枣林闸。

2.革命遗产展示点（31个）：德州市：德州市冀鲁边区革命纪念园；宁津县崔杨抗日战争纪念馆、齐河县烈士陵园；聊城市：孔繁森同志纪念馆、范筑先烈士纪念馆、聊城市革命烈士陵园、临清革命烈士陵园、张自忠纪念馆；

泰安市:徂徕山抗日武装起义旧址、陆房战斗遗址、范明枢墓、泰西抗日武装起义旧址、冯玉祥墓、磨山峪旧址、泰安革命烈士陵园、岱岳烈士陵园、肥城市陆房红色教育基地、宁阳烈士陵园、东平县烈士陵园;济宁市:羊山战斗纪念地、铁道游击队红色旅游景区(济宁)、王杰纪念馆、济宁毛泽东思想万岁展览馆、翟庄党支部旧址、梁山歼灭战遗址纪念园、金乡鲁西南战役纪念馆;枣庄市:铁道游击队纪念园(枣庄,含纪念馆)、滕州鲁南人民抗日武装起义纪念馆、国共谈判旧址、滕州市烈士陵园、八路军抱犊崮抗日纪念园。

3.工业农业遗产展示点(5 个):德州机床厂旧址、德州一水厂旧址、武城古贝春酒厂旧址、枣庄中兴煤矿公司旧址;德州夏津黄河故道古桑树群。

4.历史文化名镇名村展示点(2 个):岱岳区大汶口镇、邹城市石墙镇上九山村。

5.自然遗产展示点(5 个):东平湖、微山湖、水泊梁山、冠世榴园、蟠龙河国家湿地公园。

6.其他类文化资源展示点(23 个):德州市:齐河博物馆群、禹王亭博物馆;聊城市:聊城中国运河文化博物馆、光岳楼、隆兴寺铁塔;泰安市:泰山、白佛山石窟造像、洪顶山摩崖、棘梁山石刻;济宁市:三孔、浣笔泉、微山县乾隆御碑、崇觉寺铁塔、嘉祥武氏祠、曾庙;枣庄市:薛国故城、北辛遗址、龙泉塔、前掌大遗址、岗上遗址、建新遗址、中陈郝窑址、中华石榴文化博览园。

第二节　健全综合展示体系

构建核心展示空间。加强不可移动文物本体展示,完善配套服务设施。强化大运河山东段相关可移动文物和历史资料的集中展示,策划推出一批阐发大运河山东段文化和运河精神的主题展览。完善博物馆、非物质文化遗产馆等展示空间体系,优化展陈布展设计。

专栏3:核心展示空间

德州:运河国际文化园(苏禄王墓、四女寺)、德州运河文化与地域文化博览园、德州董子文化园。

聊城:临清衙署文化园、聊城运河文化园(东昌古城、欢乐小镇)、聊城中国运河文化博物馆、聊城大学运河文献文物展览馆、七级运河古镇、张秋镇、阿城镇、魏湾镇、阳谷景阳冈。

泰安:东平戴村坝水工文化园、东平水浒文化园、东平大运河非物质文化园、汉东平国故城遗址公园。

济宁:济宁运河儒文化园、南阳古镇运河文化园、微山湖生态旅游区、汶上南旺分水枢纽运河治水文化园、泗水泗河泉林水源文化园、邹鲁文化园。

枣庄:台儿庄大运河船闸博物馆、滕州鲁班文化创意展馆、墨子文化城。

优化设计展示线路。统筹衔接区域内陆路、水路、铁路干线,完善交通导引标识,加强重要参观游览和文化体验目的地之间的直接联系,着力开发一批跨区域的大运河游览线路。建设核心展示园内和集中展示带主要轴线沿线的慢行系统,统筹规划设计绿道、游步道、自行车道、栈道和短途游船、电瓶车线路等,形成多样化、立体化综合展示空间。

完善展示服务设施。重点围绕核心展示园和集中展示带游览线路和服务半径,合理配置建设游客服务中心,综合提升信息咨询、预约预定、导览导游、医疗急救、特色餐饮等服务功能。充分利用参观游览和文化体验目的地间的交通线路周边和交通工具内的展示空间,加强大运河山东段特色文物和文化资源宣传推广。

提升整体景观风貌。推动特色文物和文化资源与大运河山东段河道水系、自然生态系统、传统人文风貌统一展示。优化调整交通线路和慢行系统沿线业态布局和景观风貌,精细管理和维护沿河景观界面,打造大运河百里景观视廊。遵循自然规律,延续大运河各河段景观风貌特色,统筹考虑保障主题展示区内河、湖生态需水和旅游通航用水需求,建设沿线田园防护体系,构建“复层、异龄、混交、多功能”的近自然地带性植物群落。(责任单位:省文化和旅游

厅、省发展改革委、省自然资源厅、省交通运输厅、省水利厅)

第三节　丰富展示体验方式

融入特色文化体验。深入挖掘重要文物和文化遗产资源承载的深厚文化价值和精神内涵，丰富现场图文展示，提升趣味性和可读性。探索搭建形式多样、拆建灵活的现场临时展示设施，营造历史场景，提升游客体验。依托重要遗址、纪念设施、博物馆、非遗展示馆，学校、社区、商业综合体等多种场所，广泛开展爱国主义宣传教育活动。结合节假日、纪念日等时间节点，组织开展文化艺术节、民俗文化节、健身休闲、红色历史宣传教育等文化体验活动，营造丰富多样的文化氛围。

拓展数字展示空间。依托大运河山东段沿线博物馆馆藏文物、数字资源及研究成果，充分利用互联网、大数据等技术，有效整合文博机构、专业机构和市场力量，打造智慧博物馆、不可移动文物在线展示平台和数字非遗体验馆。定期组织专题线上展览和文化交流活动，积极培育5G高新视频新业态新模式，丰富大运河文化新视听。

打造永不落幕的网上空间。实施大运河文化数字化展示工程，对接大运河国家文化公园官方网站和数字云平台，建设虚拟数字体验平台、多媒体推广平台和新媒体传播平台，对文物和文化资源进行数字化展示，对历史名人、诗词歌赋、典籍文献等关联信息进行实时展示。加快建设全景展示数字博物馆及专题博物馆群，探索建立航运文化展示馆，开通“山东大运河历史文化网”。(责任单位：省文化和旅游厅、省委宣传部、省委网信办、省工业和信息化厅、省教育厅、省退役军人厅、省广电局、省体育局、省大数据局)

第六章　促进文旅融合带动

坚持全域旅游发展理念，实施旅游精品战略，统筹推进旅游景区建设、旅游产品开发、旅游品牌打造和旅游服务保障，不断丰富旅游产品供给，提升“鲁风运河”文化旅游品牌影响力。

第一节　实施文化发掘工程

深化精神价值内涵。系统开展运河文化研究阐发，构建与大运河国家文化公园建设相适应的理论体系和话语体系。依托山东大学、聊城大学、运河经济文化研究中心等高校和研发机构，培育运河学学科体系，建设运河文化智库，加强运河学相关复合型人才培养，为运河文化研究、发展和传承提供人才支撑。支持《运河学研究》《中国大运河发展报告》等刊物出版发行，加强运河资料系统整理。定期召开国内外运河学论坛、文博与非遗展览会、运河文化主题讲座，打造国内外知名的运河学科研阵地和交流平台。

加强考古发掘利用。聚焦会通河及泇运河堤防系统等重点工程，开展古代河工、环境、经济和文化考古研究，加强运河遗址活化利用。实施遗址发掘重点工程，促进交通、水利等基础设施建设与遗址保护的协调发展。建设考古工作站、露天博物馆等体验中心，打造寓教于乐的考古场所，提供集运河历史、自然生态、人文教育于一体的新时代考古体验基地。

提高文化遗产传承活力。实施非物质文化遗产保护传承重点工程，推动优秀成果保存、出版和转化利用。挖掘整理沿线非物质文化遗产，支持申报国家级和省级非遗名录。发掘保护沿线民俗风情、传说故事、诗词碑刻等文学艺术作品，支持举办各类运河主题书画展、摄影展、技艺交流等活动。完善大运河非遗代表性传承人制度，开展大运河非遗传承人研修、研习、培训和传习工作。开设运河民俗文化活态体验馆，鼓励社会资本参与建设传习所、展示馆、授徒坊等非遗展示体验设施。加强沿线地区民间文化艺术之乡建设管理，保护发展沿线中华老字号。

专栏4：非物质文化遗产、民间文化艺术之乡

（一）国家级非物质文化遗产：

德州市：黑陶烧制技艺、德州扒鸡制作技艺、宁津杂技；

聊城市：东昌葫芦雕刻、东昌府木版年画、临清贡砖烧制技艺、东阿阿胶制作技艺、鱼山梵呗（东阿）、柳林花鼓（冠县）、聊城杂技、查拳（冠县）、肘捶

(临清)、驾鼓(临清)、郎庄面塑(冠县)、张秋木版年画(阳谷)。

泰安市:泰山传说、泰山石敢当习俗、泰山东岳庙会、泰山皮影戏、泰山道教音乐、腊山道教音乐(东平)、独竿跷、山东梆子、端鼓腔(东平)、徐家拳(新泰)、新泰孟氏正骨疗法(新泰)。

济宁市:梁祝传说、麒麟传说(嘉祥)、鲁班传说(曲阜)、孟母教子传说(邹城)、平派鼓吹乐(邹城)、鲁西南鼓吹乐(嘉祥)、山东梆子(嘉祥)、端鼓腔(微山)、嘉祥石雕(嘉祥)、曲阜楷木雕刻(曲阜)、琉璃烧制技艺(曲阜)、鲁锦织造技艺(嘉祥)、孔府菜烹饪技艺(曲阜)、二仙膏制作技艺(任城区)、祭孔大典(曲阜)。

枣庄市:鲁班传说(滕州)、柳琴戏。

(二)中国民间文化艺术之乡:临清市京剧、兖州市花棍舞、滕州市书画、高唐县书画、茌平区剪纸、宁津县杂技、嘉祥县唢呐、石雕、东阿县杂技、邹城市石墙镇龙舞、聊城市东昌府区葫芦雕刻、枣庄市薛城区唢呐、枣庄市市中区齐村镇游艺、微山县昭阳街道端鼓腔。

深入开展主题宣传教育。统筹利用大运河沿线的历史遗存、革命文物、爱国主义教育基地等资源,充分利用重大纪念日和传统节庆日开展多样化实践体验活动,建设一批教育培训、社会实践和研学旅行基地。开发乡土教育特色资源,鼓励学校开展运河文化教育,推动运河文化进社区、进企业,让大运河文化融入群众生活。通过出版运河普及刊物、拍摄运河题材电视剧与动漫、打造运河文化主题公园、提升改造运河古镇等方式,提升山东运河旅游业在国内、国际上的影响力、美誉度,将运河打造成重要的旅游线路与遗产廊道。(责任单位:省文化和旅游厅、省委宣传部、省教育厅、省水利厅、省广电局)

第二节 加强优质产品开发

科学规划精品线路。顺应大众旅游出行和消费需求,以大运河山东段为纽带,科学链接运河文化主题旅游景区、旅游度假区、生态旅游示范区、品牌体育赛事、乡村旅游重点村等多元载体,开发培育世界文化遗产研学游、华夏历史文明体验游、沿线古都游、古镇古村记忆传承游、故事特色专题游、体育赛事参赛游等各具特色的精品线路。依托各类展示空间，建立大运河山东段船上、水上、岸上文化娱乐产品体系。开展观光、休闲、度假与其他专项产品设计，加快景点建设、景观改造、设施配套，打造大运河特色旅游观光体系。

专栏 5：文旅融合精品线路

世界遗产经典旅游：台儿庄古城（枣庄）—南阳古镇（济宁）—南旺运河文化旅游区（济宁）—运河之都（济宁）—“三孔”旅游区（曲阜）—泰山（泰安）—戴村坝旅游区（泰安）—东昌古城（聊城）—天下第一泉（济南）。

漕运文化精品：台儿庄古城—夏镇—微山湖红荷湿地旅游区—南阳古镇—运河之都济宁古城—南旺运河文化旅游区—凤凰台旅游区—戴村坝旅游区—东昌古城—临清中洲古城—运河古镇（张秋镇、阿城镇、七级镇）—武城运河民俗小镇—北厂漕仓遗址—大运河德州段仓储建筑群—德州董子园风景区。

运河古镇记忆旅游：台儿庄古城—台儿庄运河枢纽—古邵镇万年闸—韩庄闸—夏镇—微山湖红荷水镇—南阳古镇—济宁古城—南旺古镇—东昌古城—临清中州古城—武城四女寺镇—德百旅游小镇（椹仙村）。

水利文化科普旅游：台儿庄运河枢纽—韩庄闸—二级坝水利风景区—南旺运河文化旅游区—滕州微山湖红荷湿地景区—戴村坝旅游区—东平湖旅游区—运河穿黄工程—张秋古镇—阿城镇—七级镇—周家店船闸遗址—聊城中国运河文化博物馆—四女寺水利枢纽。

儒风文化访圣旅游：邹城“四孟”—曲阜“三孔”“两颜”—孔子研究院—寿丘始祖文化园—尼山圣境—德州四女寺—董子园风景区—墨子纪念馆—鲁班纪念馆。

美丽乡村生态旅游：枣庄市台儿庄运河湿地公园—微山湖旅游区—石墙镇上九古村落—孟楼生态休闲湿地—济宁凤凰台旅游区—大清河休闲游憩带—夏津前屯古桑村落—夏津黄河故道森林公园—武城运河民俗小镇—德州运河生态游憩带。

红色文化追忆旅游:梁山独山抗日纪念馆—微山岛铁道游击队纪念园—台儿庄古城—枣庄铁道游击队纪念馆—八路军抱犊崮抗日纪念园。

运河味道美食旅游:台儿庄古城—南阳古镇—济宁玉堂酱园—东平湖风景区—阳谷水浒文化旅游区—临清济美酱园—临清中洲古城—德州扒鸡文博馆。

加强文艺创作传播。加强以运河为主题的文学、戏剧、影视、音乐、舞蹈、美术、网络文艺等艺术作品的创作,打造思想精深、艺术精湛、制作精良的运河题材文艺作品。配合国家拍摄电视专题片《大运河之歌》,拍摄制作弘扬大运河文化的电视专题片,编辑制作《流动的史诗——山东大运河》画册。开发大运河城市 IP 文创产品,创作大运河主题系列广播电视节目、动画片、微电影、网络视听作品。吸引社会力量参与实景演出,开展优秀运河题材文艺作品展演、展映、展播、展览。

拓展周边衍生产品。维护大运河国家文化公园整体知识产权(IP),围绕大运河典型文化概念和元素,积极打造动漫、影视、音乐等线上产品和文创产品、手工艺品、休闲玩具、摆件挂饰等线下产品。鼓励社会力量投入建设运河文化主题的休闲娱乐场所,在适宜区域设置特色周边产品销售展出空间和运河文化相关产品专卖店和体验店。(责任单位:省文化和旅游厅、省委宣传部、省发展改革委、省财政厅、省交通运输厅、省广电局、省体育局)

专栏 6:大运河山东段文旅融合区

德州漕运仓储文旅融合区:推进漕运码头、仓储建筑群、苏禄王墓等重要文物及周边区域保护和修缮,建设漕运主题公园,建设运河原始自然风貌展示之旅。

临清运河钞关文旅融合区:整合钞关前关遗址、后关建筑、主事官房等建筑片区空间环境,注重钞关片区、街巷、院落场所精神和临清城市文脉的延续,建设中国税史博物馆,打造运河钞关文化展示区。

东昌古城文旅融合区:立足江北最大的城市内湖——东昌湖,统筹和集中大小礼拜寺街、东关街、米市街、羊使君街等历史街区,挖掘和利用山陕会馆、大小码头、宋代铁塔等文物遗存和其他运河文旅资源，打造大运河文旅融合典型示范区。

泰安东平运河遗址公园文旅融合区：依托世界文化遗产戴村坝，发挥国家级水情教育基地示范引领作用，整合戴村坝、鸡心滩等，改造提升戴村坝博物馆，加强小汶河、大清河等水系治理，建设运河遗址公园。

济宁"运河记忆"遗产廊道文旅融合区：整合竹竿巷、广育堂、玉堂酱园、潘家大楼、太白楼、铁塔寺、南阳镇、微山湖运河故道、夏镇、泗水泉林、三孔、孟庙、上九古村落、开河运河古镇等资源，规划建设"运河记忆"文化街区、河道总督府遗址保护展示设施及河道总督府遗址博物馆、济宁运河风情博物馆，打造运河遗产廊道。

台儿庄大运河文旅融合区：在台儿庄古城现有景区基础上，按照中华运河文明传承创新核心区、国际知名旅游目的地、世界文化遗产定位，建设大运河文化展示中心。

第三节　提升文旅发展质量

塑造统一品牌体系。打造"千年运河""鲁风运河"品牌，提高品牌整体辨识度。不断推出富有创意、参与度高、市场欢迎的系列品牌产品，全面系统呈现山东省魅力运河、美丽运河、多彩运河的经典形象。成立大运河山东段旅游营销联盟，强化区域间旅游资源整合和旅游服务协作，策划举办高层级大运河品牌主题的节庆、论坛、展会等活动，打造大运河文旅产品和服务推广平台。充分运用海外中国文化中心、孔子学院等载体，打造运河文化国际交流平台，推动运河文化"走出去"，展现中华文明和中国智慧的无穷魅力。

打造视觉形象标识系统。全面推行使用统一的大运河国家文化公园标志，形成记名、定位、引导、解说和禁止、警告、规制五大类标识。健全沿线旅游交通引导标识体系，在机场、火车站、汽车站以及高速出口等设置统一形象标识。优化配置全省文化旅游服务设施、现场展陈解说设施，推动景区为游客提供多语种标识和解说服务。

完善公共服务配套设施。推进旅游公共服务设施标准化建设,构建主客共享的文化旅游新空间、新体验。提升重要旅游目的地设施条件,建设跨区域绿道和自行车道,增加停车换乘、自行车租赁等公共服务功能。充分应用新技术手段,推动智慧景区建设和旅游数字化转型。

构建水陆快速交通网络。依托遗产沿线风光,围绕重要的自然和人文景观资源,打通通景公路,改造提升现有旅游道路,建设沿绿色生态廊道高等级旅游公路。鼓励大运河适宜河段发展旅游通航,改善对外交通条件,强化重要节点与机场、车站、码头等衔接。完善大运河港口集疏运体系,推进沿线码头与公路、铁路等衔接,打造融交通、文化、体验、游憩于一体的复合廊道。

加强市场综合监管。引导广大游客在旅游中感悟文化、陶冶情操,弘扬文明旅游新风尚,形成良好游览氛围。加强核心展示园等重点文化旅游目的地监管,运用互联网新技术强化对场所安全和旅游质量的实时监测和智慧监管,切实维护游客合法权益。完善旅游市场信用体系,建立旅游市场黑名单管理制度。(责任单位:省文化和旅游厅、省发展改革委、省工业和信息化厅、省公安厅、省交通运输厅、省应急厅、省市场监管局、省民航局)

第四节　丰富文旅发展业态

推动产业集聚融合。突出资源共享、产品共研、市场共拓、形象共建、优势互补、联合发展,建立统一开放的市场体系。整合优质文旅资源,组建跨区域文旅联盟,培育一批具有竞争力的文旅企业。深入发掘地域文化资源,积极发展体育休闲、研学旅行、艺术娱乐、乡村旅游等特色文旅产业。全面拓展沿大运河(山东段)休闲健身活动和全面健身活动。依托大运河旅游风光带,利用通航水道、漕运遗址、沿河湿地、沿岸设施等举办运河泛舟运动游,开展水上运动、山地户外、拓展训练、滑冰滑雪、户外研学、路跑徒步等各类健身休闲赛事和全民健身活动。加强数字牵引和创新驱动,鼓励发展互联网旅游、云旅游等新业态新模式,开发多样化、个性化系列文创产品,增强运河文化遗产资源传承活力。

挖掘红色教育旅游资源。科学开发大运河沿线红色资源,统筹与历史文化、民俗资源、生态资源的整合利用,创新设计主题鲜明、内涵丰富、形式多样的红色文旅产品。规范开展红色主题文化活动,加强革命历史展示和体验,优化革命文物展示和讲解,不断强化红色教育功能,着力提升目的地服务水平和游客体验度。

专栏7:红色教育和旅游资源

德州:德州市冀鲁边区革命纪念园、羊山战斗纪念地、宁津县崔杨抗日战争纪念馆、齐河县烈士陵园、夏津县革命烈士陵园。

聊城:孔繁森同志纪念馆、孔繁森故居、范筑先纪念馆、刘邓大军渡黄河指挥部、山东省委重建纪念馆、中共冀鲁豫(平原)分局旧址、张自忠纪念馆、鲁西北地委旧址、赵健民故居、马本斋烈士陵园、苏村阻击战纪念馆、鲁西北起义旧址、袁楼党史纪念馆和张家楼抗日战斗遗址等。

泰安:徂徕山抗日武装起义旧址革命文化展示园、徂徕山抗日武装起义旧址、陆房战斗遗址、范明枢墓、泰西抗日武装起义旧址、冯玉祥墓、磨山峪旧址、泰安革命烈士陵园、岱岳烈士陵园、肥城市陆房红色教育基地、宁阳烈士陵园、东平县烈士陵园、东平县工委纪念馆。

济宁:铁道游击队红色旅游景区、王杰纪念馆、济宁毛泽东思想万岁展览馆、翟庄党支部旧址、梁山歼灭战遗址纪念园、金乡鲁西南战役纪念馆、鲁南人民抗日游击总队纪念馆、济宁革命烈士陵园、微山县微山岛镇杨村红色美丽村庄试点建设项目、微山湖民俗博物馆项目。

枣庄:铁道游击队纪念园(含铁道游击队纪念馆)、台儿庄大战纪念馆、枣庄市台儿庄大战旧址、滕州鲁南人民抗日武装起义纪念馆、国共谈判旧址、滕州市烈士陵园、八路军抱犊崮抗日纪念园。

发展体验农业和乡村旅游。深入挖掘运河沿线特色乡镇文化内涵,加强公共服务设施建设,打造一批资源禀赋优良、人居环境整洁、设施条件完善的乡村旅游重点村镇。加强特色农产品推广,创新乡居度假、乡村康养、农耕体验、创意农业等旅游产品。采取线上线下相结合的方式,优化推出一批休闲农业和乡镇旅游精品线路,传播农耕文化、河工文化、渔牧文化等。

活化利用工业场所和遗存。依托相关产业生产流程和独特工业历史文化,建设专题博物馆、体验馆等,打造现代工业旅游目的地。加强对具有特殊历史和文化价值工业遗产的保护性开发,改造提升德州机床厂旧址、德州一水厂旧址、枣庄中兴煤矿公司旧址、中兴文化铁路遗产、东阿阿胶厂78号旧址等,形成一批更具活力和标志性的公共文化场所,诠释工业遗存丰富内涵,记录呈现运河区域的工业化、现代化历史进程。(责任单位:省文化和旅游厅、省委宣传部、省发展改革委、省工业和信息化厅、省住房城乡建设厅、省交通运输厅、省水利厅、省农业农村厅、省退役军人厅、省广电局)

第七章 提升传统利用发展水平

统筹大运河文化保护传承利用与城乡建设、区域发展,发挥支点城市和沿线镇村的作用,尊重传统利用区与大运河传统文化、特色生态相关的空间功能关系,保护其整体空间格局和自然环境,充分展现古城、水城和生态发展特色。

第一节 保存传统文化生态

传承历史文化资源。整体保护历史文化名城名镇名村和历史文化街区的传统格局、历史风貌,对具有历史价值的建筑物或构筑物进行保护修缮,保存延续传统地名和历史记忆标识。依托大运河沿线历史文化名城名镇名村和历史文化街区,首批确定国家历史文化名城(4个)、中国历史文化名镇(2个)、中国历史文化名村(1个)、中国传统村落(18个)以及山东省历史文化名城名镇名村、历史文化街区、传统村落共158处山东省大运河国家文化公园传统利用区,加强对传统农业和手工业生产技艺的挖掘整理和保护传承,采取适当方式改造提升传统风貌建筑及场地,打造优秀传统文化展示空间。

专栏 8:大运河国家文化公园山东段传统利用区

国家历史文化名城(4 个):聊城、泰安、曲阜、邹城。

中国历史文化名镇(2 个):泰安市岱岳区大汶口镇、微山县南阳镇。

中国历史文化名村(1 个):济宁邹城市石墙镇上九山村。

中国传统村落(18 个):泰安市岱岳区大汶口镇山西街村、岱岳区道朗镇二奇楼村、肥城市孙伯镇五埠村、肥城市孙伯镇岈山村、东平县接山镇朝阳庄村;济宁市邹城市城前镇越峰村、邹城市石墙镇东深井村、邹城市香城镇石鼓墩村;枣庄山亭区山城街道兴隆庄村、山亭区北庄镇双山涧村、山亭区冯卯镇独孤城村、山亭区冯卯镇冯卯村、山亭区冯卯镇朱元村、山亭区冯卯镇付庄村、山亭区城头镇东岭村、滕州市羊庄镇东辛庄村、滕州市柴胡店镇葫芦套老村、薛城区陶庄镇前西仓村。

保障居民发展权益。优化运河沿线城镇公共空间布局,兼顾居民生活和游客服务需要,完善基础和公共服务设施,提升教育、卫生、养老、托育、家政等公共服务水平。健全应急管理救助系统,做好公共场所安全防灾工作。改善人居环境,加强农村厕所改造和垃圾污水治理,推进垃圾分类全覆盖。尊重居民意愿,充分利用各类文体场所举办传统文化、民俗活动,倡导文明生活方式。(责任单位:沿线各市,省住房城乡建设厅、省发展改革委、省自然资源厅、省生态环境厅、省农业农村厅、省文化和旅游厅、省应急厅、省体育局)

第二节　推动发展绿色产业

加快传统工商业升级。合理开发山东运河沿线丰富文化资源,持续推进“四减四增”,严控新增“两高一资”行业新产能,加大节能减排力度,强化新技术应用,发展现代制造业。培育壮大运河沿线现代服务业,重点发展现代物流、商贸服务、科技服务、节能环保等生产性服务业和健康养老、家政服务等生活性服务业,不断提高专业化、规模化、网格化发展水平。

培育特色生态农业。按照“生态产业化、产业生态化”的思路,推进沿线农村一、二、三产业融合发展,加快高效农业转型升级。强化乡村产业清洁生产,大力推广生态种养殖技术,推进生态循环农业,打造大运河特色农产品生产基地和特色农业产业化联合体,完善家庭农场认定。注重生态农业与美丽乡村建设相结合,推动生态资源价值转化,打造中国美丽休闲乡村。

适度发展休闲新业态。以旅游休闲为主导,促进其与文化、体育、健康、养老、教育、商务等休闲业态深度融合。以大运河(山东段)为廊道,以枣庄、济宁、泰安、聊城、德州等市沿运河城市为节点,整合开展赛事,打造"鲁风运河"品牌体育赛事。重点开展徒步、自行车、龙舟、汽车摩托车、马拉松、皮划赛艇、钓鱼、铁人三项、航空航模等运动项目赛事。(责任单位:省文化和旅游厅、省发展改革委、省科技厅、省工业和信息化厅、省民政厅、省自然资源厅、省生态环境厅、省住房城乡建设厅、省商务厅、省农业农村厅、省卫生健康委、省体育局)

专栏9:大运河山东段特色产业小镇

全国特色小镇:庆云县尚堂镇、东阿县陈集镇、新泰市西张庄镇、泰安市岱岳区满庄镇、曲阜市尼山镇、滕州市西岗镇。

山东省特色小镇:

德州市:临邑县德平孝德康养古镇、庆云县尚堂石斛小镇、乐陵市杨安调味品小镇、陵城区边临装配式产业小镇、武城县武城辣椒小镇。

聊城市:临清市烟店轴承商贸小镇、临清市康庄国学小镇、茌平区博平颐养休闲小镇、阳谷县石佛宜居铜谷小镇、冠县店子灵芝小镇。

泰安市:岱岳区大汶口水上石头古镇、新泰市羊流智能起重小镇、新泰市石莱有机茶业小镇、东平县老湖水浒影视小镇、东平县银山东平湖生态旅游小镇。

济宁市:曲阜市尼山圣地小镇、金乡县鱼山蒜都小镇、金乡县胡集新材料小镇、微山县欢城光伏小镇、梁山县马营旅游休闲小镇、邹城市中心店智能装备制造小镇、鱼台县张黄生态循环小镇。

枣庄市:山亭区徐庄休闲慢游小镇、山亭区城头豆香小镇、滕州市滨湖微山湖湿地古镇、滕州市鲍沟工艺玻璃小镇、峄城区古邵港航物流小镇。

特色文旅小镇：

德州市：武城县四女寺运河孝德古镇、德州高畔书画艺术小镇、北厂文旅小镇、大运河戏曲文化小镇、夏津县德百旅游小镇。

聊城市：临清市魏湾贡砖创意小镇、阳谷县张秋运河文化小镇、七级古风怀旧小镇、阿城阿胶养生小镇、东昌府区李海务漕运小镇。

泰安市：东平县安山运河小镇、水浒影视小镇、东平湖生态旅游小镇。

济宁市：邹城市蓝陵水韵古城文化旅游小镇、泗水县龙湾湖乡村文化旅游集聚区、微山县微山岛文化旅游特色小镇、曲阜市海棠小镇、泗水县等闲谷艺术小镇、嘉祥县东方左岸假日小镇、金乡县金龙湾文旅小镇、汶上县老龙湾小镇。

枣庄市：滕州市微山湖红荷水镇、古薛文旅小镇、峄城区古邵港航物流小镇、台儿庄区祥和特色小镇。

第三节 规范生产经营活动

优化设施项目布局。加强与国土空间规划、产业发展规划、历史文化名镇名村保护规划、乡村振兴规划的有机衔接，实现“多规合一”。凸显城乡不同区域主体功能，提高空间开发保护边界划定的精准性和管控精细度。划定历史文化保护紫线，严格落实相关空间管控要求。逐步疏导传统利用区内不符合建设规划要求的设施、项目，通过制定动态增减名录、传统利用区保护补偿机制等措施，控制发展规模，实施针对性、时效性保护与管理。

严防生态环境破坏。突出运河沿线重要自然保护地的整体保护，针对河道两岸、森林、湖泊、湿地等生态功能重要区域，在各级国土空间规划中细化分类分区管控措施。完善统一的生态环境监测网络，开展生态资源环境承载能力监测预警。强化日常监督检查，确保沿线区域生产经营活动实现污染达标排放。依法查处违法违规排污和生态破坏行为，做好污染事件应急处置。严格控制运河周边地下水超采，加强黄河以北段地下水超采区综合治理。

降低开发活动强度。严禁未经批准侵占永久基本农田。开展大规模农业生产活动和农产品加工项目评估,防止占用优质耕地。严格落实各级历史文化名城名镇名村和传统村落的保护要求,坚决杜绝假保护真开发、轻保护重开发行为。防止大拆大建,严禁新建扩建不利于生态环境保护和人文风貌维护的大型工矿项目。沿线各市完善核心监控区国土空间准入负面清单和滨河生态空间准入正面清单,限制各类用地调整为大型工商业项目、商务办公项目、住宅商品房、仓储物流设施等用地,维护城乡景观视线走廊。(责任单位:省自然资源厅、省生态环境厅、省住房城乡建设厅、省水利厅、省农业农村厅、省文化和旅游厅,沿线各市)

第八章　推进实施五大重点工程

系统推动实施保护传承、研究发掘、环境配套、文旅融合、数字再现等五大重点工程,保障山东省大运河国家文化公园建设顺利推进。

第一节　保护传承工程

以大运河遗产区名录8段河道和14个遗产点为重点,全面履行申遗承诺,加快建立历史文化遗址遗迹分类名录和项目库,打造世界运河文化遗产保护典范。加快重点和特色博物馆建设,形成特色突出、互为补充的综合博物馆展示体系。统筹推进文化遗产整体性、抢救性、预防性保护,实施历史文化遗址遗迹保护、抢救和修复工程。加快构建非物质文化遗产保护传承体系,探索非物质文化遗产分类保护措施,提升非物质文化遗产保护利用水平。(责任单位:沿线各市,省国家文化公园建设工作领导小组成员单位按职责分工分别负责)

专栏10:保护传承工程重点项目

德州:南运河德州段世界文化遗产河道保护工程、德州运河遗址组团式保护及利用工程、德州古运河遗址周边历史风貌保护修复工程、德州运河文化与地域文化博览园、夏津运河文化馆建设、夏津"运河岸,红色情"李思孝故居红色革命纪念馆项目、武城县工金铭烈士纪念馆、武城县戚庄抗日烈士纪念馆、夏津马堤吹腔保护传承工程、德城区德州古玩城。

聊城:会通河临清段世界文化遗产河道保护工程、临清运河钞关世界文化遗产点保护工程、临清运河钞关文化保护展示区、“临清钞关遗址、鳌头矶遗址、舍利宝塔、东昌府区梁水镇土桥闸遗址等”组团式保护工程、临清中洲古城古民居修缮工程、临清中洲古城周边历史风貌保护修复工程、临清运河钞关文化保护展示工程、临清河隈张庄明清砖窑遗址保护工程、临清戴湾镇保护与利用工程、会通河阳谷段世界文化遗产河道保护工程、阳谷古闸群世界文化遗产点保护工程、阳谷七级古镇保护与利用工程、阿城盐运司保护与展示工程、周店船闸保护与利用工程、临清魏湾镇保护与利用工程、阿城古镇保护与利用工程、张秋古镇保护与利用工程、聊城古城保护与利用工程、聊城米市街历史文化街区整治提升工程、聊城大小礼拜寺街历史文化街区整治提升工程、聊城大运河城区段运河保护与利用工程。

泰安:东平戴村坝世界文化遗产点保护工程、泰安东平运河遗址公园、东平湖沿岸文物保护及基础设施建设项目、汉东平国故城遗址公园、汉宪王陵遗址公园、安山古镇保护与利用工程、京杭大运河非物质文化遗产产业园、宁阳堽城坝遗址组团式保护工程、宁阳堽城保护与利用工程。

济宁:会通河南旺枢纽段世界文化遗产河道保护工程、小汶河世界文化遗产河道保护工程、汶上“邢通斗门、徐建口斗门、十里闸、柳林闸、寺前铺闸、南旺枢纽、南旺分水龙王庙遗址、运河砖砌河堤”世界文化遗产点保护工程、南旺枢纽遗址组团式保护工程和展示区改造提升工程、南旺古镇保护与利用工程、大运河十里闸保护展示工程、济宁“运河记忆”遗产廊道、济宁市铁塔寺历史文化街区保护与整治、竹竿巷历史文化街区环境整治、济宁太白楼保护修缮展览提升工程、济宁市天井闸遗址规划保护与展示工程、济宁市乾隆御笔亭建设工程、济宁“东大寺、黄家街教堂、吕家宅院、柳行东寺”等保护修缮工程、济宁市济州城墙规划保护与展示工程、济宁市浣笔泉规划保护与展示工程、会通河微山段世界文化遗产河道保护工程、利建闸世界文化遗产点保护工程、微山夏镇古城保护与利用、微山南阳古镇保护与利用工程、微山古韵文化片区保护建设工程、微山鲁桥古运河保护工程、微山县大运河老城区段综合保护与开发工程、邹城古城保护与利用工程、嘉祥非遗博物馆。

枣庄:运河"三公祠"保护传承项目、峄城万年闸古镇保护与利用工程、北辛遗址、薛国故城、滕州书院街历史文化街区、山亭王家湾鲁南抗日民主政权建设纪念园、台儿庄大运河文化国家展示中心、台儿庄古运河组团式保护工程、大运河中河台儿庄段文化遗产修缮保护工程、台儿庄偪阳故城遗迹抢险加固保护工程、台儿庄大战旧址修缮保护工程、台儿庄大战纪念馆馆藏文物数字化保护工程、抗战纪念园建设工程、鲁南大运河文化保护传承工程、枣庄大运河文化带爱国主义教育基地(台儿庄大战纪念馆、李宗仁史料馆、贺敬之柯岩文学馆、八路军抱犊崮抗日纪念园、八路军115师运河支队纪念馆、中兴文化博物馆)、中兴文化铁路遗产公园。

第二节　研究发掘工程

加强大运河山东段文化资源普查,整合运河文物文献、文化旅游、民俗等资源,推进大运河文化资源公共数据开发利用。挖掘利用运河沿线水工文化、漕运文化和商业文化,采用虚拟现实、全景展示、历史文化纪录片等形式,传播弘扬运河精神,激活运河记忆,重现大运河山东段历史文化面貌,讲好运河文化故事。加强教育引导、舆论宣传、文化熏陶、实践养成、制度保障,赋予大运河文化新的时代含义,为践行社会主义核心价值观提供丰厚滋养。(责任单位:沿线各市,省国家文化公园建设工作领导小组成员单位按职责分工分别负责)

专栏11:研究发掘工程重点项目

德州:北厂漕仓遗址、德州哨马营减河、窑上窑址。

聊城:聊城土闸遗址、阳谷七级码头遗址、临清河隈张庄明清砖窑遗址、阿城盐运司、张秋北水门码头遗址、张秋北河工部分司遗址、周店船闸遗址。

泰安:东平戴村坝、宁阳堽城坝遗址、汉东平国故城遗址。

济宁:梁山靳口闸遗址、袁口闸遗址;汶上南旺枢纽遗址、南旺分水龙王庙遗址、南旺湖遗址、徐建口斗门遗址、邢通斗门遗址;河道总督府遗址、济宁天井闸遗址;微山利建闸遗址、南阳闸遗址、师庄闸遗址、仲浅闸遗址、枣林闸遗址。

枣庄:岗上遗址、大韩村遗址、滕国故城、偪阳故城、安阳故城。

第三节　环境配套工程

围绕大运河不同河段的功能定位,统筹兼顾,合理布局,科学配置和优化调度水资源,加强岸线保护,升级水利水运设施,加快恢复和提升大运河河道和岸线保护、防洪排涝功能。加强绿色生态廊道建设,推进整体保护、系统修复、综合治理,提升生态系统质量和稳定性。严守生态保护红线,加大大运河河道两岸湖泊、湿地等自然生态系统的修复治理力度,推进水环境污染防治,加强城乡综合整治,维护人文自然风貌。(责任单位:沿线各市,省国家文化公园建设工作领导小组成员单位按职责分工分别负责)

专栏 12:环境配套工程重点项目

省级:山东运河航道及通航枢纽工程、山东运河航运效能提升工程、京杭运河山东段服务区工程、京杭运河穿黄工程、京杭运河黄河以北(山东段)航道工程、京杭运河山东段输水与航运结合专项工程、山东运河滨河防护林生态屏障建设、山东运河沿线湿地保护与修复、山东运河沿线重点河段水体污染治理。

德州:南运河德州段生态环境保护提升工程、南运河漳卫河水资源优化配置工程、南运河卫运河漳卫新河河道重点治理工程、德州段运河输水工程、卫运河德州段河道堤防建设工程、南运河德州段河道堤防建设工程、德州运河景观大道、运河两岸村居棚户区改造及雨污分流工程、百公里大运河国家储备林基地工程、卫运河山东临清—德州段重点河段水体污染治理工程、德州美丽乡村建设、德州城乡环境综合整治、德城区老旧住宅小区整治改造排水雨污分流项目、德城运河新城项目、德州大运河颐养小镇、运河开发区德州大运河生态林场工程、德州港港口建设工程、景观工程及驿站建设工程、武城县鲁风运河旅游公路建设项目、夏津运河沿线三个村庄美丽乡村建设项目、夏津大运河河堤路美化工程、九龙口国家湿地公园。

聊城：会通河聊城段河道重点治理工程、会通河水资源优化配置工程、南水北调东线湿地、聊城运河生态缓冲廊道、大运河临清运河钞关片区环境整治工程、大运河临清段环境整治工程、临清运河经济带及城乡生态旅游综合体、东昌湖湿地自然保护区、聊城港港口建设工程、聊城港综合枢纽工程、阳谷金堤河湿地、张秋黑龙潭湿地公园、聊城市运河五期项目。

泰安：东平引黄补湖工程、东平湖环湖湿地生态修复项目、东平湖环湖生态隔离带建设、东平湖区道路建设项目、东平湖滞洪区除险加固工程、地质遗迹保护及矿山生态修复、泰安港港口建设工程、大清河航道建设工程、东平滨湖国家湿地公园、宁阳堽城坝(闸)遗址及其附属文物周边环境整治工程、洸河生态湿地公园保护及水系治理项目、洸河重点河段水体污染治理工程。

济宁：水运提质工程：京杭运河梁山港区、京杭运河济宁至台儿庄段航道“三改二”、湖西航道(二级坝—苏鲁界)改造、研究推进京杭运河济宁至东平湖段航道“三改二”、湖西航道(上级湖段)改造、微山三线船闸、白马河航道、洙水河航道等项目。客货枢纽：梁山港区、济宁主城、邹城太平多式联运货运枢纽。供水工程：南水北调二期及配套、引黄西线、引湖济西和湖水东调工程、地表水厂建设工程。防洪工程：南四湖封闭工程、湖东滞洪区。河道治理工程：洸府河、新万福河、梁济运河上段及微山、邹城、汶上、鱼台、任城、金乡、嘉祥、梁山等县级中小河道治理工程。其他综合治理项目：南阳湖田园综合体、微山湖国家湿地公园、“运河记忆”文化街区、陈垓灌区现代化改造提升工程、南旺枢纽柳林闸示范段。

枣庄：台儿庄旅游风景大道及运河大桥项目、台儿庄运河国家湿地公园改造提升、滕州市沿南四湖灌区改造提升工程、滕州滨湖国家湿地公园项目、峄城魏家沟航道、峄城古运荷乡湿地公园、京杭运河薛微航道、滕微航道扩建工程、城郭河航道新建工程建设、蟠龙河国家湿地公园生态建设、岗上遗址、台儿庄区第二污水处理厂、京杭运河枣庄段及伊家河道综合治理与船闸提升工程、岩马水库、灵芝湖(庄里水库)项目、运河支流阴平沙河湿地治理项目、周营大沙河生态水系综合治理。

第四节　文旅融合工程

深度挖掘运河沿线丰厚的历史文化和浓郁的民俗风情,整合联盟城市特色运河资源,推进旅游景区改造提升,加强景区协同发展和跨区域的旅游合作,开发一批精品旅游线路和产品。坚持"好客山东"与"鲁风运河"宣传相结合,开设"鲁风运河"品牌宣传专区,形成宣传重点集中、多方力量叠加的营销机制。加强与运河沿线省市的旅游合作,按照资源共享、品牌共创、市场共拓的原则,强化"鲁风运河"品牌联盟建设,构建"鲁风运河"整体旅游品牌形象。(责任单位:沿线各市,省国家文化公园建设工作领导小组成员单位按职责分工分别负责)

专栏 13:文旅融合工程重点项目

德州:苏禄王运河旅游区基础设施建设、运河国际文化展示园(苏禄王墓、四女寺)、德州大运河漕运文化主题公园、德州运河风韵城市带建设、德州董子文化园提升工程、德州运河文化与地域文化博览园、大运河文化旅游复合廊道、京杭运河夏津段生态旅游开发项目、夏津运河主题乐园项目、武城运河民俗文化公园、武城运河水韵风景区(四女寺)、老城镇运河民俗文化公园。

聊城:临清"运河记忆"主题街区、临清衙署文化展示园、临清古城、临清市古魏湾旅游综合体项目、济津河、临清明清文化旅游景区建设项目、聊城运河文旅水生态带状公园、聊城运河文化展示园(东昌古城、欢乐小镇)、聊城中国运河文化博物馆提升工程、聊城大学文物文献展览馆、聊城山陕会馆景区改造提升项目、七级运河古镇展示园、张秋镇展示园、阳谷景阳冈展示园、临清贡砖文化产业基地项目。

泰安:东平戴村坝水工文化展示园、安山运河古镇项目、东平州城历史文化名城开发建设项目、东平水浒文化园、汉东平国故城遗址公园、东平大运河非物质文化遗产传习中心、十里运河文化旅游复合廊道、东平湖环湖城镇带及美丽乡村建设项目、宁阳文庙历史文化街区项目、宁阳洸河生态湿地公园。

济宁："运河记忆"文化街区、济宁市济州古城项目、济宁市济安盛景项目、济宁运河儒文化展示园、孟楼生态休闲湿地项目、微山古韵文化片区、南阳古镇旅游综合提升工程、南阳古镇展示园、微山湖生态旅游区展示园、微山湖博物馆、微山县微山岛空港文旅产业园、微山南阳古镇文旅综合开发项目、南阳古镇运河文化展示园、夏镇老运河文化街区、汶上南旺分水枢纽运河治水文化展示园、运河水柜文化艺术村项目、南旺大运河文化旅游古镇建设项目、梁山风景区创5A提升项目、泗水泗河泉林水源文化展示园、邹鲁文化核心展示园、郗山运河景观文化提升项目、水浒故城项目、水浒影视文化体验园项目、韩垓世遗运河小镇建设项目、武氏祠汉画公园。

枣庄：大运河（峄城段）文化产业园项目、枣庄市运河风光旅游带、红土埠文化旅游产业园、冠世榴园综合提升项目、王府山—青檀寺景村融合发展乡村振兴项目、台儿庄古城综合提升项目、台儿庄大运河国家文化公园、运河印象文旅小镇、台儿庄大运河船闸博物馆、大运河文旅小镇项目、大运河超级IP、滕州鲁班文化创意产品展馆、墨子文化城、薛城铁道游击队景区配套提升工程、中陈郝窑址保护传承利用工程、中兴文化铁路遗产公园。

第五节　数字再现工程

加强数字基础设施建设，实现主要文化遗产点段重点公共区域免费无线网络和5G网络全覆盖。建设智慧旅游服务平台，开发推广基于移动互联网的旅游APP，完善线上线下一体化的互联网旅游服务和运营体系。依托大运河国家文化公园官方网站和数字云平台，强化各类地区性、行业性大运河文化相关网络平台和信息渠道的互联互通，发挥文化展示、线上游览、信息发布、新闻报道、学术研讨、意见反馈等多种功能。加大智慧旅游服务平台建设，加强虚拟现实（VR）等技术在旅游领域的应用，构建运河虚拟旅游仓，打造"网上畅游

运河、在线体验运河文化”的虚拟空间。（责任单位：沿线各市，省国家文化公园建设工作领导小组成员单位按职责分工分别负责）

专栏 14：数字再现工程重点项目

重大数字平台：大运河文化资料数据平台（聊城大学）、运河智慧旅游大数据平台（台儿庄）、枣庄铁道游击队纪念馆数字化平台、微山湖旅游区5A 级景区智慧旅游平台。

数字基础设施：大运河数字基础设施建设（WiFi、5G 覆盖）、大运河超级 IP（台儿庄）、聊城东昌湖—古城智慧景区项目。

重大数字项目：大运河文化数字图书馆、大运河文化虚拟旅游、大运河非物质文化遗产数字化展示、山东大运河历史文化网、武城县运河文化传承展示体验馆建设项目、台儿庄大运河国家文化公园数字再现工程、滕州市墨子文化城数字化提升项目、聊城东昌古城交通组织精细化及智能停车项目、聊城中国运河文化博物馆数字智慧化建设工程、大运河会通河阳谷段梯级船闸数字再现工程、大运河南旺枢纽数字化及展示项目、微山县南阳古镇智慧旅游开发项目。

本《规划》中涉及的新建改扩建纪念设施，均须按规定由省级党委政府报党中央，国务院审批后实施。建设项目均须按规定履行相应审批程序后开工建设。此外，拟成立的管理机构、研究机构、博物馆、展览馆、陈列馆和干部学院、文化学院等均须报相关部门履行审批程序。

第九章　实施保障

第一节　加强组织领导

各级党委、政府要深入贯彻习近平总书记关于保护好、传承好、利用好大运河的重要指示精神，深刻领会建设好大运河国家文化公园的重大意义与深远影响，在思想与行动上和党中央、国务院重要决策部署保持高度一致，发挥主观能动性，认真抓好贯彻落实。建立完善省负总责、市县落实、分级管理、分段负责的大运河国家文化公园工作格局。沿运河各市设置大运河国家文化公园建设协调推进机构，细化年度计划、工作重点，做好重大项目、重大工程、重大措施的推进实施工作。省各有关部门要在省国家文化公园建设工作领导小组框架下，充分发挥职能，完善政策措施，落实监督责任，加大监管力度，切实形成工作合力。各级党委、政府要把大运河国家文化公园建设保护工作纳入综合考核评价体系，制定具体评定办法，组织第三方机构开展建设情况评估。（责任单位：沿线各市，省发展改革委、省文化和旅游厅、省委宣传部）

第二节　创新体制机制

鼓励对大运河国家文化公园的运营体制、机制保障等进行探索创新。沿运各市应安排专门机构运营管理核心展示园，全面承担相应的管控保护、建设运营、主题展示等功能。鼓励地方对核心展示园、集中展示带和文旅融合区进行统一开发，打造整体性空间布局。探索推动文化资源所有权、经营权等多权分离，鼓励通过市场化方式加大文化资源开发力度，对违背大运河国家文化公园保护管理要求、造成文物资源和生态环境严重破坏的企业和个人应记录在案，依法依规严肃问责。（责任单位：省发展改革委、省文化和旅游厅、省委宣传部、省自然资源厅、省生态环境厅，沿线各市）

第三节　加大资金支持

各级财政综合运用相关资金渠道，积极完善支持政策，支持大运河国家文化公园建设中的重大任务和重点项目。积极争取国家资金建设国家级、标志性项目，承担国家统筹、地方牵头的全国性重点工作。创新融资机制，用好旅游发展基金，引导各类社会资本，激发市场主体活力，推广国家文化金融服务中心模式。加强地方政府债务管理和金融监管，防止新增地方政府债务负担，注重防范化解重大风险。（责任单位：省发展改革委、省财政厅、省文化和旅游厅、省委宣传部，沿线各市）

第四节　强化宣传推广

加强大运河国家文化公园重大意义宣传，建立各类文化遗产统一宣传推广平台，引导社会各界提高文物和文化资源保护意识，主动参与大运河国家文化公园建设保护工作。统筹谋划重大宣传活动，加大对沿运各市市民和游客宣传引导，动态制定宣传推广方案。通过大运河国家文化公园网站、微信公众平台、电视媒体和网络媒体等多种媒体平台，以及形象标识设计、宣传手册制发、宣传片播放等多种途径，广泛开展全方位、多层次、立体式宣传推广。（责任单位：省委宣传部、省文化和旅游厅、省发展改革委、省广电局，沿线各市）

聊城大学运河学研究院简介

聊城大学运河学研究院成立于2012年6月,其前身是聊城大学运河文化研究中心,是国内首家以运河及其区域社会为研究对象的院级科研实体单位,拥有山东省社科理论重点研究基地、山东省社科规划重点研究基地"运河文化研究基地"、山东高校"十二五"人文社科研究基地"运河与区域经济社会发展研究中心"和山东省地方史志办公室"山东省地方史志系统运河文化研究基地","运河文化学"获评山东省文化艺术科学重点学科。下设"运河史""运河区域社会经济发展""运河文化"三个研究中心和三个编辑部。截至2023年8月,研究院共有专职科研人员21人,其中教授6人、副教授9人,讲师6人,拥有博士学位者19人,同时聘请朱士光、李孝聪、赵毅、赵世瑜、孙竞昊、吴滔等运河研究专家为兼职教授。拥有享受国务院政府特殊津贴者1人、山东省"有突出贡献的中青年专家"2人、山东省政府参事1人。研究领域涵盖历史学、文学、地理学、社会学、人类学、艺术学、民族学、图书馆与情报学等多个学科门类,在中国史和文献学两个方向培养硕士生人才。

在基础研究方面,研究院承担或完成"民间文献与京杭运河区域社会研究""京杭运河文献整理与研究""明清运河区域社会变迁""明清山东运河河工、河政与区域社会研究""明清时期京杭运河区域社会组织研究""京杭运河与明清时期区域农业开发""明清黄运地区的河工建设与生态环境变迁研究""全新世以来东平湖变迁与黄河洪水关系及动力机制研究""清代黄运地区河工经费研究""明清山东黄运地区环境史研究""明代江南上供物资转运研究""海源阁藏书研究"等国家级课题25项、省部级课题60余项。出版《中国大运河历史文献集成》《明清山东运河区域社会变迁》《中国运河文献书目提要》《明清京杭运河沿线漕运仓储系统研究》《明清时期山东运河区域民间信仰研究》《逋赋治理与明代江南财赋管理体制的变迁》《山东运河文化遗产保护、传承与利用研究》《清代山东运河河工经费研究》《明清山东运河区域社会生态变迁研究》《海源阁藏书研究》等著作40余部，发表学术论文400余篇，获省级以上科研奖项20余项。建有"运河文物文献展览馆"和"数字运河研究中心"。其中运河文物文献展览馆是聊城大学运河学研究院建设、管理的特色展览馆。展览馆自建成开放起，坚持突出特色、不断充实、逐步提升的发展思路，先后建成古籍、碑刻、家谱、民俗、运河名家名著、贡砖等展室。自2013年开馆以来，累计接待全国人大原副委员长何鲁丽、全国政协副主席王家瑞、外交部原部长李肇星等国家领导人及专家学者5万余人次，成为展示运河文物文献、宣传普及运河文化的重要平台，入选聊城大学品牌文化驿站。《运河学研究》为我国首部专门研究运河的学术性刊物，深获业界好评。

在服务社会方面，研究院所编《中国大运河蓝皮书》《中国大运河年鉴》影响很大，受到政府及学界重视。同民政部合作横向课题"运河地名文化数据库"和"地名·运河丛书"；参与国家发改委《大运河国家文化公园建设保护规划》的论证和评审；受山东省发改委委托编制完成《山东省大运河国家文化公园建设保护规划方案（送审稿）》；成功获批山东社科智库沙龙重大调研咨询项目，结项报告《山东省大运河国家文化公园建设存在问题与对策建议》（《山东社科成果专报》2020年第18期）获山东省省委原书记刘家义肯定性批示，并转省文旅厅等部门调研落实；《写好"千年运河"的齐鲁新篇章》在《大众日报》（理论版）发表，并在学习强国平台上予以推介。同江苏凤凰出版集团合作横向课题《中国运河志》，承担其中《文献》《人物》《大事记》三卷五册的编纂，于2019年出版；受山东省委党史研究院（省史志研究院）委托编纂《京杭大运河山东段志》，于2021年由中华书局出版；同山东运河经济文化研究中心合作编写《山东运河文化丛书》，承担其中8本论著，已由济南出版社出版；承担的聊城中国运河文化博物馆改造提升展览大纲设计工作顺利结项；受聊城市文旅局委托编制《聊城市大运河国家文化公园建设保护规划方案》《聊城市大运河国家文化公园样板工程规划与建设方案》。研究院还与地方市委宣传部、统战部、民政局、文史委等部门合作开展运河文化研究;同地方政府共建“岳镇海渎文化研究中心”“南旺研究所”等。研究院致力于服务社会,充分发挥智库功能,为各级政府提供智力支持与决策服务。

编者

2023 年 8 月 26 日